制式鞋靴技术

梁高勇 范子坤 主编

中国轻工业出版社

图书在版编目（CIP）数据

制式鞋靴技术 / 梁高勇，范子坤主编. -- 北京：中国轻工业出版社，2025.7. -- ISBN 978-7-5184-5405-1

Ⅰ．TS943.2

中国国家版本馆CIP数据核字第20251SK200号

责任编辑：杜宇芳
文字编辑：刘梓萱　　责任终审：李建华　　　　设计制作：锋尚设计
策划编辑：杜宇芳　　责任校对：刘小透　晋　洁　　责任监印：张　可

出版发行：中国轻工业出版社（北京鲁谷东街5号，邮编：100040）
印　　刷：艺堂印刷（天津）有限公司
经　　销：各地新华书店
版　　次：2025年7月第1版第1次印刷
开　　本：787×1092　1/16　印张：20.5
字　　数：395千字
书　　号：ISBN 978-7-5184-5405-1　定价：168.00元
邮购电话：010-85119873
发行电话：010-85119832　010-85119912
网　　址：http://www.chlip.com.cn
Email：club@chlip.com.cn
版权所有　侵权必究
如发现图书残缺请与我社邮购联系调换
231979K4X101ZBW

《制式鞋靴技术》编写人员

主　编：梁高勇　　范子坤
副主编：王修行　　郭永刚　　秦　蕾　　霍建春
顾　问：于百计　　弓太生

编著（以姓氏笔画为序）：

卜婷婷	于　杰	王大伟	王丽果	王　恒
王晓月	王琴琴	方　军	方婷婷	石　倩
田　萌	巩　彬	刘冬冬	刘宗文	刘　洁
安立凤	安　捷	李少才	李玉才	李成政
李世奇	李　宁	吴　婷	吴毅辉	沈　锋
宋会芳	张小丽	张玉娜	张雅丽	张雅迪
陈成华	陈利民	陈征兵	陈松雄	范重山
范胜欢	国　凯	周咏友	周素静	孟丛丛
赵成燕	赵宏伟	赵　彪	段献勇	晋齐怀
郭永辉	郭银清	贾连东	康啸虎	康晓娟
阎军梅	董梦杰	董维强	焦占磊	谢松军
管　宇	樊永康	潘　倩		

序　言

鞋靴历史十分久远，我国仰韶文化中有最原始鞋靴出现的痕迹，距今已经有5000多年。鞋靴与人们的生活息息相关，其中蕴含着社会生产力水平、人民审美倾向、文化发展进程等相关信息，是时代文化、经济发展和社会建设的缩影。

制式鞋靴在样式、结构和功能上较普通鞋有着特殊的要求，以军鞋为代表的制式鞋靴伴随着人类战争而产生，是战场中重要的个人装备，也是身份地位的象征，不仅保障日常生活穿着，甚至在某些时候还会影响任务进程。中华人民共和国成立以来，我国制式鞋靴技术蓬勃发展，形成了系列化的制式鞋靴品种，在国民经济中发挥了重要作用。

由于制式鞋靴具有穿着人群的多样性、穿着环境的复杂性以及任务的不确定性等特点，对产品的各项性能要求很高，因此，制式鞋靴技术代表了整个制鞋行业的技术发展水平。首先，穿着对象来自全国各地，受性别、年龄和地域影响，脚型分布十分复杂，而制式鞋靴的鞋型一般设置一到两个，所以对制式鞋靴鞋楦的设计要求很高，既要满足不同性别、年龄群体穿着需求，也要满足在不同训练、运动条件下的穿着需要。因此，鞋靴的舒适性研究面临着巨大挑战；其次，军、警等群体执行任务时的气候复杂、环境危险，对制式鞋靴防护性能的要求十分严苛，既要满足任务环境中对火、水等防护阻隔，又要满足防刺、防滑等功能需求，此外还要满足高、低温等不同气候的穿用要求，对鞋靴材料的功能防护性技术水平要求极高；最后，训练任务强度大，场地复杂，要求制式鞋靴的耐用、耐储存性能要好，这就对制式鞋靴的加工工艺和材料性能提出更高的要求。

基于上述背景情况，编写团队围绕对制式鞋靴的需求进行了几十年的研究工作，陆续开发出系列制式鞋靴产品，满足了相关群体日常生活、任务执勤的穿着需要。在研究过程中培养了一批专业人才，积累了丰富的研究成果，为该书的形成奠定了坚实基础。

该书是对我国制式鞋靴技术多年来研究成果的系统总结，全书围绕制式鞋靴历史、设计、材料、工艺和质检等五大方面进行详细阐述，文字通俗易懂，具有很强的实操性，对于指导本领域从事研究、生产、质检的技术人员开展相关工作具有很高的应用价值，可以作为相关领域教材和参考工具书。另外，该书的出版也可为推动国内鞋靴技术发展和科技水平进步，特别是为户外、劳保行业鞋靴技术的发展建设提供参考借鉴。

中国工程院院士　纺织材料专家、教育家　姚穆
2025年1月，西安

前　言

制式鞋靴是指包括军队、武警、公检法以及其他涉及外观制式统一要求的行业对象所穿着的专用鞋靴，既具有民用鞋的普遍功能，又具有防护性、功能性、耐用性和一致性等鲜明属性。军警类鞋靴作为制式鞋靴中最重要的一类产品，在保障行业建设中发挥了重要作用。我国是制鞋大国，鞋年产量超过100亿双，占世界年产量的50%以上，体现出我国鞋靴生产制造、科技研发能力的世界领先地位。中华人民共和国成立以来，我国制式鞋靴先后完成了多轮研制和装备，从最初硫化工艺的胶鞋，到固特异工艺的马靴，再到双密度智能化工艺的防护靴等，实现了工艺、材料和结构的多轮创新和技术迭代。因此，制式鞋靴技术一定程度上引导着整个制鞋行业的技术进步和工艺革新。但针对制式鞋靴技术的归纳总结目前尚未形成完整体系和编著，给制式鞋靴技术的发展、传承及人才培养带来诸多不便，迫切需要围绕制式鞋靴技术编著相关资料。

《制式鞋靴技术》一书共分为十个章节，全书从历史、鞋楦、设计、结构、材料、工艺和质检等方面，对制式鞋靴技术进行论述，并结合制式鞋靴典型产品数据进行进一步说明和阐述。本书编著者都是制式鞋靴领域的实践者，长期从事制式鞋靴研发、生产、质检工作，见证了制式鞋靴技术的发展与进步，在本书编著过程中，大家倾注了大量的精力进行资料收集、编写和归纳。《制式鞋靴技术》是制式鞋靴领域的第一本科技著作，具有重要意义。

本书突出传承性、实用性和前瞻性，在回顾以军鞋为代表的制式鞋靴发展历史的基础上，重点围绕现行制式鞋靴技术进行详细阐述，内容全面、翔实，数据可靠、真实。本书编著目的是让读者通过研读此书后对制式鞋靴技术有全面和系统地掌握，并希望能够进一步推动我国制式鞋靴技术进步和轻工行业建设发展。

本书在编撰过程中得到了军地有关部门、新兴际华集团有限公司和中国皮革制鞋研究院有限公司等单位的支持和帮助，特别是际华三五一四制革制鞋有限公司、际华三五一五皮革皮鞋有限公司、际华三五三七制鞋有限责任公司、德州市鑫华润科技股份有限公司、金猴集团威海鞋业有限公司、河南邦尼生物工程有限公司，在前期资料收集、文字整理和后期校对等方面，倾注了大量的人力、物力。另外，本书在成稿过程中得到北京服装学院于百计老师、陕西科技大学弓太生老师的全程指导和把关，在此一并表示感谢。

限于编者水平有限以及制式鞋靴行业的特殊性，书中难免有疏漏和不妥之处，欢迎广大读者予以批评指正。

编著者

2024年12月，北京

目 录

第一章 制式鞋靴概述
第一节　鞋靴起源 ··· 1
第二节　国外近代制式鞋靴发展史 ························· 4
第三节　我国制式鞋靴发展史 ································· 9
第四节　我国现行主要制式鞋靴 ··························· 11

第二章 脚型与楦型
第一节　脚型 ··· 18
第二节　鞋号 ··· 27
第三节　鞋楦 ··· 29
第四节　脚型与楦型 ·· 34
第五节　楦底样板 ·· 37
第六节　鞋靴鞋楦设计 ·· 39

第三章 鞋帮设计
第一节　鞋帮设计过程 ·· 46
第二节　鞋帮设计点和控制线 ······························· 50
第三节　制取楦面半面板 ······································ 60
第四节　鞋靴帮样设计 ·· 67

第四章 鞋底部件设计
第一节　鞋底部件分类 ·· 104
第二节　鞋底部件设计要素 ································ 106
第三节　鞋底部件样板设计 ································ 108

第五章
鞋用材料

- 第一节　天然皮革 ... 129
- 第二节　人工革 ... 133
- 第三节　鞋用纺织品 ... 134
- 第四节　橡塑材料 ... 137
- 第五节　胶粘剂 ... 149
- 第六节　金属及其他辅件 ... 152
- 第七节　包装材料 ... 155

第六章
鞋帮加工

- 第一节　皮革部位利用 ... 157
- 第二节　鞋面革裁断 ... 161
- 第三节　其他材料裁断 ... 168
- 第四节　鞋帮部件片边 ... 171
- 第五节　帮面部件折边 ... 174
- 第六节　鞋帮部件镶接 ... 177
- 第七节　鞋帮部件的装饰加工 ... 179
- 第八节　鞋帮装配 ... 186

第七章
鞋底部件加工

- 第一节　底部件的裁断 ... 197
- 第二节　底部件的片削 ... 199
- 第三节　底部件整型加工 ... 202
- 第四节　组合鞋底整型 ... 206
- 第五节　成型鞋垫加工制作 ... 209
- 第六节　成型鞋底加工制作 ... 215
- 第七节　复合鞋底加工制作 ... 220

第八章 绷帮成型

- 第一节 手工绷帮成型 …………………………………… 225
- 第二节 机械绷帮成型 …………………………………… 231
- 第三节 套帮成型 ………………………………………… 237
- 第四节 半绷半套成型 …………………………………… 240

第九章 帮底装配

- 第一节 胶粘工艺 ………………………………………… 244
- 第二节 注射工艺 ………………………………………… 252
- 第三节 线缝工艺 ………………………………………… 257
- 第四节 模压工艺 ………………………………………… 265
- 第五节 硫化工艺 ………………………………………… 269

第十章 鞋靴质量检验

- 第一节 原材料检验 ……………………………………… 283
- 第二节 半成品检验 ……………………………………… 299
- 第三节 成品检验 ………………………………………… 304
- 第四节 主要检测仪器 …………………………………… 311

参考文献 …………………………………………………… 316

第一章
制式鞋靴概述

第一节 鞋靴起源

在人类发展的漫漫历史长河中，鞋是每天与人体接触最为频繁密切的生活必需品之一，是伴随人们最久的"身外之物"。鞋除了承担装饰作用之外，还对人体活动产生直接影响，能够在各种复杂恶劣的生存环境里为脚提供保护。历史表明，人类很早就认识到了足部保护的重要性。中国文明、古埃及文明和其他早期文明的记录中都提到了鞋。

一、鞋的起源

科学家们认为，人类从同一个祖先分化出来，进化到完全现代的形态，这一过程可能分别发生在25万年和5万年前，而且这一时期内并没有人类穿鞋的证据。或许在4万年前，人类的活动范围逐渐扩展到寒冷地带，脚部保暖就成了生存需要。虽然从进化过程来看，4万年只是短暂的一瞬，但它足以支撑起一个论点——一群居住在地球北方的古人类开始包裹自己的脚，不再赤足。而人类大多数族群居住在草原和半干旱地带，那里的极端温度使得人类没有穿鞋的需要，在这些地区目前尚未发现与鞋有关的文物。

现存最古老的鞋可以追溯到大约1万年前。如图1-1所示，这种由山艾树的树皮纤维编结而成的凉鞋是在美国的俄勒冈州的一个洞穴里挖掘出土的，通过放射性碳定年法鉴定，年代距今9300年左右。最古老的完整凉鞋实物样本可以追溯到7000多年前，是在美国密苏里州中部的阿诺德洞穴中发现的（图1-2）。而目前已知最古老的皮鞋可能是1991年在阿尔卑斯山脉发现的，有着约5300年历史的"奥齐"鞋（图1-3）。

图1-1　山艾树皮凉鞋　　　　图1-2　阿诺德洞穴凉鞋　　　　图1-3　"奥齐"皮鞋

几乎可以肯定的是，鞋的历史远比目前已知的最古老的鞋的年代更为久远，它是伴随着人类的进化而出现并发展的。美国人类学家埃里克·特林考斯研究的一具人类骨骼显示，其第二趾骨要比赤足生活的早期人类的趾骨细一些。多具古老骨骼的脚部解剖学研究结果表明，在2.6万年至3万年前，人的脚趾骨已普遍发生了变化，专家推测是人类的穿鞋行为导致了第二趾骨变细。

二、制式鞋靴起源

制式鞋靴起源于军鞋，广义的军鞋历史可追溯到亚述帝国时期（公元前935—公元前612年）。后来，随着亚述帝国的兴盛和军队对脚的保护意识的萌发，出现了专为行军打仗而制作的鞋，称为"战靴"（图1-4）。

图1-4　亚述士兵脚下的各式战靴效果图

早期的战靴是不分类的，不论是在行军打仗还是日常生活中，能有一双鞋穿人们就很知足了。随着战靴的防护作用增强，战靴成了常规军服组成中不可或缺的一部分。于是，一双原本不起眼的鞋开始了它的军事生涯。

到了罗马时期，军鞋发展出了几种款式，一种是简单的凉鞋，叫"索莱阿"，穿上时脚的大部分皮肤裸露在外，较厚的鞋底对脚有一些保护作用（图1-5）；另一种是人们平时穿的用皮条串编成的短靴，有点像现代时髦的凉靴，叫"卡尔凯吾斯"（图1-6）；还有一种是由整块皮革镂空的半腿靴，叫"卡里嘎"（图1-7），这种鞋把整个脚和脚踝都覆盖起来，再附加一层厚厚的生皮底，其防护性比其他两款鞋更好。后来，卡里嘎渐渐也有了等级规定，士兵穿普通的皮条鞋，军官穿带装饰物的高靴，并且靴腿越高军阶越高。

图1-5 "索莱阿"效果图

罗马人讲究实用，他们把伊特鲁里亚人发明的铜钉用在鞋底上，以满足在崎岖不平的地面上行军的要求。这小小的铜钉把并不起眼的卡里嘎变成名副其实的战靴，卡里嘎的防护性和抓地力也大大提高（图1-8）。遗憾的是，罗马帝国崩溃后，这种使用植物鞣皮制成的战靴很快淡出人们视野，但鞋底钉钉的模式一直传承至二十世纪。从罗马帝国崩溃到十八世纪的几百年里，再无军队配发战靴，士兵们不得不穿着自己的鞋去打仗，即使是欧洲军队也普遍削减了这一笔开支。十六世纪到十七世纪初，波斯军队的骑兵常穿一种带跟的骑射靴，这种鞋跟设计能有效防止脚在骑行时穿过马镫，以确保骑兵安全（图1-9）。

图1-6 "卡尔凯吾斯"效果图

图1-7 "卡里嘎"效果图

图1-8 卡里嘎战靴

图1-9 波斯骑射靴

第二节　国外近代制式鞋靴发展史

军用鞋靴是制式鞋靴最为典型的代表，其发展历史代表着制式鞋靴的发展历史。军用鞋靴是战争的衍生物，随着战争形态的变化和科学的进步而发展。因此，军用鞋靴的历史是一个持续改进、提高的发展史。军用鞋靴从无到有，不断发展，到了近代，成为战场上最重要的个人装备之一，就像干粮、水和弹药一样，在地面战争中不可或缺。据说，在滑铁卢战役中打败拿破仑的那位威灵顿公爵，在回答什么装备对士兵最重要时说："第一是一双好鞋；第二是另一双好鞋；第三是一双好的鞋掌。"显然，威灵顿公爵更懂得鞋在战争中的价值所在。

一、近代军靴

近代军靴的历史可追溯到英国内战时期（1642—1651年），那时的军靴是从英格兰和苏格兰农村盛行的一种叫"布罗根"的林场工作鞋演化而来。早期布罗根为钎扣式齐踝短靴，植鞣皮鞋帮鞋底，无鞋里，由于其相对坚固轻便，很快被各国军队所采用。那时制鞋用的是直楦（不分左右脚），因此穿起来非常不舒服。为了能在战场上穿上相对舒服的鞋，军队为每个士兵一次性配发三双，士兵们通常要把三双鞋轮换着穿，尤其是在行军的时候，以便每双鞋都能达到均匀磨损程度并同步完成磨合。17世纪以来，布罗根军靴一直采用外耳钎扣式，直到19世纪才渐渐变成外耳系带式（图1-10）。

图1-10　布罗根军靴

黑森靴是18世纪由德国人发明的，但其作为军靴，最早却出现在美国独立战争时期（1775—1783年），因英国的德国盟军中一个穿它的雇佣兵而得名。18世纪90年代，黑森靴颇为英国军官所喜爱，后来在英国摄政时期（1811—1820年）流行开来，再后来几乎成了第一次世界大战前世界各国军队的标配军靴（图1-11）。拿破仑战争（1803—1815

图1-11　黑森靴

年）中第一次出现了系带式防护靴，靴筒高度刚过脚踝，这就是以著名的普鲁士陆军元帅的名字命名的"布鲁切尔鞋"（图1-12）。由于这种鞋轻便灵活，很快取代了以前军队流行的齐膝高的黑森靴。威灵顿靴是同时代另一个著名的人物——拿破仑战役总指挥，英国公爵威灵顿的杰作，他在黑森靴的基础上，把靴筒降低至腿肚高，使行军打仗更加轻便灵活。由于威灵顿公爵在滑铁卢打败了拿破仑，威灵顿靴也在英国风靡一时，后来才传到了美国（图1-13）。

图1-12　布鲁切尔鞋

美国最早的标准化军靴叫"杰斐逊靴"，它被认为是美国军队使用的第一双真正的防护靴。这款鞋于1816年首次推出，以托马斯·杰斐逊总统的名字命名。这是一款系带式齐踝短靴。它仍然采用直楦制作，新鞋需要士兵用自己的脚来为它塑形，这个过程称作"磨合"。磨合是件非常痛苦的事情，新鞋常常把脚磨出泡来。尽管如此，杰斐逊靴作为军队的标准配发鞋，一直到美国南北战争（1861—1865年）爆发前夕仍在被使用（图1-14）。19世纪下半叶，美国军队推出一款通用军鞋，称"服役鞋"，这款鞋不分官兵等级，采用高腰皮鞋设计，并搭配帆布护腿或绑腿使用（图1-15）。后来，服役鞋被一款新式齐踝短靴所取代，这就是"1904褐色行军鞋"（图1-16）。但人们很快发现这款新式短靴在充满泥水的战壕中使用效果并不那么理想。

图1-13　威灵顿靴

图1-14　杰斐逊靴

图1-15　服役鞋

图1-16　1904褐色行军鞋

二、现代军靴

从第一次世界大战开始，随着制鞋机器的大量出现和橡胶等新型材料的陆续发展，制鞋业无论在产量上还是质量上都上升了一个大的台阶。鞋楦在区分左右后，鞋靴的舒适性有了明显提升，从此，军靴步入了一个快速发展的轨道。

第一次世界大战前后德国军队配置的靴子称作"杰克靴"，最初是专门为行军而设计的，因此又称"行军靴"。靴筒齐腿肚高，鞋底通常是钉有泡钉和跟铁的双层皮底，走起路来"嘎嘎"响，很是威风（图1-17）。英国等一些国家配发一种高腰系带鞋，称作"弹药靴"，有褐色和黑色两种，厚厚的牛皮鞋底上也钉有泡钉和跟铁（图1-18）。

图1-17 德军杰克靴

图1-18 英军褐色弹药靴

第一次世界大战前，美国士兵们脚上所穿的是褐色行军鞋。机器制造，小牛皮材质，外观看上去不错，军人喜欢它们漂亮的光泽（图1-19）。然而，1917年第一次世界大战开始后，人们很快发现褐色行军鞋实在经受不住欧洲战场的恶劣气候条件。于是，军方不得不直接采购一款由美国制造商为法国和比利时生产的防护靴，这就是后来的"1917战壕靴"（图1-20）。但是，1917战壕靴很快就暴露出防水性不足的问题。1918年，美国军事委员会提出改进建议，在1917战壕靴的基础上取长补短，将其升级成一款新式防护靴，按序正式命名为"1918战壕靴"。由于其皮革厚重、外观威武，士兵们亲昵地称它为"小坦克"（图1-21）。

第一次世界大战期间，除德国和俄国军队一直穿高筒杰克靴以外，其他各参战国军队所穿的鞋大同小异，基本上都是从早期的布罗根鞋派生出来的外耳式高腰系带鞋。

图1-19 褐色行军鞋

图1-20 1917战壕靴

图1-21 1918战壕靴

第二次世界大战伊始，美国的防护靴由第一次世界大战时期的服役鞋改进而成。1939服役鞋是一款用褐色皮革制成的高腰系带鞋。鞋底最初为牛皮，1940年以后被新生橡胶底替代（图1-22）。战场上有各种服役鞋，每一种都得搭配护腿一起穿。护腿一般齐腿肚高，下方缝有一根织带，可穿过鞋底掌口空当处用鞋钎系在鞋上，护腿侧面有一系列钩环或纽扣将其固定在腿上。服役鞋后来再一次改进升级，其光面皮被换成了反绒皮，并在前后帮缝接处增加了一颗补强铆钉，以增加鞋的寿命。新式鞋被命名为"M43战斗服役靴"。

图1-22　美军1939褐色服役鞋

改进后的M43战斗服役靴上面添加了一截皮革靴筒，用两个大钎扣紧在腿上，因此士兵们称它为"双钎战斗靴"（图1-23）。直接缝在靴筒上的植鞣皮革护腿替代了以前的帆布护腿，为穿用者提供了更好的支撑性和防护性，减少了穿脱护腿的麻烦。

德国军队依然偏爱传统的杰克靴，战争爆发初期德国国力强劲，军队煞是威武。但随着战线越拉越长和经济渐渐枯竭，军需物资也捉襟见肘，导致军队最高机构不得不下达命令，把杰克靴的靴筒的高度标准降低了10cm，这就是第二次世界大战后期德军士兵军靴靴筒有高有矮的缘故（图1-24）。

图1-23　美军M42、M43作战服役鞋　　　　　　　　　　图1-24　德军作战靴

第二次世界大战以后，美国军鞋发展一枝独秀，走在世界前列。从越南战争时期起，军靴的发展以美军最为成功和最具代表性。越战期间，因为军队常常在泥沼似的热带丛林中打仗，美军应急推出了首款丛林防护靴。然而越战结束后，这款鞋便被直接入库储备起来，一直没做进一步的改进。后来，这款防护靴主要被美国陆军采用，被称为"陆军防护靴"。

自从第二次世界大战以来,经过一代又一代的发展演变,美军的军靴已经形成一个庞大的体系,不仅有适合各种地理地带和气候条件的专用鞋靴(如沙漠靴、丛林靴、山地靴、防雷防爆靴、夏季防护靴、温季防护靴以及各种保暖级别的防寒靴),还有代表各个军、兵种身份的标志性专有鞋靴(如海军作战靴、空军作战靴、陆军作战靴、海岸警卫队作战靴、跳伞靴、坦克靴以及体能训练鞋和常礼服鞋靴等)(图1-25~图1-30)。

图1-25　海军陆战队作战靴

图1-26　陆军作战靴

图1-27　海军和海岸警卫队作战靴　　　　图1-28　海军和空军通用认证靴

图1-29　坦克靴　　　　图1-30　防雷防爆靴

第三节　我国制式鞋靴发展史

随着我国制鞋技术的进步，我国制式鞋靴也在向着高科技、多功能等方向发展。

布面胶鞋，俗称"解放鞋"。在1949年开国大典黑白纪录片中可以看到，中国人民解放军几乎清一色地穿着解放鞋。解放鞋分为低腰和高腰两种，如图1-31所示。它是中华人民共和国成立后许多年里我军唯一一款作战训练用鞋，不仅解放军战士穿着它，就连普通百姓也十分喜爱。这款鞋成了我国军队"全天候、全地形、全功能"军鞋，且一穿就是几十年，直到20世纪末才渐渐退出军鞋的正式装备序列。

由于解放鞋难以满足现代化军队训练、作战的需求，军队于20世纪90年代末开始研制并装备二次硫化结构的新式解放鞋——99作训鞋，如图1-32所示。

图1-31　解放鞋　　　　　　　　　　图1-32　99作训鞋

另外，我军在特种军靴方面也有所研发。从20世纪60年代起，陆续推出了海军的"舰艇皮鞋"、空军的"跳伞靴"、坦克部队的"坦克靴"以及防寒用的"78毛皮鞋"等（图1-33）。

21世纪初，中国人民解放军加快了鞋靴研制步伐。军队科研机构开始着力研究我国的通用防护靴（图1-34），陆续研制出"03式""07式""17式""21式"等一系列通用防护靴。

我国真正意义上的最早防护靴的雏形是03防护靴，它是我国首次采用快速系带系统的防护靴（仅少量装备过特种部队、维和部队等）。在"战训结合、以战为主"的勤务定位指导下，将新一代防护靴的研发重点放在了多重防护性能上，如护踝、阻燃、抗刺穿、抗砸、防滑、耐油、防水等，用以保障在战场复杂环境下官兵下肢、足部不受伤害。因此，诞生了新一代防护靴，称为"07防护靴"。它也是我国目前配发时间最长的一款防护靴。适用于荆棘丛林、高原山地等环境。成鞋造型简洁、庄重，提升了中国人民解放军威武之师的形象，部队全面装备后深受战士们欢迎。但在后续实际穿用过程中也出现了一些问题，如鞋型肥大、穿着笨重、捂脚等。针对部队的反馈，科研机构悉心研究，很快又推出一款新式防护靴，称为"17防护靴"。在保留07防护靴防刺、抗砸、阻燃等防护功能前提下，通过缩减鞋型、减轻重量、改善透气性等措施,大大提高了鞋的舒适度和机动性。随着科技进步和生活水平的提高,部队对鞋靴的舒适度要求也渐渐提高。科研机构通过反复到部队调研,结合新材料和新工艺,研制出了最新款防护靴,部队官兵的满意度进一步提高。

图1-33 老式制式军鞋

图1-34 我军通用防护靴

第四节　我国现行主要制式鞋靴

受穿用场合、环境和穿着群体等因素影响，制式鞋靴在设计、材料、工艺等方面具有多样性，其款式、结构、楦型及鞋底部件具有不同的设计要求。我国现行制式鞋靴根据款式和穿用环境不同分类如下。

一、礼常服类

（一）军用礼服皮鞋

礼服皮鞋，式样为低腰三接头松紧四眼装饰条式。鞋面为铬鞣中小黄牛黑色漆革，鞋里为铬鞣黄牛浅粉色水染正鞋里革和涤麻混纺本色鞋里布，鞋底为铬-植结合鞣黄牛外底革粘贴橡胶片组合大底，帮底结合采用胶粘工艺（图1-35）。

图1-35　礼服皮鞋

（二）军用常服皮鞋

常服皮鞋，式样为低腰三接头松紧布四眼装饰条式。鞋面为铬鞣中小黄牛黑色正鞋面革，鞋底为黑色聚醚型聚氨酯/橡胶片组装大底，帮底结合采用胶粘工艺（图1-36）。

图1-36　常服皮鞋

女夏常服皮鞋，式样为浅口式，头式为尖圆头，配备可拆卸式后袢带。具体款式包括：女夏常服皮鞋（高跟）、女夏常服白皮鞋（高跟）、女夏常服皮鞋（中跟）、女夏常服白皮鞋（中跟）。女夏常服皮鞋鞋面为铬鞣小黄牛正面革，鞋底为橡塑组装大底，帮底结合采用胶粘工艺（图1-37）。

女春秋常服皮鞋，式样为素头内侧橡筋式，头式为尖圆头。具体款式包括：女春秋常服皮鞋（高跟）、女春秋常服白皮鞋（高跟）、女春秋常服皮鞋（中跟）、女春秋常服白皮鞋（中跟）。女春秋常服皮鞋鞋面为铬

图1-37　女夏常服皮鞋

图1-38　女春秋常服皮鞋

图1-39　女军官常服冬皮鞋

图1-40　常服冬皮鞋

图1-41　士兵冬皮鞋

图1-42　警用礼服男皮鞋

鞣小黄牛正面革，鞋底为橡塑组装大底，帮底结合采用胶粘工艺（图1-38）。

女军官常服冬皮鞋，式样为高腰素头侧开口拉链式。鞋面为铬鞣黄牛黑色全粒面革，鞋垫为深棕色平剪厚罗绒/保暖绵复合鞋垫布，鞋底为黑色橡胶底，帮底结合采用胶粘工艺。其中，女常服毛皮鞋鞋里为白色铬鞣绵羊毛皮，女常服绒皮鞋鞋里为深棕色平剪维罗绒/针织保暖复合鞋里布（图1-39）。

常服冬皮鞋，式样为高腰侧开口拉链式。鞋面为铬鞣中小黄牛黑色正鞋面革，鞋底为橡胶硫化成型大底，帮底结合采用胶粘工艺。其中，常服毛皮鞋鞋里为本白色铬鞣羊剪绒毛皮，常服绒皮鞋鞋里为浅蓝色涤长丝起绒保暖双面呢（图1-40）。

士兵冬皮鞋，式样为高腰素头外耳系带式。鞋面为铬鞣黄牛黑色正鞋面革，鞋底为黑色双密度天然橡胶底，帮底结合采用双密度橡胶注射工艺。其中，毛皮鞋鞋里为本白色铬鞣绵羊毛皮，绒皮鞋鞋里为深棕色平剪维罗绒/超弹保暖棉复合鞋里布（图1-41）。

（三）警用礼服皮鞋

警用礼服男皮鞋，式样为低腰素头系带式。帮面为素头外鞋耳、系带式结构，鞋口为软口。警用礼服男皮鞋帮面为经淋漆工艺处理的黑色头层黄牛帮面革，衬里为浅黄色鞋里革与浅黄色超细纤维透气革，内底为麻纤维板，外底为无味发泡橡胶（前掌贴防滑橡胶片、后跟贴耐磨橡胶片），帮底结合采用胶粘工艺（图1-42）。

警用礼服女皮鞋，式样为素头系带式。帮面为内鞋耳、系带式结构，鞋口为软口。警用礼服女皮鞋帮面为经淋漆工艺处理的黑色头层黄牛帮面革，衬里为浅黄色鞋里革与浅黄色超细纤维透气革，内底为麻纤维板,外底为橡胶成型底。帮底结合采用胶粘工艺(图1-43)。

(四)警用常服皮鞋

警用男单皮鞋,式样为素头外鞋耳、系带式。鞋面为黑色全粒面黄牛帮面革,鞋里为浅黄色鞋里革与浅黄色超细纤维透气革,鞋底为发泡橡胶(前掌贴防滑橡胶片、后跟贴耐磨橡胶片)。帮底结合采用胶粘工艺(图1-44)。

警用女单皮鞋,式样为方头、素头系带式。帮面为内鞋耳、系带式结构,鞋口为软口,警用女单皮鞋帮面为黑色全粒面黄牛帮面革,衬里为浅黄色鞋里与浅黄色超细纤维透气革,内底为麻纤维板,外底为橡胶成型底。帮底结合采用胶粘工艺(图1-45)。

警用女棉皮鞋,式样为圆头、素头系带式。帮面为素头外鞋耳、系带式结构,内侧有防水拉链,鞋口为软口,警用女棉皮鞋帮面为黑色全粒面黄牛帮面革,衬里为平剪绒/海绵型片复合鞋里布,内底为麻纤维板,内底为毛毡鞋垫,外底为无味发泡橡胶(前掌、后跟贴防滑橡胶)。帮底结合采用胶粘工艺(图1-46)。

(五)综合行政执法皮鞋

综合行政执法皮鞋,男单皮鞋颜色为黑色,帮面为素头、软口、系带式结构。鞋面为铬鞣黄牛黑色正面软革,鞋里为三层复合网布,鞋垫为涤长丝针织布与聚氨酯高密度发泡层热压复合而成,内底为涤麻成型内底,帮底结合采用橡胶/聚醚型聚氨酯双密度连帮注射工艺(图1-47)。

综合城市执法皮鞋分为棉皮靴和毛皮靴,颜色为黑色,帮面为素头、外耳、高腰、系带式结构。鞋面为铬鞣黑色头层牛皮鞋面革,鞋垫为深棕色绒面布复

图1-43 警用礼服女皮鞋

图1-44 警用男单皮鞋

图1-45 警用女单皮鞋

图1-46 警用女棉皮鞋

图1-47 综合行政执法男单皮鞋

图1-48 综合城市执法男棉皮靴、男毛皮靴

图1-49 生态环境执法男棉皮靴、男毛皮靴

图1-50 环境执法女皮凉鞋

图1-51 城市执法女棉皮靴、女毛皮靴

图1-52 消防常服皮鞋

合羊毛毡成型鞋垫，内底由中底布和成型半托组成，帮底结合采用橡胶/聚醚型聚氨酯双密度连帮注射工艺。男棉皮靴靴里为深棕色平剪绒复合保暖絮片，男毛皮靴靴里为白色铬鞣羊毛皮（图1-48）。

生态环境执法皮鞋，男棉皮靴与毛皮靴颜色为黑色，素头、软领口、高腰系带式结构。靴面为铬鞣黄牛黑色正面软革，鞋垫为深棕色绒面布复合羊毛毡，内底为成型内底，帮底结合采用橡胶/聚醚型聚氨酯双密度连帮注射工艺。男棉皮靴靴里为深棕色平剪绒，男毛皮靴靴里为白色铬鞣羊毛皮（图1-49）。

环境执法女皮凉鞋，颜色为黑色，帮面为浅口式结构，鞋口为织带包边设计。鞋面为铬鞣黄牛黑色正面软革，鞋里为铬鞣猪米色头层里革，鞋垫为铬鞣猪米色头层里革复合聚氨酯发泡材料成型鞋垫，内底为成型内底，帮底结合采用橡胶/聚醚型聚氨酯双密度连帮注射工艺（图1-50）。

城市执法皮鞋，女棉皮靴、女毛皮靴颜色为黑色，帮面为素头、外耳、侧开口拉链结构。靴面为铬鞣黑色头层牛皮鞋面革，鞋垫为深棕色绒面布复合羊毛毡成型鞋垫，内底为成型内底，帮底结合采用橡胶/聚醚型聚氨酯双密度连帮注射工艺。女棉皮靴靴里为深棕色平剪绒复合保暖絮片，女毛皮靴靴里为铬鞣白色羊毛皮（图1-51）。

（六）消防皮鞋

消防常服皮鞋，式样为低腰素头内耳式。鞋面为铬鞣中小黄牛黑色正鞋面革，鞋里为铬鞣黄牛浅黄色水染正鞋里革，鞋底为发泡橡胶粘贴耐磨橡胶片组合鞋底，鞋底后跟内侧安装有单向排气阀。帮底结合采用胶粘工艺（图1-52）。

消防女夏常服皮鞋，式样为浅口、尖圆头式，配备可拆卸式袢带。鞋面为铬鞣中小黄牛黑色正面革与铬鞣小黄牛黑色正面革，鞋里为铬鞣猪米色头层里革，鞋垫为铬鞣猪米色头层里革复合聚氨酯发泡材料成型鞋垫，内底为中底布和成型半托底，鞋底为橡胶外底注射聚醚型聚氨酯复合底，鞋跟为ABS材料和橡胶后跟掌片组合而成。帮底结合采用聚氨酯注射连帮成型工艺（图1-53）。

图1-53　消防女夏常服皮鞋

消防女春秋常服皮鞋，式样为素头外耳系带式。鞋面为铬鞣中小黄牛黑色正面革，鞋里为铬鞣猪米色头层里革，鞋垫为铬鞣猪米色头层里革复合聚氨酯发泡材料成型鞋垫，内底为中底布和成型半托底，鞋底为橡胶外底注射聚醚型聚氨酯复合底，鞋跟为ABS材料和橡胶后跟掌片组合而成。帮底结合采用聚氨酯注射连帮成型工艺（图1-54）。

图1-54　消防女春秋常服皮鞋

消防女绒皮鞋，式样为高腰素头侧开口拉链式。鞋面为铬鞣黄牛黑色正鞋面革，鞋垫为深棕色平剪厚罗绒/保暖绵复合鞋垫布，鞋里为深棕色平剪维罗绒/针织保暖复合鞋里布，鞋底为黑色连跟成型橡胶底，帮底结合采用胶粘工艺（图1-55）。

图1-55　消防女绒皮鞋

二、战训类

（一）作战防护类

通用防护靴，式样为高腰皮布结合外耳式系带侧拉链式，颜色为棕色。靴面为铬鞣黄牛棕色防水头层反绒革和复合鞋面布，靴底为EVA中底和橡胶外底，帮底结合采用胶粘工艺（图1-56）。

图1-56　通用防护靴

森林灭火防护靴，式样为U型口门系带式结构（设计有鞋带库），颜色为黑色。靴面为铬鞣黄牛黑色阻燃防水正面革加黑色芳纶阻燃鞋面布，靴里为黑色涤纶经编间隔网眼织物，靴底为EVA加橡胶组合靴底。帮底结合采用胶粘加线缝工艺（图1-57）。

消防抢险救援靴，式样为外耳系带式结构，颜色为黑色。靴面为铬鞣黄牛黑色全粒面摔纹革、铬鞣黄牛黑色全粒面纳帕软革,前帮围为铬鞣黄牛黑色磨砂革,靴里为黑色复合鞋里布,靴底为橡胶外底/高弹EVA两次成型组合结构。帮底结合采用胶粘工艺(图1-58)。

图1-57　森林灭火防护靴

图1-58　消防抢险救援靴

(二)作训类

武警作训鞋,式样分春秋、夏两款,春秋款帮面由鞋帮复合布、超细纤维合成革和立体网眼经编布组合而成,夏款帮面由立体网眼经编布和超细纤维合成革组合而成,鞋里均为三层复合网布,鞋垫为涤麻混纺蜂巢布与抗菌高弹聚氨酯发泡材料复合热压而成,鞋底由EVA二次发泡中底、足弓支撑片和橡胶外底胶粘复合而成,外底、中底和鞋帮的结合均采用胶粘工艺(图1-59)。

图1-59　武警作训鞋

作训鞋,式样为低腰五眼系带式。前帮由涤纶长丝鞋面布压烫聚氨酯胶膜制成,后帮为热塑性聚氨酯成型后包跟,鞋里为涤纶长丝复合针织布,中底为涤麻无纺布,大底由黑色发泡EVA/硬质TPU/密实橡胶组成。帮底结合采用胶粘工艺(图1-60)。

图1-60　作训鞋

警用作训鞋,式样分春秋、夏两款,春秋款帮面为双层复合细纹帆布(防泼水)和超细纤维合成革,夏款帮面为三维立体网眼经编布和超细纤维合成革。鞋里为三层复合网布。鞋垫为涤麻混纺蜂巢布与抗菌高弹聚氨酯发泡材料复合热压而成。鞋底由橡胶外底、EVA发泡中底和尼龙勾心胶粘复合而成。外底、中底和鞋帮的结合均采用胶粘工艺(图1-61)。

警用移民管理警察冬作训靴,式样为高腰U型口系带式,靴面为黑色全粒面黄牛帮面革和黑色涤长丝复合鞋面布，靴里为黑色涤纶经编间隔网眼织物和棕色平剪绒/海绵型絮片复合鞋里布，靴底为聚醚型聚氨酯中底和橡胶外底。帮底结合采用聚氨酯注射连帮成型工艺（图1-62）。

图1-61　警用作训鞋

图1-62　警用移民管理警察冬作训靴

消防夏作训鞋，式样为系带款式，颜色为黑色。鞋面为黑色锦纶长丝整帮制造弹性织物和牛二层黑色移膜革复合材料，鞋里为三层复合网布，鞋垫主垫为黑色涤纶针织布复合聚氨酯发泡材料热压而成，备用鞋垫为黑色涤纶针织布复合双层聚氨酯发泡材料复合热压而成，鞋底由黑色橡胶与珠粒型发泡聚氨酯胶粘组合而成。帮底结合采用胶粘工艺（图1-63）。

图1-63　消防夏作训鞋

三、工作岗位类

白色工作胶鞋，由鞋帮、鞋底、围条、模压海绵中底、橡筋等共同组成。鞋面为白色斜纹帆布，鞋里为本色帆布，以白色纱带做沿口条，前帮加内包头，后帮加后衬跟补强，内底为模压橡胶海绵底，大底为灰色二次硫化胶底，灰白色橡胶围条，绷帮贴合二次硫化成型，胶浆为灰白色（图1-64）。

图1-64　白色工作胶鞋

随着制式鞋靴技术的发展，以军鞋为代表的制式鞋靴的研究不断向纵深发展，制鞋技术也在不断地进步与提高。制式鞋靴的分类越来越精细化，鞋靴的功能也越来越具有针对性。

第二章

脚型与楦型

第一节 脚型

制式鞋靴的设计主要依据成年男女的脚型数据，本章的脚型和楦型也是特指从事相关行业人员的脚部数据特点。脚型是指脚的形态和构造。人体下肢由大腿、小腿和脚三部分组成。在研究鞋类产品时，主要关注脚型，在研究靴类产品时，还要考虑到小腿的形态和构造。

一、脚的外部形态

人体的左右两只脚在形态上基本是对称的。由于构成脚的骨骼多而肌肉少，因此脚的形态比较稳定。脚的大拇趾一侧被称为里踝，小趾一侧被称为外踝。脚的外部形态由以下几个特征部位组成（图2-1）。

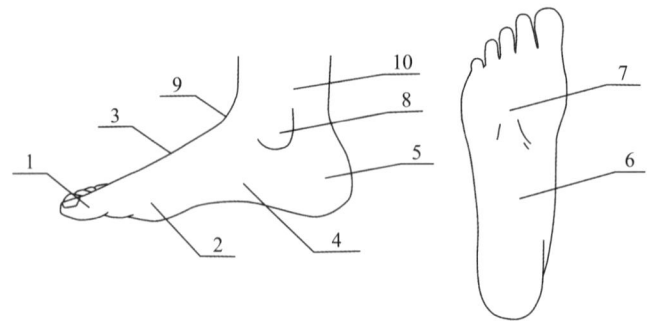

1—脚趾　2—跖趾关节　3—脚背　4—腰窝　5—脚后跟
6—脚心　7—前脚掌　8—脚踝骨（里、外）　9—脚弯　10—脚腕

图2-1 脚的特征部位

1. 脚趾

脚趾位于脚的最前端，可以灵活地运动。人脚在自然悬垂时，脚趾自然向上弯曲，与脚底形成大约15°角。人在站立时，脚支撑着人体的重量，而脚趾对支撑面有很好的附着作用。人在走路时，以拇趾为主的各个脚趾可以蹬离地面，推动人体前行。

2. 跖趾关节

跖趾关节位于脚趾后端，是由脚趾骨和跖骨端头形成的关节。大拇趾一侧的关节较为突出，称作第一跖趾关节，顺次排列到小趾一侧称作第五跖趾关节。脚的跖趾关节也称作脚骨拐。跖趾关节部位是脚底最宽处，因此，脚的跖趾围长是通过测量跖趾关节来确定的，脚的肥瘦是根据跖趾围长确定的。人体在站立、行走、跑跳时，跖趾关节是主要的受力部位。

3. 脚背

脚背位于跖趾关节之后的上表面，也称作跗面，呈凸起形弓状结构，自跖趾关节往后，脚的厚度逐渐增大，特别是在第一跖趾关节之后，有一明显的突起，称作前跗骨突点。

4. 腰窝

腰窝位于脚背的两侧，是脚较瘦的部位，且大致位于脚长的一半位置，故称作腰窝，也称中腰。靠近里踝一侧称作里腰窝，靠近外踝一侧称作外腰窝。外腰窝处有一明显的凸起，称作第五跖骨粗隆点，它是外腰窝的特征部位点。通过测量前跗骨突点和第五跖骨粗隆点围长可得到脚的前跗骨围长。

5. 脚后跟

脚后跟位于脚的最后端，覆盖着圆润的肉垫，它是支撑人体重量的主要受力部位。在赤脚直立时，脚后跟支撑50%以上体重，随着脚后跟的抬高，后跟受力逐渐减小，而前脚掌的受力逐渐增加。

6. 脚心

脚心位于脚底的中部，与脚背位置相对应。脚背略呈凸起形状，脚心则呈凹陷状，共同形成弓形结构。脚心有一定的凹度，在设计鞋楦时，底心部位也应设计有相应的凹度，以便内底能托住脚心，增加受力面积，使走路平稳，脚感舒适。

7. 前脚掌

前脚掌由跖趾关节和脚趾底面共同构成，外表呈凸凹不平的曲面。然而在鞋楦上，这一区域却是平整光滑的凸起曲面。这是因为由跖趾关节形成的前横弓在受力时会暂时下塌消失，此时脚底肌肉和脂肪就会受到挤压。采用前掌呈凸起形状的鞋楦制鞋时，凸起的部位正好容下脚底上的肌肉和脂肪，从而减轻压力，使脚感舒适。

8. 脚踝骨

脚踝骨是由小腿骨和脚的距骨连接形成的两个关节。靠近里踝一侧的突起被称为里踝骨。靠近外踝一侧的突起被称为外踝骨，里外踝骨相比较，外踝骨的位置比里踝骨要低一些且靠后一些。设计鞋后帮时，要以外踝骨中心部位下沿点为设计控制点，以防鞋口磨脚。低帮鞋后帮高度要控制在脚踝骨以下，高帮鞋靴后帮高度控制在脚踝骨以上。

9. 脚弯

脚弯位于脚背和小腿之间的转折处，当脚掌向上跷起时，该部位会有明显的横纹出现。在设计低帮鞋时，其前帮总长度应控制在脚弯之前，防止出现磨脚、硌脚的现象；在设计高帮鞋或靴子时，后帮高度须超过脚弯部位。

10. 脚腕

脚腕位于小腿的最细处，是设计低帮鞋和低筒靴的分界位置。设计低帮鞋时，其后帮高度都控制在脚腕以下。设计高帮靴时，高度则控制在脚腕以上的位置。

11. 腿肚

腿肚位于小腿最粗处，有着饱满的肌肉。设计中筒靴时，其高度控制在腿肚之下，错开最粗的部位。设计半筒靴时，高度控制在腿肚和脚腕之间。

12. 膝下

膝下是指小腿外侧腓骨上粗隆的下沿点，是设计高筒靴的重要考虑部位。为了不妨碍膝关节的活动，高筒靴常被设计成前高后低的形式。

二、脚的组织结构

脚是人体的运动器官，其外形基本上由脚骨骼所构成的形状确定。脚骨的运动是依靠肌肉的收缩来完成的，而肌肉的收缩受到神经系统支配。这些构成脚的组织，结合形成高度统一又互相制约的整体，只有在各个组织都健康无损的情况下，脚才能保持正常的生理活动。反之，即使是局部的病变，也会使整个机体失去正常的生理状态。因此，鞋的设计已经不再是为了单纯去解决一个装脚的"容器"，而是要设计出能维护脚的正常功能，同时又能满足不同功能需求的鞋子。

（一）脚的骨骼

人体下肢骨骼包括有大腿骨（股骨）、小腿骨（外侧为腓骨，里侧为胫骨）、脚骨（趾骨、跖骨和跗骨），其中与鞋靴有关的主要是脚骨和小腿骨（图2-2）。

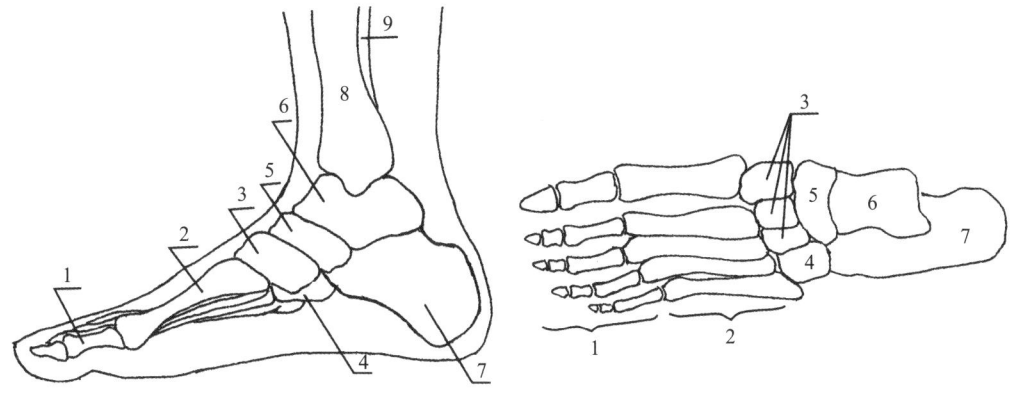

1—趾骨　2—跖骨　3—楔骨　4—骰骨
5—舟状骨　6—距骨　7—后跟骨　8—胫骨　9—腓骨

图2-2　脚的骨骼

（二）脚的关节

关节是骨与骨之间以某种形式连接后形成的结构。骨与骨之间的连接形式可分为两种：一种是直接连接，形成的是骨缝；另一种是间接连接，形成的是关节。脚骨之间构成的关节有趾关节、跖趾关节、跖跗关节、跗关节、踝关节（图2-3）。

（三）脚弓

脚弓是由脚骨构成的弓状结构。按伸展方向，脚弓可分为横弓和纵弓两类。横弓有前、后之分；纵弓有内、外之分（图2-4）。

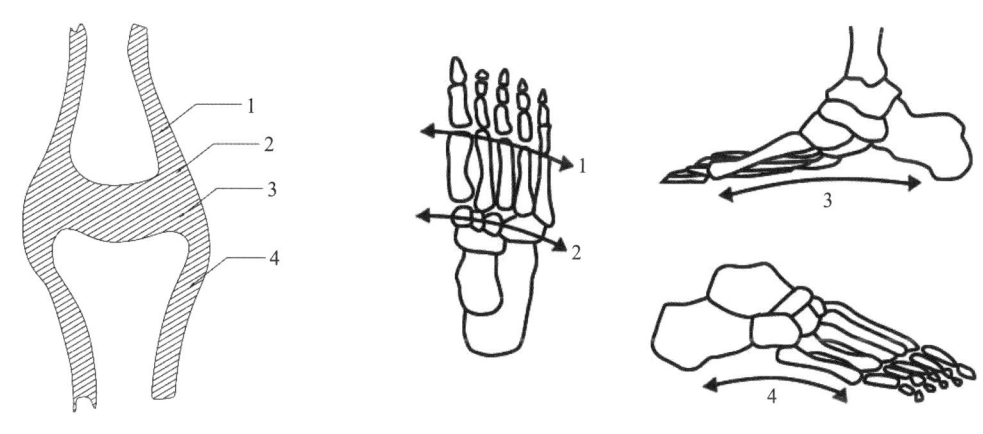

1—骨端　2—关节软骨　3—关节囊　4—骨膜

图2-3　脚的关节

1—前横弓　2—后横弓　3—内纵弓　4—外纵弓

图2-4　脚的四弓

脚依靠脚弓以及附着其上的韧带、肌肉而产生弹性。人体在站立时，体重通过距骨分别传递到跖骨和跟骨上，此时脚弓保持着弓状结构，以支撑人体的重量。当人在行走时，人体的重心会随着脚着地部位的变化而移动，当重量完全集中在一只脚上时，前横弓消失。随着脚的继续移动，重心转移到另一只脚上时，消失的前横弓又恢复到原来的弓状结构，而在另一只脚上，又重复着上述变化过程（图2-5）。

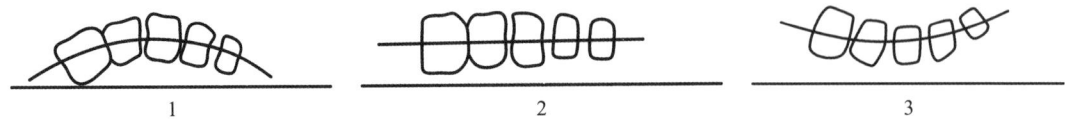

1—正常弓状结构　2—前横弓消失　3—前横弓变成反弓

图2-5　脚的横弓变化

在鞋靴设计中，要注意保护脚弓，保持脚弓的正常生理机能。当楦底前掌凸度过大时，鞋内腔前掌凸度变大，会造成前横弓的下塌，形成反弓状结构。长期下去，会造成韧带的松弛、疲劳、损伤，从而失去弹性，使前横弓很难再恢复原来的弓状结构。前横弓的下塌，也必然影响到其他脚弓下塌，最后形成了扁平足。患有扁平足的人，长时间站立、行走都有会引起疲劳和疼痛，进而影响人体健康和工作状态。

三、脚的尺寸变化

人的左右脚不是完全对称的，其形状、长度和围度并不完全相等。根据多年脚型测量数据的分析，两只脚在长度上相差不超过5mm，围长上相差不超过3.5mm，差值都属于正常范围。

此外，同一个人的脚也会因外界因素的影响而变化。例如，夏季的脚要比冬季的大，动态的脚要比静态的大，傍晚的脚要比早晨的大，运动后的脚比运动前的要大，老年时的脚要比年轻时的大。并且运动时间的长短、运动强度的高低，都会使变化幅度有很大不同。国外一项研究资料记载，对一位马拉松运动员比赛前后进行实时对比测量，发现其脚长增加多达11mm。

人体在负重时，脚的尺寸也会变大。这是因为人体负重时加大了脚的承载力，使脚在长度、宽度和围度上均有所增加。另外，随着鞋跟高度增加，前掌受力也会逐渐加大，从而造成脚跖围增大而脚跗围减小现象。

四、脚型测量

脚型测量,又称量脚,是通过一定方法对人脚特征部位进行的测量。

脚型测量的目的:一是为制鞋工业量脚做鞋提供个性化服务(一般采用手工测量法);二是用于脚型研究。

(一)测量工具

测量方式包括人工测量和计算机非接触测量两种方式。其中,人工测量只需鞋用带尺一根、铅笔一支和白纸一张(图2-6)。

非接触测量,主要通过激光扫描拍照技术实现脚型数据的采集,常见的设备如图2-7所示。这种测量方式具有数据多、效率高、误差小的特点,近年来发展迅速,有逐步取代人工手动测量的趋势。

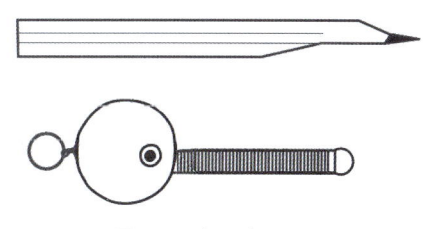

图2-6 人工测量工具

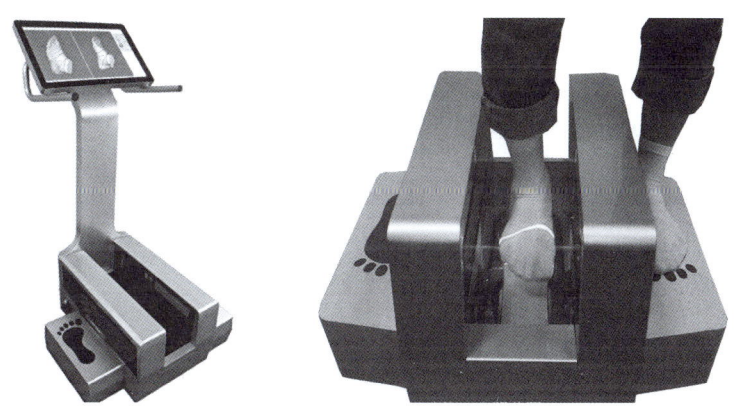

图2-7 两种常见脚型非接触测量设备

(二)测量部位及测量方法

1. 测量部位

测量部位如图2-8所示。

2. 测量方法

由于脚在抬起、静坐、站立和运动等不同姿势下,即使同一部位,所测的尺寸也是不一样的。人们穿鞋时,脚多处在运动状态下,即尺寸最大情况下。因此,采用站姿进行测量。

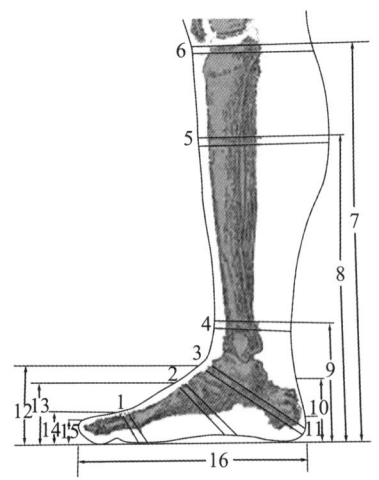

1—跖趾围长 2—跗骨围长 3—舟上弯点与后跟围长 4—脚腕围长 5—腿肚围长 6—膝下围长 7—膝下高度 8—腿肚高度 9—脚腕高度 10—外踝骨高度 11—后跟突点高度 12—舟上弯点高度 13—前跖骨最突点高度 14—第一跖趾关节高度 15—拇趾高度 16—脚长

图2-8 脚型测量部位

被测人两脚间距15cm，直立于测量纸上。开始测量前，先在白纸上画出被测人脚的投影轮廓。然后，从跖趾围长开始，依次向后测量（图2-9）。

（1）跖趾围长 跖趾围长，简称跖围，用带尺过内外跖趾关节点绕脚一周进行测量（图2-10）。

（2）跗骨围长 跗骨围长，简称跗围，用带尺过前跗骨突点绕脚一周的进行测量（图2-11）。

（3）舟上弯点与后跟围长 舟上弯点与后跟围长，简称兜跟围，用带尺兜住后跟，绕经舟上弯点进行测量。

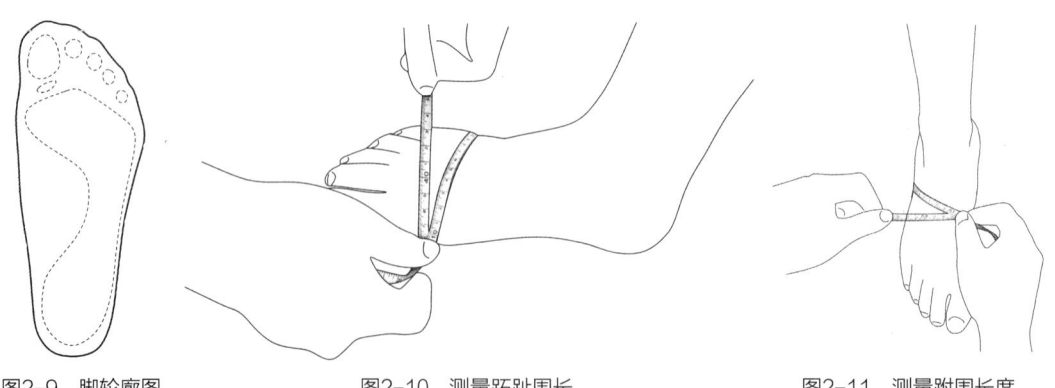

图2-9 脚轮廓图　　图2-10 测量跖趾围长　　图2-11 测量跗围长度

（4）脚腕围长　用带尺绕脚腕最细处进行测量。

（5）腿肚围长　用带尺绕腿肚最粗处进行测量。

（6）膝下围长　用带尺绕腓骨粗隆下缘点进行测量。

（7）膝下高度　用钢卷尺测量自腓骨粗隆下缘点至脚底的直线距离。

（8）腿肚高度　用钢卷尺测量自腿肚围长部位至脚底的直线距离。

（9）脚腕高度　用钢卷尺测量自脚腕围长部位至脚底的直线距离。

（10）外踝骨高度　用量高仪测量自外踝骨下缘点至脚底的直线距离。

（11）后跟突点高度　用量高仪测量自后跟突点至脚底的直线距离。

（12）测量舟上弯点高度　用量高仪测量舟上弯点（距骨与胫骨交点）至脚底的直线距离。

（13）前跗骨最突点高度　用量高仪测量自前跗骨突点至脚底的直线距离。

（14）第一跖趾关节高度　用量高仪测量自第一跖趾关节最高处至脚底的直线距离。

（15）拇趾高度　用量高仪测量拇趾前端最高处至脚底的直线距离。

（16）脚长　测量者用铅笔沿脚的边缘分别画出两只脚的投影轮廓线。用直尺分别量出两只脚轮廓线纵向最长的直线距离或前后端点之间的直线距离即为脚长（图2-12）。

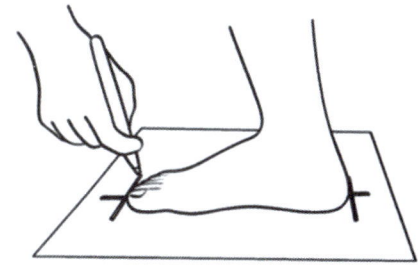

图2-12　测量脚长

五、脚型规律

脚型规律是指不同地区、不同职业、不同性别、不同年龄人的脚型所具有的共同特点和变化规律。关于脚型的男女差别，女鞋和男鞋的不同之处，不光体现在款式、尺码和配色上，更在于楦型设计上的差异。女鞋不是等比例缩小的男鞋。从生理解剖学上看，女性的脚和男性有许多不同：女性的拇趾较短，内侧线更弯曲，脚的宽度较小，脚背较高，脚跟也相对较小。相同身高情况下，女性的脚小于男性。

研究脚型规律的首要目的是为制定国家相关标准提供基本数据。这有利于制鞋工业的标准化、规范化和部件装配化生产，提高生产效率，同时也可以对鞋楦设计、帮样设计、批量生产的合理安排及商业销售起指导作用。脚型规律数据见表2-1。

表2-1 全国成年男女脚型规律和中等型号脚型规律数据表　　　　单位：mm

编号	部位名称	规律	成年			
			男子		女子	
			250（三型）	250（四型）	230（二型）	230（三型）
1	脚长	100%（脚长）	250		230	
2	拇趾外突点部位	90%（脚长）	225		207	
3	小趾端点部位	82.5%（脚长）	206.3		189.8	
4	小趾外突点部位	78%（脚长）	195		179.4	
5	第一跖趾关节部位	72.5%（脚长）	181.3		166.8	
6	第五跖趾关节部位	63.5%（脚长）	158.8		146.1	
7	腰窝部位	41%（脚长）	102.5		94.3	
8	踵心部位	18%（脚长）	45.0		41.4	
9	后跟边距	4%（脚长）	10.0		9.2	
10	跖趾围长	0.7脚长 + 常数	246.50	253.50	225.50	232.50
11	前跗骨围长	100%（跖围）	246.50	253.50	225.50	232.50
12	兜跟围长	131%（跖围）	322.92	232.90	295.41	304.58
13	基本宽度	40.3%（跖围）	99.30	102.20	90.90	93.70
14	拇趾外突点轮廓里宽	39%（基宽）	38.73	39.86	35.45	36.54
15	拇趾外突点里段边距	4.66%（基宽）	4.63	4.76	4.24	4.37
16	拇趾外突点脚印里段宽	34.34%（基宽）	34.10	35.10	31.21	32.17
17	小趾外突点轮廓外段宽	54.1%（基宽）	53.72	55.29	49.18	50.69
18	小趾外突点外段边距	4.32%（基宽）	4.29	4.42	3.93	4.05
19	小趾外突点脚印外段宽	49.78%（基宽）	49.43	50.87	45.25	46.64
20	第一跖趾轮廓里段宽	43%（基宽）	42.70	43.95	39.09	40.29
21	第一跖趾里段边距	6.94%（基宽）	6.89	7.09	6.31	6.50
22	第一跖趾脚印里段宽	36.06%（基宽）	35.81	36.86	32.78	33.79
23	第五跖趾轮廓外段宽	57%（基宽）	56.60	58.25	51.81	53.41
24	第五跖趾外段边距	5.39%（基宽）	5.35	5.51	4.90	5.05
25	第五跖趾脚印外段宽	51.61%（基宽）	51.25	52.74	46.91	48.36
26	腰窝轮廓外段宽	46.7%（基宽）	46.37	47.73	42.45	43.76

续表

编号	部位名称	规律	成年			
			男子		女子	
			250（三型）	250（四型）	230（二型）	230（三型）
27	腰窝外段边距	7.17%（基宽）	7.12	7.33	6.52	6.72
28	腰窝脚印外段宽	39.53%（基宽）	39.25	40.40	35.93	37.04
29	踵心全宽	67.7%（基宽）	67.23	69.19	61.54	63.43
30	踵心外段边距	7.63%（基宽）	7.58	7.80	6.94	7.15
31	踵心里段边距	9.3%（基宽）	9.24	9.50	8.45	8.71
32	踵心脚印全宽	50.77%（基宽）	50.41	51.89	46.15	47.57

第二节 鞋号

鞋号是表示鞋子大小、长短的一种标识。世界各国鞋号基本可分为两种：一种是鞋长制，另一种是脚长制。鞋号不仅是鞋子大小的一种简单代号，还是一个国家脚型特点和规律的体现。

中国鞋号是在两次国内大规模脚型调查（1965年和1968年各一次）的基础上编制完成的。两次调查的受调查人数总计接近30万，这在国际上是绝无仅有的。调查的地域范围覆盖了除中国台湾以外的全国所有省份和地区。调查对象涵盖了不同性别、不同年龄和不同职业的人群。调查结果颇具广泛性和代表性，准确地反映了中国人的脚型规律。鞋号标准的开发与制定是在广泛参考和借鉴了国外脚型资料和各种鞋号体系后完成的。中国鞋号是建立在深入研究的基础上，并汲取了各种鞋号精华而成。它具备了现代鞋号标准构成的所有基本要素。因此，可以说中国鞋号是目前世界上最科学、最先进的鞋号体系之一。

一、中国鞋号

基础鞋号，又称中间鞋号或标准鞋号，是脚型研究、鞋靴生产制作以及投放数量比例的基础依据。20世纪70年代，标准鞋号被定为：男鞋250号，女鞋230号。随着社会的发展和生活方式的转变，人的脚型也发生了较大变化，主要趋势是变得更加瘦长。在分析军队多年来配发鞋号码比例走势的基础上，军队标准鞋号已调整为：男鞋255号，女鞋235号。

鞋号范围是指一个品种的鞋靴从最小到最大所覆盖的号码个数。过去军靴鞋号范围大致为：男鞋（240～290），其中270号以上不设半码，共9个号码；女鞋（220～255）共8个号码。鉴于脚型尺寸的变化，为提高军用制式鞋靴的配发覆盖率，目前，男鞋鞋号范围设为（235～290）共12个号，女鞋鞋号范围（215～265）共11个号。

1. 长度号差

长度号差是指相邻鞋号之间的长度的差值。中国鞋号规定了"四鞋统一"的长度号差，各品种均为5mm。

2. 围度号差

围度号差是指相邻鞋号间的跖围的差值，是在脚型调查的基础上研究确定的。中国鞋号的整号围差为7mm；半号围差为3.5mm。

3. 型差

型差是指同一长度号中，不同型别之间跖围的差值，是通过跖围感觉极限试验得出的。根据脚型规律，相同脚长，脚的肥瘦、形状也各有不同（图2-13）。

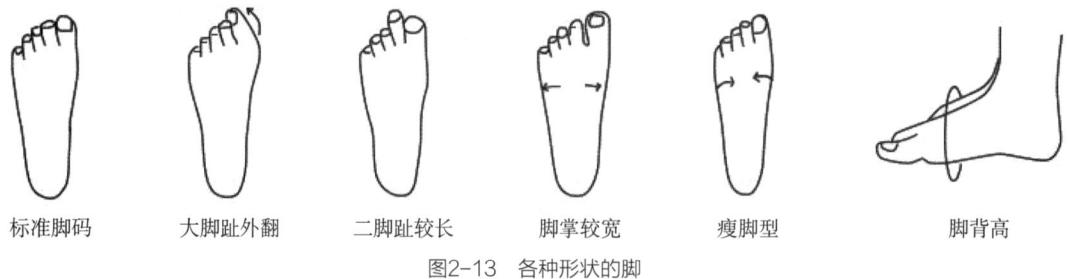

标准脚码　　大脚趾外翻　　二脚趾较长　　脚掌较宽　　瘦脚型　　脚背高

图2-13　各种形状的脚

根据脚型肥瘦情况，中国鞋号将鞋型分为五种，从瘦到肥分别为一型至五型。同一鞋号相邻鞋型型差7mm，半型型差3.5mm。

二、外国鞋号

1. 英国鞋号

英国鞋号，又称英码，起源于14世纪（1324年）。英码采用楦底长英寸制，长度号差为1/3inch（约8.47mm），没有半码。型差为1/4inch（6.35mm）。英码不分男女，成人码是由8 2/3inch（约220mm）开始，至12 2/3inch（约322mm）为止，共13个码数。英码放余量为固定值：童鞋12mm，成人鞋22mm。英码分为七种肥瘦型：A、B、C、D、E、F、G。

2. 美国鞋号

美国鞋号，又称美码。美码与英码制式上完全相同，但美码增设了女码。美码型号脚围、脚宽并用（脚宽定义为脚围的1/3）。长度号差为8.47mm，型差6.35mm；美码型号由瘦至肥依次排列为：……AA（2A）、A、B、C、D、E、EE（2E）、EEE（3E）……。美码的中间型号（Medium）设定为：女鞋为"B"，男鞋为"D"。

3. 法国鞋号

法国鞋号，又称欧码。欧码采用楦底长厘米制。欧码计码由自然数"0"开始，长度号差为2/3cm（约6.67mm），无半码。型差约为4.5mm。放余量采用2cm定长制，肥瘦号差为4.2mm，肥瘦型差为5mm。

4. 世界鞋号

世界鞋号，英文名称为"Mondopoint"，是由国际标准组织（ISO）在20世纪70年代初推出的。ISO具有和各国官方标准机构同等的法律地位。

第三节　鞋楦

鞋楦是一种能保持鞋内一定空间尺寸的胎具，其造型是根据人的脚型设计的，但并不是对脚型的简单复制，而是在科学的基础上进行概括、重塑和艺术化处理。军用鞋楦是根据军人的不同穿着环境和必需功能所设计的。

一、鞋楦名称

鞋楦是人脚的造型产物，与脚的自然形体不同，但同脚一样也有左右之分。鞋楦靠近大拇趾一侧称为里怀，靠近小趾一侧称为外怀。楦体由三个曲面构成，最下弓曲面为楦底面，最上弓曲面为楦统口面，四周围绕的曲面构成楦面（图2-14）。

鞋楦部位名称对应着脚的部位名称（图2-15）。

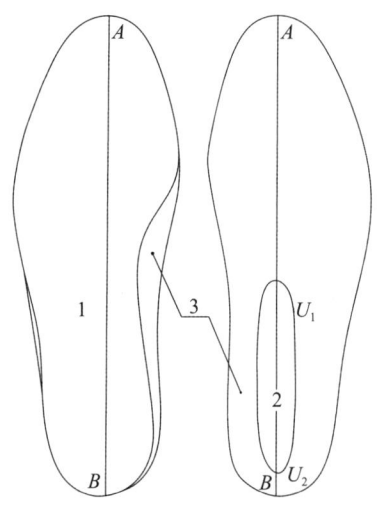
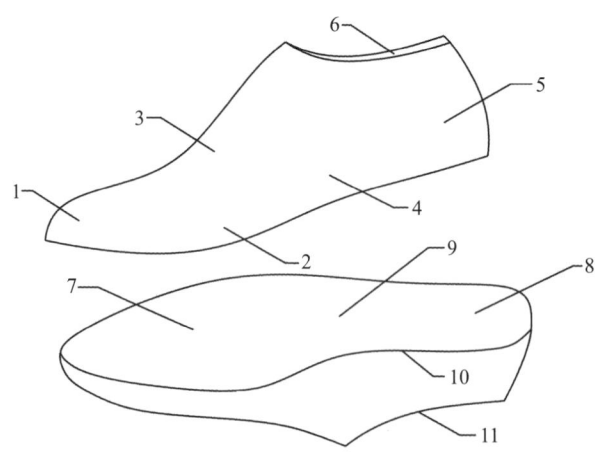

1—楦底面　2—统口面　3—楦侧面
AB—楦底样长　U_1U_2—统口长

图2-14　鞋楦的曲面名称

1—楦头　2—里、外跗趾　3—楦背　4—楦腰　5—后跟　6—统口
7—前掌面　8—后跟面　9—楦底心　10—楦底棱　11—统口棱

图2-15　鞋楦的部位名称

二、鞋楦术语

1. 楦底样长

楦底前后端点间的曲线长度。

2. 后容差

楦底后端点与楦后跟突点间的投影距离。人脚后跟都有一定的凸度，为了使鞋跟脚，要求各种鞋楦后跟也应该设计有适当的凸度，这个凸度称为后容差。

3. 放余量

为了保证脚在鞋内有一定的活动空间，避免鞋顶脚，也为了适应不同的头式，脚趾前端点至楦底前端点需有一定的距离，这段距离称为放余量。

4. 标准放余量

中国鞋号将男女素头楦的放余量作为鞋靴的标准放余量，即男鞋250号楦的楦底样长为265mm；女鞋230号素头楦的楦底样长为242mm。男楦的标准放余量比脚长长20mm（265−250 + 5 = 20）；女楦的标准放余量比脚长长16.5mm（242−230 + 4.5 = 16.5）。

5. 超长量

尖头楦、小方头楦等前头比较瘦的鞋楦放余量，还可以在标准放余量的基础上适当加长，这个量称为超长量。

6. 楦底长

楦底前后端点的直线距离。

7. 楦全长

楦底前端点与楦后跟突点的直线距离。

8. 楦斜长

楦底前端点至统口后端点之间的直线长度。楦斜长是根据人脚后跟抬高以后，跟骨后缘的形态和角度设计制定的。

9. 统口长

统口后端点至统口前端点的直线长度。统口长是根据制鞋工艺的要求和脚的需要而设计制定的。

10. 头厚

过楦底脚趾端点至楦面的垂直高度。

11. 后身高

从楦底后端点至统口后端点之间的垂直高度。

12. 前跷高

楦体按正确的前掌着地点位置在平台上摆好时，楦底前端点距离平台面的高度。前跷高是根据人脚的自然形态和人在穿鞋走路时，鞋处于滚动状态中的外底卷曲度以及鞋的审美要求而设计的。

13. 后跷高

楦体按前掌着地点的正确位置在平台上摆好之后，楦底后端点距离平台面的高度。后跷高是根据人在走路时，脚后跟自然抬起的高度和穿鞋舒适性的要求而设计的。

14. 楦底棱

楦底边缘的棱线。

15. 前掌凸度

楦底前掌凸度部位点相对于第一跖趾里宽点和第五跖趾外宽点凸起的程度。前掌凸度是根据人的脚掌底部在运动中的形态以及受力状况而设计的。

16. 踵心凸度

楦底踵心部位点相对于踵心内外宽度点凸起的程度。踵心部位是鞋的主要受力部位。

17. 底心凹度

楦底腰窝部位相对于前掌凸度点和踵心凸度点的凹进程度。底心凹度是根据人脚在鞋腔内的运动状态而设计的。

18. 楦后跟弧线

从楦底后端至统口后端之间的弧线造型部分。楦后弧是根据人脚跟骨后缘状态及制鞋工艺的需要而设计的。

三、鞋楦功能

鞋楦具有两大功能：一是作为鞋靴设计必不可少的模型，二是制鞋生产过程中不可或缺的工作台。

鞋楦有着代替脚的作用。在鞋靴设计开始前，首先要选择合适的鞋楦。一旦选好鞋楦，就等于选好了一个设计平台，设计师在上面标画部位点、测量数据、构思鞋的具体式样，并在鞋楦上制取设计样板。因此，鞋楦对于鞋靴设计是必不可少的。

鞋楦的出现已有1000多年历史。在制鞋生产过程中，从固定内底到绷帮成型，从帮底结合到烘干定型，再到最后的整理修饰，鞋楦在每一道工序中充当着操作台角色。因此，鞋楦在制鞋生产中是不可或缺的工作平台。

四、鞋楦材料

传统制鞋生产中所使用的鞋楦都是木质材料，自20世纪末以来，随着石油化工工业的蓬勃发展，木质鞋楦逐渐被新兴材料——聚乙烯塑料所替代。与木质鞋楦相比，聚乙烯塑料鞋楦具有防潮不收缩、不变形、标准化程度高等优点，适合大规模生产。

除了绷楦阶段使用的塑料鞋楦外，还有一种在模压、硫化和注塑等帮底装配工艺中所使用的鞋楦，它与模具相配套，被称为模具鞋楦，简称模楦。模楦一般由铝、铁等金属材料制成。

五、鞋楦结构

根据鞋靴的口门形式和加工工艺，鞋楦的结构分为整楦式、两开式、开盖式、铰链式。

（一）绷帮用鞋楦结构

1. 整楦式

经车铣加工后，直接整体使用的鞋楦。这种整楦只适用于口门较浅的舌式鞋、女浅口鞋、前开口门系带鞋等不影响出楦的鞋（图2-16）。

2. 两开式

为了方便出楦，将鞋楦从中间锯开，分成两部分的鞋楦。绷楦时，前后两部分用铁销插接，出楦时先拔掉插销，先出后身再出前头（图2-17）。

3. 开盖式

鞋楦跗背处锯下一楔状块部分，称为楦盖，之后再用铁销将其插回楦体。鞋制成后，先出楦盖再出楦体（图2-18）。

4. 铰链式

铰链式结构是目前比较先进的鞋楦结构，这种鞋楦又称为弹簧楦。分为两种：V型弹簧楦和C型弹簧楦。

（1）V型弹簧楦　是在楦台上割一个V型缺口，下面割出一个半圆轴，装上弹簧，鞋楦即可在一定范围内像合页一样折叠。制鞋过程中处于拉直状态，保持楦型；出楦时折回，方便出楦（图2-19）。

（2）C型弹簧楦　滑动式结构。将鞋楦从中间以C形割开，装入弹簧，拉紧鞋楦的前后两部分。出楦时先将后半部分滑出，再出前半部分（图2-20）。

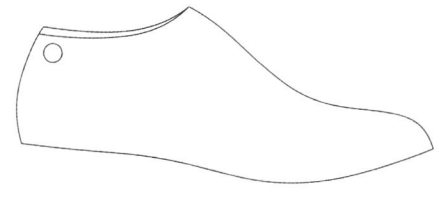

图2-16　整楦

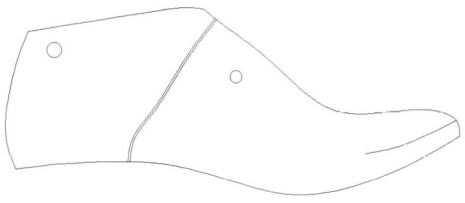

图2-17　两开楦

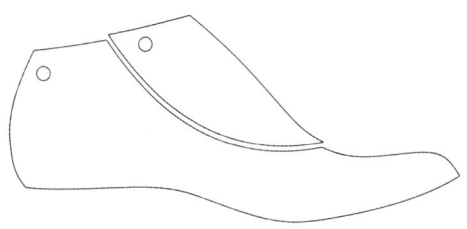

图2-18　开盖式鞋楦

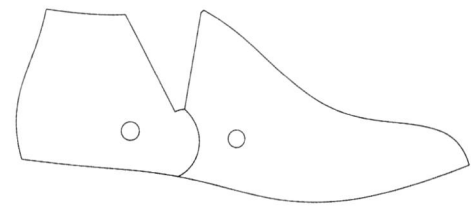

图2-19　V型弹簧楦

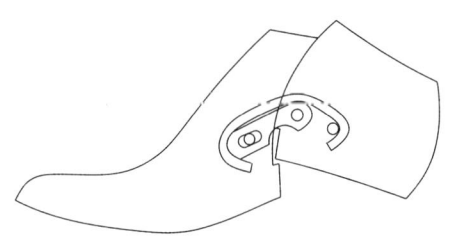

图2-20　C型弹簧楦

（二）注压用模具鞋楦的结构

模具鞋楦，简称模楦，是模具的配套组件。其楦体形状与绷帮用鞋楦无太大差异，只是增加了一些机器设备上用于安装固定的台架。传统的模楦多为铝楦，随着科技的发展，用于配套智能设备的模楦结合了金属固定台架和塑料本体。装配鞋底时模楦作为鞋帮部分的支撑，要能够快速而频繁地套上鞋帮和取下成鞋，这就要求模楦套取方便。模楦的结构依据不同工艺而设定，硫化胶鞋采用空心整楦，模压或注塑工艺多采用整楦或两开滑动式鞋楦。

1. 常规注压鞋楦结构

其连接部位通过两层带有调节螺丝的组合件进行调节（图2-21）。

2. 智能线注压鞋楦结构

其连接部位通过带有燕尾槽滑道的金属件与设备相连接。安装过程自动完成。金属支架上面装有芯片，能够通过红外线智能识别鞋楦大小及左右脚（图2-22）。

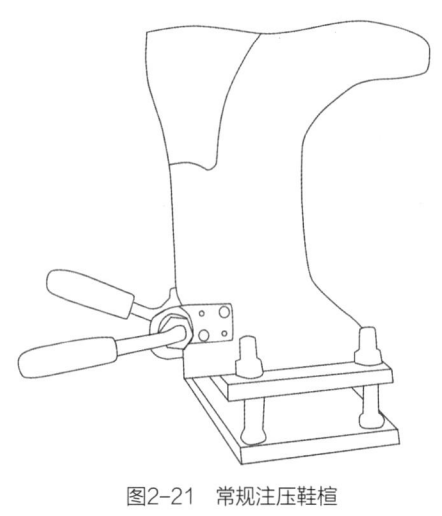

图2-21　常规注压鞋楦

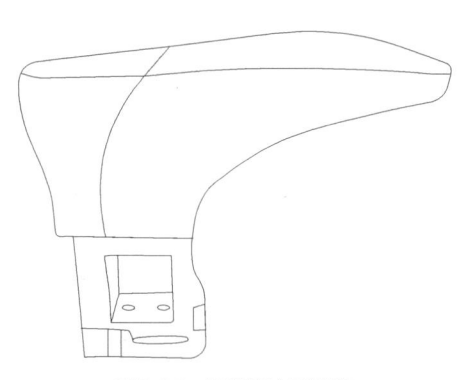

图2-22　智能线注压鞋楦

第四节　脚型与楦型

鞋楦不仅决定着鞋的造型和式样，更重要的是，它还决定着鞋的舒适性。因此，鞋楦的设计必须以脚型为基础。考虑到脚与鞋之间的种种复杂关系，如脚在静止和运动状态下的形状、尺寸、应力的变化，以及鞋的品种、式样、加工工艺、原辅材料和穿着条件等的不同，鞋楦的造型及各部位尺寸不能完全和脚一样。因此，脚型与楦型的关系是辩证统一的关系。

一、脚长与楦底样长

脚长是制定鞋号的基础，也是设计鞋楦底样长的依据，但脚长不等于楦底样长。任何品种和式样的鞋楦，其楦底样长都大于脚长。脚长与楦底样长的关系公式如下：楦底样长＝脚长＋放余量－后容差。

二、脚围与楦围

1. 脚跖围与楦跖围

脚跖围是判定脚肥瘦的主要依据，跖趾部位也是走路时发生弯曲的部位。如果鞋楦跖围安排不妥，不仅穿着不适，也容易造成鞋的跖趾部位过早破损。因此，正确地安排楦跖围尺寸，合理处理楦体这一部分的肉头走向，是保证鞋子合脚耐穿的重要因素。脚跖围与楦跖围的关系：楦跖围＝脚跖围－跖围感差值。

2. 脚跗围与楦跗围

脚跗围也是脚的一个重要尺寸围度。楦跗围太小，成鞋会"压脚面"，楦跗围太大，鞋会不跟脚。楦跗围与鞋的式样、结构也有关系。素头鞋楦，楦跗围稍大于脚跗围。不系带的舌式、圆口等鞋楦，楦跗围要小于系带鞋的楦跗围，以使成鞋跟脚。对于棉鞋楦，由于鞋帮高，为穿脱方便，楦跗围比素头鞋楦楦跗围大些。

3. 脚兜跟围与楦兜跟围

制作低腰鞋楦时，不用考虑兜跟围。制作马靴之类的半筒、高筒皮靴时，楦的兜跟围必须大于脚的兜跟围。此外，设计靴鞋时，还应考虑穿鞋习惯和工艺式样。如靴筒处带拉链的靴子，楦兜跟围要比工矿靴的兜跟围小很多。

三、脚型宽度与楦型宽度

鞋楦各部位宽度的确定，对于鞋楦造型设计，以及皮鞋穿着舒适、节约材料等都有密切的关系。脚的宽度随脚跖围尺寸的变化而增减，因此鞋楦的宽度也要随之变化而增减。确定鞋楦各部位宽度，要考虑脚型变化规律、皮鞋品种、后跟高度，以及式样美观等因素。

1. 基本宽度

根据脚型规律，250（三型）脚轮廓的基本宽度为99.3mm，而脚印的基本宽度仅为87.06mm，两者相差12.24mm。合理的鞋楦基本宽度应大于脚印宽，小于脚轮廓宽度。

2. 脚拇趾里宽及小趾外宽

鞋楦脚拇趾里宽和小趾外宽，对头式的影响较大。根据式样的要求，对于头式较尖、不系带品种的鞋楦，小趾部位鞋楦宽度可以适当小于脚的小趾外宽，原则上宽度在脚印与外轮廓线之间。

3. 脚腰窝和楦腰窝

里腰窝：脚里腰窝脚印宽度很小。但胶、布、塑料鞋受工艺限制，鞋楦里腰窝一般较平直。对于皮鞋特别是满帮皮鞋，里腰窝曲线要设计得较弯一些。

外腰窝：由于脚此部分活动量较小，而且又多是肌肉，腰窝外宽可设计得小一些，肉体安排也可饱满一些。对于鞋楦外腰窝宽度，除保留脚腰窝脚印外段宽以外，一般还要保留12%的腰窝外边距。

4. 脚踵心宽和楦踵心宽

人脚踵心部位肉体十分圆润饱满，是人体重量和负荷的主要承受部位之一。一般楦踵心宽除保留踵心脚印外，还要保留54%的踵心脚印里边距和66%的踵心脚印外边距。

四、脚的跷度与楦的跷度

1. 脚前跷与楦前跷

人脚在不负重、自由悬空的状态下，由跖趾部位向前至脚趾呈自然向上弯曲状，并与脚底平面构成一定的角度，这个角度就是脚的自然跷度，又称脚的前跷。根据观测，脚的自然跷度为15°左右。脚的前跷除可以用角度表示外，还可用脚的前端点距地面的高度来表示。

鞋楦的前跷，是以脚的自然跷度为依据，并考虑到鞋的式样和结构等要求而设计的。成年人的鞋楦前跷高度一般控制在15~18mm。前跷高于18mm，脚趾感觉向上扳起，穿着不舒适，外观式样也欠佳。前跷低于15mm，帮面易起褶，鞋的前尖磨损也较快。

2. 脚后跷与楦后跷

后跷是指脚后跟垫起的高度，也就是后跟高。鞋跟能使人体重量比较正确地分布于脚的各个部位，提高脚弓的弹性，固定鞋的形状，还能改进鞋的导热性能，所以各类鞋都必须有适当的后跷。成年男女皮鞋楦后跷在20~30mm为宜。

第五节　楦底样板

无论是设计新款，还是复制旧款，制作鞋楦前必须先要有楦底样板。现有鞋楦的楦底样板可以在楦上复制，设计新鞋楦必须先按要求设计楦底样板。

一、复制楦底样板

复制楦底样板可采用贴楦法，即将美纹纸逐条相压平服地贴在楦底面上。用铅笔沿楦底棱进行涂画，得到完整、准确的楦底轮廓。并标记出楦底前、后端点和第一、五跖趾关节边沿点。然后将贴楦纸揭下，展平在一张硬纸上，并用剪刀剪下来，与楦底轮廓比对无误后，即可获得复制的楦底样板。

二、设计楦底样板

设计楦底样板是鞋楦设计的基础。首先，要明确设计目的，即设计什么、为谁设计，这一点尤为重要。接下来才能进行下一步的具体构思。比如要设计什么款式、什么工艺、什么结构、什么头型，以及多高的跟、多大的跷、几型的肥瘦等，考虑周全后再进行下一步工作。

（一）楦底样板设计原则

（1）楦底样板各特征部位的长度尺寸，以我国人民脚型规律为依据。即以"中国鞋号及鞋楦系列"标准为依据，不得随意变动。

（2）楦底样板各特征部位的宽度尺寸，一般在脚印与轮廓之间。楦底样板各部位宽度，除了保留各部位脚印宽度外，脚印轮廓线之间保留多少，取决于脚的各部位活动量以及鞋的外观、工艺要求等因素。

（3）考虑到脚的生理特点，肌肉多的部分可压缩性较大，楦底样板宽度适当调小些。骨骼多的部分可压缩性较小，楦底样板宽度适当加大些。

（4）楦底样板各特征部位宽度，与脚的各特征部位的动与静有很大关系。活动量大的部位，楦底样板较宽些，活动量小的部位，楦底样板较窄些。

（5）楦底样板的有关数据，尽可能简化。

（二）楦底样板设计步骤

（1）在样板纸上画出一条竖直线，作为楦底样板的轴线，将轴线的下端点定为O点。

（2）按所设计的品种，根据脚型各特征部位长度尺寸，由O点开始，在轴线上依次标出踵心部位点、腰窝部位点、第五跖趾部位点、第一跖趾部位点、小趾外突点部位点、拇趾外突点部位点、脚趾端点和楦底样前端点。

（3）在各长度部位点上用鞋用设计尺或三角板作轴线的垂线。注意：一是踵心部位、脚趾端点和楦底样前后端点不作轴线的垂线。二是所有的部位垂线均为半边线，其中拇趾里宽和第一跖趾里宽，这两个里宽在一侧，另三个外宽在另一侧，作轴线的垂线。

（4）按所设计品种的各部位宽度尺寸，在各对应部位的垂线上标出其宽度，并准确定点，要求在各宽度线上分别标注数值。

（5）画分踵线。在第五跖趾外段宽度线上，自外侧向轴线截取第一跖趾里段宽的线段，得到一点，作为底样分踵线的前端点。再将此点与楦底样后端点直线相连，此线即为分踵线。

（6）画踵心全宽线。过轴线上的踵心部位点作分踵线的垂线，并向两端延长。由此垂线与分踵线的交点处作为中点，向两侧各取1/2踵心全宽。

（7）最后用圆滑曲线连接各点，即得楦底样板图，剪下来便是楦底样板（图2-23）。

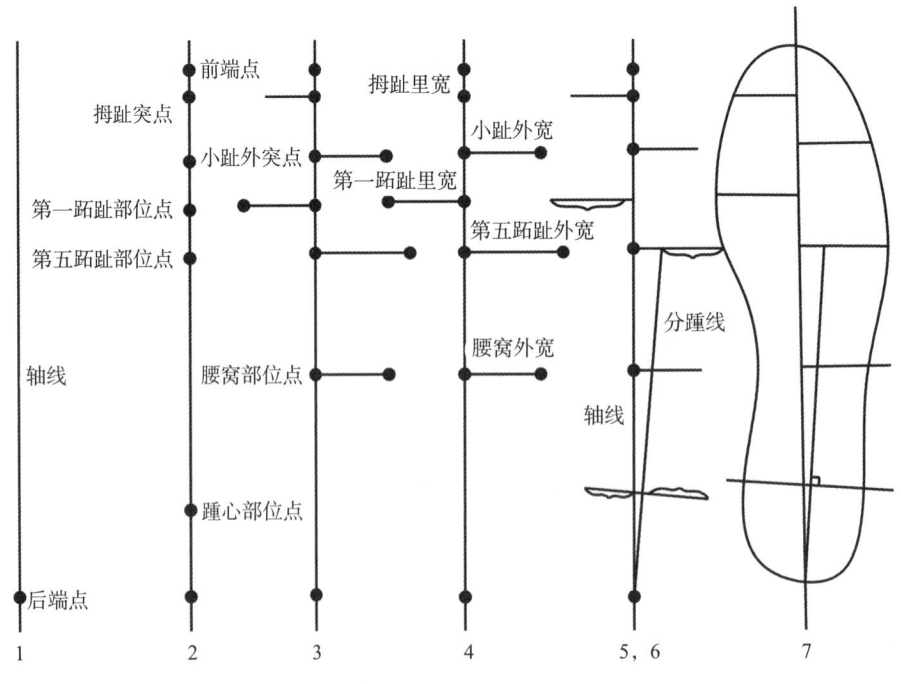

图2-23　楦底样板设计步骤

第六节　鞋靴鞋楦设计

制式鞋靴，特别是军用鞋靴在某种程度上影响士兵的战斗力，甚至影响士兵的生死存亡。为了设计出能堪以重任的军用鞋靴，须从设计一双科学的鞋楦开始。

一、礼常服鞋鞋楦设计

军队的礼常服系列鞋是传统制式皮鞋，分为礼服皮鞋和常服皮鞋。常服皮鞋除日常训练和出任务之外均可穿用；礼服皮鞋只有在重大集会和礼仪场合才可穿用。礼常服类鞋楦设计以部队脚型数据为依据，结合市场成熟制式鞋楦设计。在保证其穿着舒适的前提下，更注重美观庄重。

1. 楦型设计

考虑到日常穿着的舒适性，常服鞋鞋楦需要基于人体工程学原理，确保与脚型的匹配度。礼服鞋鞋楦通常以优雅、修长为主，以适应正式场合的穿着需求。楦型的宽度和长度应根据脚型数据进行设计，以确保舒适度和合脚性。由于礼服鞋多在重要场合穿着，因此，其鞋楦在设计时对细节处理的要求更为严格，以确保鞋子外观的精致度。

2. 楦头型设计

常服鞋鞋楦的楦头型设计通常采用圆头或方头，以展现稳重、大气的形象；礼服鞋楦的楦头宽度应适中，既不能过宽，也不能过窄，以保证鞋子的美观度和舒适度。

3. 楦前掌设计

常服鞋楦前掌设计应注重舒适性和稳定性。前掌部分应有一定的弧度，以适应脚掌的自然弯曲；礼服鞋楦前掌设计宽度应适中，保证鞋子的流线和优雅造型，以配合正式场合对服装的整体要求。

4. 楦后身设计

常服鞋鞋楦的楦后身设计应注重跟部的舒适性和稳定性。跟部的高度应根据目标消费群体的需求进行设计，通常为中跟或低跟。后身部分的宽度应适中，以保证鞋子的稳定性和舒适度；礼服鞋鞋楦的楦后身设计应在保证跟部的舒适性和稳定性的同时，设计更精美的线条。跟部的高度应根据需求进行设计，通常为中跟。

5. 楦腰设计

礼常服鞋鞋楦的楦腰设计应注重舒适度和美观度。楦腰的宽度应适中，既不能过宽，也不能过窄，楦腰的高度应适当，以保证鞋子的稳定性、美观度和舒适度。

总之，在设计礼常服鞋鞋楦时，应充分考虑需求和脚型特点，以确保鞋子的美观度、舒适度和稳定性。同时，还应根据时尚潮流和品牌定位，对楦型进行创新和优化，以满足市场的需求。常服皮鞋鞋楦尺寸，见表2-2。

表2-2 常服皮鞋（三型）鞋楦部位数据　　　　　　　　　　单位：mm

鞋号	楦底样长	跖趾围长	跗骨围长	基本宽度	拇趾里宽	小趾外宽	第一跖趾里宽	第五跖趾外宽	腰窝外宽	踵心全宽	总前跷	头厚
235	260.00	236.50	244.60	32.50	46.08	36.88	48.92	85.80	37.68	56.48	35.00	27.72
240	265.00	240.00	248.20	33.00	46.81	37.41	49.69	87.10	38.26	57.36	35.50	28.04
245	270.00	243.50	251.80	33.50	47.54	37.94	50.46	88.40	38.84	58.24	36.00	28.36
250	275.00	247.00	255.40	34.00	48.27	38.47	51.23	89.70	39.42	59.12	36.50	28.68
255	280.00	250.50	259.00	34.50	49.00	39.00	52.00	91.00	40.00	60.00	37.00	29.00
260	285.00	254.00	262.60	35.00	49.73	39.53	52.77	92.30	40.58	60.88	37.50	29.32
265	290.00	257.50	266.20	35.50	50.46	40.06	53.54	93.60	41.16	61.76	38.00	29.64
270	295.00	261.00	269.80	36.00	51.19	40.59	54.31	94.90	41.74	62.64	38.50	29.96
275	300.00	264.50	273.40	36.50	51.92	41.12	55.08	96.20	42.32	63.52	39.00	30.28
280	305.00	268.00	277.00	37.00	52.65	41.65	55.85	97.50	42.90	64.40	39.50	30.60
285	310.00	271.50	280.60	37.50	53.38	42.18	56.62	98.80	43.48	65.28	40.00	30.92
290	315.00	275.00	284.20	38.00	54.11	42.71	57.39	100.10	44.06	66.16	40.50	31.24
公差±	0.50	1.00	1.00	0.25	0.25	0.25	0.25	—	0.25	0.25	0.25	0.25
等差	5.00	3.50	3.60	0.50	0.73	0.53	0.77	1.30	0.58	0.88	0.50	0.32

二、体能训练鞋鞋楦设计

体能训练鞋主要用于日常训练和执行一般非战斗任务。训练强度大，训练条件严苛。其鞋楦设计是根据人体工程学原理和足部结构特点，对体能训练鞋进行鞋楦设计和制作的过程。既要考虑脚在各种高强度训练时所需要的空间，又要兼顾训练场上行走、跑跳所要求的运动元素。体能训练鞋的鞋楦数据是在大量的部队调研和脚型测量的基础上确定的。鞋楦的设计以中间大部分中等肥瘦的脚型为依据，以满足占比最大的人群穿着合适。

体能训练鞋鞋楦设计的基本原则：

1. 鞋型设计

鞋型设计应该考虑到脚部的宽度、长度和高度，以及脚弓的高度。一般来说，鞋型的设计应该略大于脚部的实际尺寸，以便留出一定的空间，使脚部在运动中有足够的活动空间。应遵循以大众脚型的中间值为准的"多数原则"，根据运动员的运动需求和脚型特点进行设计，注重稳定性和舒适性，以提供足够的支撑力和保护。

2. 头型设计

头型设计是指鞋头部分的设计。体能训练鞋的头型设计应该保证足够的空间，一般较宽，以便脚趾在运动中有足够的活动空间。同时，头型设计还应该考虑到鞋子的美观性和流行趋势，但所有考量均应完全服从体能训练需要。

3. 前掌设计

前掌设计是鞋楦前部的设计。体能训练鞋的前掌设计应该宽松不挤脚，注重稳定性，以提供良好的运动性能。

4. 后跟设计

后跟设计是指鞋底后部的设计。体能训练鞋的后跟设计应该能够抱脚且方便运动，即"前松后紧原则"。注重稳定性和支撑力，以保护运动员的脚踝免受伤害。同时，后跟设计还应该考虑到鞋子的缓震性能，以减轻在运动过程中对脚部的冲击。

总之，体能训练鞋鞋楦设计是一个综合性的过程，需要充分考虑人体工程学、足部结构、材料和工艺等因素，以确保体能训练鞋具有舒适、稳定、高性能的特点。鞋楦尺寸，见表2-3。

表2-3 体能训练鞋（男鞋三型）鞋楦部位数据　　　　单位：mm

鞋号	部位											
	楦底样长	跖趾围长	跗骨围长	基本宽度	拇趾里宽	小趾外宽	第一跖趾里宽	第五跖趾外宽	腰窝外宽	踵心全宽	总前跷	头厚
235	253.00	238.00	239.00	35.00	49.80	35.00	50.80	83.70	38.60	55.80	25.40	23.40
240	258.00	241.50	242.50	35.50	49.60	35.50	50.60	84.90	39.20	56.60	25.80	23.80

续表

鞋号	部位											
	楦底样长	跖趾围长	跗骨围长	基本宽度	拇趾里宽	小趾外宽	第一跖趾里宽	第五跖趾外宽	腰窝外宽	踵心全宽	总前跷	头厚
245	263.00	245.00	246.00	36.00	50.40	36.00	51.40	86.10	39.80	57.40	26.20	24.20
250	268.00	248.50	249.50	36.50	51.20	36.50	52.20	87.30	40.40	58.20	26.60	24.60
255	273.00	252.00	253.00	37.00	52.00	37.00	53.00	88.50	41.00	59.00	27.00	25.00
260	278.00	255.50	256.50	37.50	52.80	37.50	53.80	89.70	41.60	59.80	27.40	25.40
265	283.00	259.00	260.00	38.00	53.60	38.00	54.60	90.90	42.20	60.60	27.80	25.80
270	288.00	262.50	263.50	38.50	54.40	38.50	55.40	92.10	42.80	61.40	28.20	26.20
275	293.00	266.00	267.00	39.00	55.20	39.00	56.20	93.30	43.40	62.20	28.60	26.60
280	298.00	269.50	270.50	39.50	56.00	39.50	57.00	94.50	44.00	63.00	29.00	27.00
285	303.00	273.00	274.00	40.00	56.80	40.00	57.80	95.70	44.60	63.80	29.40	27.40
290	308.00	276.50	277.50	40.50	57.60	40.50	58.60	97.90	45.20	64.60	29.80	27.80
公差±	1.00	0.50	0.50	0.50	0.50	0.50	0.50	—	0.50	0.50	0.50	0.50
等差	5.00	3.50	3.50	0.50	0.80	0.50	0.80	1.20	0.60	0.80	0.40	0.40

三、防护靴鞋楦设计

防护靴是一种具有特殊防护功能的鞋靴。防护靴鞋楦的设计是指根据人体工程学原理和军事需求，既要考虑防护所需要的宽敞空间，又要兼顾战场上行走跑跳所要求的运动元素。防护靴的鞋楦数据是在大量的脚型测量的基础上确定的。现代军靴鞋楦的设计是以中间大部分中等肥瘦的脚型来设计的，以满足占比例最大的人群穿着合适。

防护靴楦型设计的基本原则：

1. 鞋型设计

防护靴鞋楦应该符合人体足部解剖学特点，保证足部在行走、奔跑、跳跃等动作中的舒适性和稳定性。鞋楦的前掌宽度、脚背高度、脚跟弧度等参数应该与目标用户群体的足部尺寸相匹配。应遵循以大众脚型的中间值为准的"多数原则"。

2. 头型设计

头型的设计关乎鞋楦的美观性和功能性。头型的设计还与放余量有关，需要在保证空间足够的同时，确保鞋子整体的造型和风格。所有考量均应完全服从作战训练需要。一般而言，防护靴的头型会较宽。

3. 前掌设计

前掌设计需要考虑到脚趾的活动空间和舒适度。通常情况下，鞋楦的前掌部分会比实际脚长略长一些，以留出适当的放余量。这样做是为了确保在行走或长时间站立时，脚趾有足够的活动空间，避免压力过大导致不适。放余量的大小也会根据鞋楦的头形进行相应调整，应宽松不挤脚。

4. 后跟设计

后跟设计的关键在于稳定性和合脚性。防护靴的后跟通常需要提供良好的支撑，以适应复杂的地形和高强度的活动。因此，鞋楦的后跟部分会被设计为"梨形"，相对抱脚，方便运动，遵循"前松后紧原则"。

总之，防护靴鞋楦设计应该充分考虑环境和人员需求，通过合理的设计提高防护靴的性能和舒适度，提高保障力。防护靴鞋楦尺寸，见表2-4。

表2-4 防护靴（男鞋三型）鞋楦部位数据　　　　　　　　　单位：mm

鞋号	部位											
	楦底样长	跖趾围长	跗骨围长	基本宽度	拇趾里宽	小趾外宽	第一跖趾里宽	第五跖趾外宽	腰窝外宽	踵心全宽	总前跷	头厚
235	250.00	239.00	242.76	84.08	34.00	50.08	34.96	49.12	37.80	54.80	24.56	27.40
240	255.00	242.50	246.32	85.31	34.50	50.81	35.47	49.84	38.35	55.60	24.92	27.80
245	260.00	246.00	249.88	86.54	35.00	51.54	35.98	50.56	38.90	56.40	25.28	28.20
250	265.00	249.50	253.44	87.77	35.50	52.27	36.49	51.28	39.45	57.20	25.64	28.60
255	270.00	253.00	257.00	89.00	36.00	53.00	37.00	52.00	40.00	58.00	26.00	29.00
260	275.00	256.50	260.56	90.23	36.50	53.73	37.51	52.72	40.55	58.80	26.36	29.40
265	280.00	260.00	264.12	91.46	37.00	54.46	38.02	53.44	41.10	59.60	26.72	29.80
270	285.00	263.50	267.68	92.69	37.50	55.19	38.53	54.16	41.65	60.40	27.08	30.20
275	290.00	267.00	271.24	93.92	38.00	55.92	39.04	54.88	42.20	61.20	27.44	30.60
280	295.00	270.50	274.80	95.15	38.50	56.65	39.55	55.60	42.75	62.00	27.80	31.00
285	300.00	274.00	278.36	96.38	39.00	57.38	40.06	56.32	43.30	62.80	28.16	31.40
290	305.00	277.50	281.92	97.61	39.50	58.11	40.57	57.04	43.85	63.60	28.52	31.80

续表

鞋号	部位											
	楦底样长	跖趾围长	跗骨围长	基本宽度	拇趾里宽	小趾外宽	第一跖趾里宽	第五跖趾外宽	腰窝外宽	踵心全宽	总前跷	头厚
公差±	0.50	1.50	1.50	—	0.50	0.50	0.50	0.50	0.50	0.50	0.50	0.50
等差	5.00	3.50	3.56	1.23	0.50	0.73	0.51	0.72	0.55	0.80	0.36	0.40

四、工作岗位鞋鞋楦设计

工作岗位鞋是指一些特定工作场所所穿的制式鞋靴，往往根据工作环境的需要，附加其一些特定功能，如安全性、舒适性、耐用性和功能性。鞋楦设计在符合制式人群脚型的基础上，以防护、舒适为主。

1. 鞋型设计

鞋型设计是鞋楦的整体三维形状设计，影响着鞋的外观和内部空间的合理性。需要根据目标穿着者群体的脚型数据进行设计，确保适合大多数人的脚型，提供良好的支撑和舒适度。楦型设计需要兼顾时尚感和功能性，确保在不同的工作场合中都能提供适宜的风格和足够的保护。

2. 头型设计

头型设计对工作鞋的安全性至关重要。对于一些需要防砸环境穿着的鞋需要配备钢头以防止重物压伤脚趾。头型设计还需要考虑鞋头的保护性能和美观性。

3. 前掌设计

前掌设计需要足够宽裕，以适应长时间站立或行走时脚掌的自然膨胀。其线条一般相对饱满。

4. 后身设计

后身设计要确保足够的稳定性和支持性，尤其是对于那些需要长时间站立的工作。鞋跟的高度也需要根据工作的需求来设计，以保证脚部和腿部的舒适度。

在设计工作岗位鞋时，除了上述设计元素外，还需要根据具体的工作场景，遵守相关的安全标准和行业规定，确保设计的鞋子既能满足工作需求，也能保障穿着者的安全。布鞋鞋楦尺寸，见表2-5。

表2-5 布鞋（三型）鞋楦部位数据　　　　　　　　　单位：mm

鞋号	部位											
	楦底样长	跖趾围长	跗骨围长	基本宽度	拇趾里宽	小趾外宽	第一跖趾里宽	第五跖趾外宽	腰窝外宽	踵心全宽	总前跷	头厚
235	250.00	228.00	225.00	31.70	54.30	31.10	53.40	84.40	40.00	55.10	25.40	24.00
240	255.00	231.50	228.50	32.20	55.00	31.60	54.20	85.70	40.60	56.00	25.80	24.40
245	260.00	235.00	232.00	32.70	55.70	32.10	55.00	87.00	41.20	56.90	26.20	24.80
250	265.00	238.50	235.50	33.20	56.40	32.60	55.80	88.30	41.80	57.80	26.60	25.20
255	272.00	242.00	239.00	33.70	57.10	33.10	56.60	89.60	42.40	58.70	27.00	25.60
260	277.00	245.50	242.50	34.20	57.80	33.60	57.40	90.90	43.00	59.60	27.40	26.00
265	282.00	249.00	246.00	34.70	58.50	34.10	58.20	92.20	43.60	60.50	27.80	26.40
270	287.00	252.50	249.50	35.20	59.20	34.60	59.00	93.50	44.20	61.40	28.20	26.80
275	292.00	256.00	253.00	35.70	59.90	35.10	59.80	94.80	44.80	62.30	28.60	27.20
280	297.00	259.50	256.50	36.20	60.60	35.60	60.60	96.10	45.40	63.20	29.00	27.60
285	302.00	263.00	260.00	36.70	61.30	36.10	61.40	97.40	46.00	64.10	29.40	28.00
290	307.00	266.50	263.50	37.20	62.00	36.60	62.20	98.70	46.60	65.00	29.80	28.40
公差±	1.00	1.00	1.00	0.50	0.50	0.50	0.50	1.00	0.50	1.00	1.00	1.00
等差	5.00	3.50	3.50	0.50	0.70	0.50	0.80	1.30	0.60	0.90	0.40	0.40

第三章

鞋帮设计

鞋靴的鞋帮结构设计是基于所要设计制式鞋靴的功能要求，以脚型规律及脚的主要部位活动特性为依据，在鞋楦上或鞋楦半面板上进行鞋帮整体及各部件设计。设计方法主要有计算机辅助设计和传统（贴楦）设计等。鞋帮结构设计一般要经过构思及结构分析、标画设计点和线、制取样板等步骤。

第一节 鞋帮设计过程

构思是产品设计前的一个重要筹划阶段，涉及对产品设计内容的全面考虑和整体规划，有利于产品的生产加工和推广市场。

一、鞋帮结构设计要求

一般情况下，根据设计目标研究以下几方面内容。

1. 确定设计的款式

确定设计款式时，可以吸收以往的设计经验，借鉴国内外流行趋势，围绕制式鞋靴穿着功能需求进行设计研究。

2. 选择合适的楦型

确定设计的款式后，要选择适合于该款式的楦型。设计不同的款式，要选择不同的楦型，以求设计的产品结构合理，达到设计要求。

3. 选择主辅材料

设计不同类型鞋靴要选择不同的主、辅材料，以满足鞋靴的功能需求。

4. 协调搭配帮底部件

鞋的外观包含鞋帮、鞋底两部分，要根据帮面材料的质地、颜色、结构、款式的变化搭配外底、鞋跟等部件。要注意色泽的搭配、风格的搭配、档次的搭配，使帮底配套，协调一致。

5. 制定工艺加工要求

设计完成后，经过工艺加工才能变成样品，形成产品，设计人员要对加工工艺提出建议或要求。可以使用传统的工艺加工方法，也可以进行适当的调整和补充，还可以采用新工艺，总之，要有利于达到产品的设计要求，有利于提高产品的质量，有利于降低成本、增加效益。

6. 核算用料定额

从经济效益和成本核算的角度出发，设计人员应对自己产品的用料有比较科学的估算。一般情况是确定净样定额，这种净样定额只考虑划料样板在正常时所耗用材料，不受原材料品级和操作者技术水平的影响，净样定额为确定生产用料定额打下了基础。确定净样定额可参考同类产品的定额，对影响套裁的样板轮廓进行适当修改。

上面提到的构思中的几个问题，是要在设计之前做出全面考量。设计出的产品不应仅仅停留在样品上，而是要形成产品变成商品，在激烈的市场竞争中夺得一席之地。对于制式鞋靴，应重点考虑设计出的产品是否能符合工艺标准，满足基本的需要。

鞋靴帮样设计方法很多，且各有特点，搞清鞋靴结构设计基本原理是做好帮样设计的基础。鞋靴帮样设计的关键离不开鞋楦，所以必须充分了解鞋楦的结构特点。

二、鞋帮结构设计主要内容

鞋帮结构设计是帮部设计的主要内容，通过对帮部结构的分析，把设计内容条理化、具体化，有助于设计任务的完成。鞋帮结构分析，以男士三接头鞋为例，从以下几个方面进行。

1. 楦型选择

楦型是帮面造型和结构设计的基础，选择哪种楦型是由鞋帮结构决定的，例如，男式三接头鞋选择传统素头楦型，而女式浅口鞋则选用女式浅口鞋楦。还要进一步了解各种楦型的主要特点。例如，军队的07B男常服皮鞋，标准型为三型、四型，其中标准鞋楦（中间号）255号的楦底样板长为280mm，跖趾围长250.5mm，放余量30mm等。这些基本数据是设计帮部结构的基础。

2. 鞋帮结构

从不同角度分析，鞋帮的结构可区分出许多类别，如按口门形式可分为开口式、闭口式；按外观式样可分为耳式、舌式、浅口式（女）和靴筒式；按闭合方式可分为拉链式、橡筋式、系带式、袢带式和一脚蹬式；按穿用季节又可分为单、棉、凉等，不一而足。还可以细分，比如，耳式结构又可分为外耳式和内耳式。

三接头鞋一般采用内耳式，内耳式的结构特点是具有一个明口门（外观可见的口门）。这种口门鞋的鞋帮设计重点是确定口门的位置，然后再确定包头、中帮、后帮等部件的位置。

3. 鞋帮部件

鞋帮部件是构成整个鞋帮的各部位组件。设计之前要弄清楚部件的数量、部件的位置名称，以及各部件的外形轮廓。因为有多少种部件，就要制取多少种样板，每种样板都有一定大小和形状。如三接头鞋鞋帮共有五种六件。它们分别是包头、中帮、后帮（两件）、鞋舌后条皮中帮后端中点即是口门宽度位置，两翼尖应在鞋的跟口前后；后帮鞋耳后端在脚弯部位之前，后帮中缝高度要比脚的后跟骨上沿点高出4~5mm。鞋口两侧为凹弧形曲线，鞋耳上角取圆弧线、中帮口门和两翼弧线保持风格协调一致。鞋舌附属于鞋耳，一般要比鞋耳长6~7mm。保险皮附属于鞋口。

4. 镶接关系

部件之间的镶接关系是用缝线的线迹来表示的。分析镶接关系可以找到设计部件的入手点。一般说来是从主要部件的上压件着手设计的。因为主要部件是设计的主体，辅助部件处于附属关系。主要部件的上压件有着完整的轮廓外形，而下压件的轮廓是根据上压件推断出来的。分析镶接关系对于确定什么部件加放多大的压茬量，什么部位需要折边，什么部件是剪齐茬口等都有直接作用。

三接头鞋的镶接关系是中帮压后帮，设计时先从中帮入手。后帮是从前后帮的镶接线开始设计的，后帮前端有压茬。鞋耳压在鞋舌上，鞋舌的长度是随鞋耳长度变化的，前端也留有压茬。后条皮压在后帮中缝上，起到保护鞋口不被撕裂的作用，面积较小。

5. 特殊要求

对于特殊结构、外形、部件及要求，还应另有图示或文字说明来补充。

三接头鞋的后帮上有4个眼位，有假线。后条皮外形为曲线形。三接头的前帮两翼较宽、较长，要求划料时必须能达到同双套划，这些都构成了三接头鞋的特殊要求。

三、标画设计点和控制线

设计点是用来控制帮部件位置的特征点。如口门控制点、后帮后缝高度控制点等。确定适用的设计点，对于设计帮部件的位置、大小和外形都非常便利。一般把设计点直接选在鞋楦上，也可以把设计点转移到半面板上（图3-1）。

把设计点连接起来便形成了控制线。如包头控制线、中帮控制线、后帮控制线、后帮高度控制线、前帮口门宽度控制线等（图3-2）。有了设计点和控制线，包头、中帮、后帮、鞋舌、口门、鞋耳、围盖等部件的基本位置和形状大小就确定了。利用设计点和控制线，使得鞋帮部件的轮廓设计变得十分便利。设计点和控制线一般在鞋楦上面标画出，应用时可以移动到半面板或样板上面。

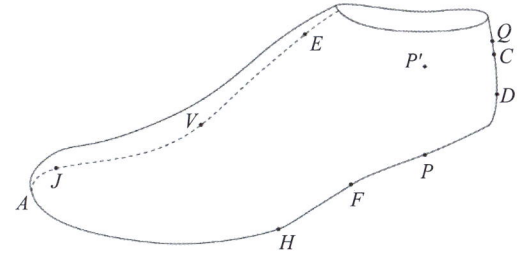

A点—前尖中心点　J点—楦前头凸度标志点
V点—口门位置标志点　E点—口裆位置标志点
D点—楦后跟凸度标志点　C点—后跟骨上沿高度标志点
Q点—后帮中缝高度标志点
P′—外踝骨中心下沿高度标志点
P—外踝骨中心部位边沿点　F—外腰部位边沿点
H—第五跖趾部位外边沿点

图3-1　标画设计点

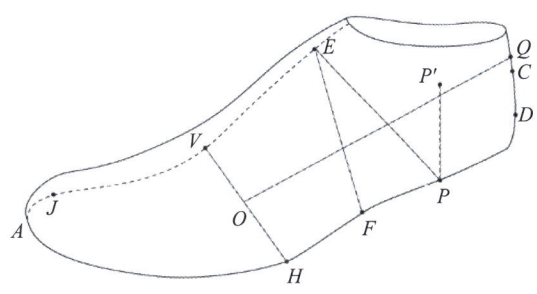

VH—前帮控制线　EF—中帮控制线　EP—后帮控制线
OQ—后帮高度控制线　VO—前帮口门宽度控制线

图3-2　连接控制线

四、设计部件轮廓

鞋帮整体是由多个帮部件搭配组合成的，每个帮部件都有自己的轮廓造型。鞋帮由前帮部件、后帮部件和辅助部件组成。前帮部件包括前帮、包头、前中帮、前帮围、前帮盖以及鞋舌等；后帮部件包括整后帮、后帮耳、后帮条、包跟、后中帮等；辅助部件包括后条皮、钎带、橡筋、拉链、装饰件等，辅助部件主要起补强、连接和装饰的作用。

设计帮部件轮廓就是设计前帮、后帮以及辅助部件的位置、长短、宽窄及外形轮廓。一般在设计时都是先从主要部件入手，按照前后帮压接关系，从上压件开始。辅助部件是附属于主要部件的次要部件，只有在主要部件位置、外形确定后，才设计辅助部件。

帮部件的轮廓线，大多是圆滑流畅的曲线，各部件间的轮廓造型风格应当协调统一，整体上要有对称平衡的美感。帮部件的分割比例要协调一致，每款鞋帮的帮部件分割成多少块，由帮结构要求来决定。部件分割块数多，线条变化也多，而每块部件面积相对较小，便于套划省料，但缝制时较复杂，占用工时较多，生产效率会降低。反过来部件分割块数较少，每块部件面积相应变大，便于加工，但不便于在裁料时套划。所以设计断帮线不是随意的，而是要结合外观、省工、省料三者找出最佳设计方案。

制式鞋靴与民用鞋靴有所不同，特别是战训类鞋。设计战训类鞋靴时主要要考虑的是功能性，比如鞋帮的分割是否有助于运动，脚腕处的前曲折槽口和后曲折嵌块是否方便脚腕打弯，脚踝部位两侧的加强带或内外护片是否起到保护脚踝的作用等。

在立体设计时，把部件轮廓造型绘制在楦面上或者半面板上，使绘制的图形效果更加直观。

五、制取鞋帮样板

在生产中所需要的帮样板有基本样板、下裁样板、鞋里样板和辅料样板四种。前三种样板中，基本样板是直接从部件轮廓线上制取的，其余两种样板是通过基本样板来制取的。基本样板也可作为制帮时部件相接及折边用样板。因此，基本样板设计的准确性十分重要。

基本样板准确与否，除了与轮廓外形有关，还与曲跷处理有关。楦面是三维曲面，而样板则是二维平面，要想使平面与曲面吻合，或把三维曲面展平，都需要进行跷度处理。立体设计时，样板的跷度是包含在每个部件之上的，取跷时尽量削弱跷度的影响，强调样板轮廓外形。因此，在制取基本样板时，是按楦面或半面板上的部件轮廓制取的，同时，部件之间包含着从平面样板向鞋楦曲面转换所需的跷度。

第二节 鞋帮设计点和控制线

鞋帮结构设计中所用的设计点和控制线主要来源于两个方面，一方面是脚的生理结构特征，另一方面是根据设计经验总结出来的点和控制线。在设计某一款式帮部结构时，需要一些控制点和控制线。随着款式变化，需要设计点的多少也不同。把经常使用和反复出现的设计点和控制线归纳出来，便形成了常用的设计点和控制线。选取的设计点和控制线标在鞋楦或半面板上。

一、设计点种类

楦体上的设计点,按照它们所处的位置不同可以分为三种类型:部位点、边沿点和标志点。

(一) 部位点

部位点是一组取在楦底中线上的设计点。这一组设计点按脚的生理结构特征部位来确定,通过脚的长度系数可以计算出来:特征部位长度 = 长度系数 × 脚长(L) - 后容差(n)。

1. 测量方法

用软带尺自楦底后端点(B)沿楦底中线向前量取各个特征部位长度。

2. 常用部位点

(1) 第一跖趾关节部位点 A_5。
(2) 第五跖趾关节部位点 A_6。
(3) 外腰窝部位点 A_8。
(4) 外踝骨中心部位点 A_{10}。

有关数据见表3-1。

表3-1 常用部位点数据　　　　　　　　　　　　单位:mm

部位点	部位名称	计算规律	男250号楦	女230号楦
A_5	第一跖趾关节部位点	$BA_5 = 72.5\% \ L-n$	176.30 ± 3.33	162.30 ± 3.35
A_6	第五跖趾关节部位点	$BA_6 = 63.5\% \ L-n$	153.80 ± 2.90	141.60 ± 2.93
A_8	外腰窝部位点	$BA_8 = 41.0\% \ L-n$	97.51 ± 1.84	89.80 ± 1.86
A_{10}	外踝骨中心部位点	$BA_{10} = 22.5\% \ L-n$	51.30 ± 1.00	47.30 ± 1.00

(二) 边沿点

边沿点是一组取在楦底边棱线上的设计点。边沿点与鞋帮的结构设计有直接关系。这一组设计点是通过各个鞋帮部位点分别作楦底中线的垂线,并与楦底边棱相交得到的点。常用的边沿点如下。

1. 第五跖趾部位外边沿点H

H点是第五跖趾部位外边沿点,是鞋帮结构设计中重要的点,位置在脚活动最为频繁的跖趾部位。设计两个部件接帮位置时应当避开H点±20mm的范围,以避免由于鞋帮过度弯折而使缝线早期断裂。习惯上把H点之前的部位归为前帮,H点之后的部位归为后帮。

2. 第一跖趾部位里边沿点H_1

H_1点是第一跖趾部位里边沿点。H_1点也属于接帮设计应错开的部位。H_1点常与H点配合使用,在楦底面上连接H和H_1点可得到楦底的斜宽线。

3. 外腰部位边沿点F

楦底外腰窝部位边沿点F点是中帮部位,由于腰窝部位稳定性好,经常选作接帮位置,也有很多款式的接帮位置选在对应的里腰窝一侧。

4. 外踝骨中心部位边沿点P

P点是外踝骨中心部位边沿点。控制P点的目的是要确定外踝骨中心部位下沿点P',防止鞋帮过高而磨脚踝骨。由于脚的外踝骨比里踝骨位置低,所以在确定外怀后帮高度时,里怀后帮要高于外怀2~3mm。P点也经常用来设计后包跟的位置(图3-3)。

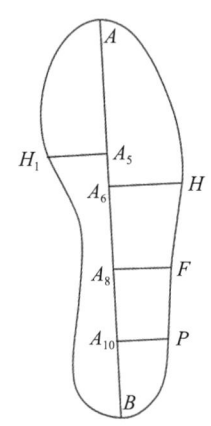

图3-3 常用部位点、边沿点

(三)标志点

标志点是一组取在楦面上的设计点。因为鞋楦里外怀共用同一个设计点,所以标志点大多取在楦背中线和楦后跟弧中线上。标志点是直接应用于鞋帮结构设计的点,根据设计经验选取。测量标志点时,一般用软带尺进行曲线测量,只有在特殊点上用圆规或卡尺进行直线测量。常用的标志点有9个,在后弧中线上选取D,C和Q点;在背中线上选取V,E,V_0,J点;在楦面上选取O点和P'点(图3-4)。

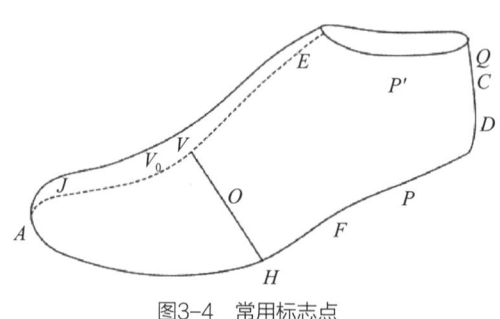

图3-4 常用标志点

二、标志点选取

（一）基本标志点

1. 楦后跟凸度标志点D

楦的后跟凸度点与脚的后跟凸度点是相对应的，此点大约在楦后跟弧中线下1/3处。D点常用来设计鞋帮后包跟和鞋里后跟的开衩部位，也是测量楦全长、楦面全长的控制点（图3-5）。

选取D点时，用软带尺沿楦后跟弧中线自下端B点向上曲线测量。

计算规律：BD = 脚长（L）× 8.8%

计算结果：男250鞋楦　22.00mm

　　　　　女230鞋楦　20.24mm

2. 后跟骨上沿高度标志点C

C点是脚的生理结构特征点，在设计帮部件时，是控制后帮中缝高度、设计主跟高度、调节靴筒角度的基准点（图3-6）。

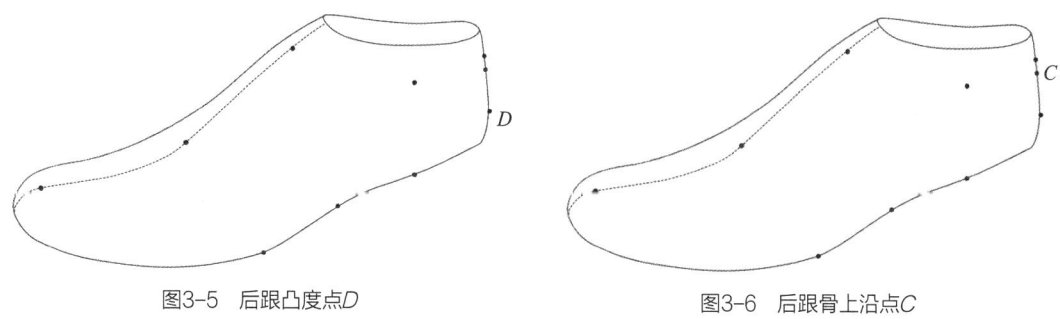

图3-5　后跟凸度点D　　　　　　　图3-6　后跟骨上沿点C

选取C点时，也是在楦后跟弧中线曲线测量。

计算规律：BC = 脚长（L）× 21.66%

计算结果：男250鞋楦　54.15mm

　　　　　女230鞋楦　49.80mm

3. 后帮中缝高度标志点Q

Q点是设计后帮中缝高度的控制点。从穿着上考虑，后帮中缝高度超过C点4~5mm为宜，太高易造成磨脚，太低又不跟脚。在设计训练鞋、运动鞋时，后帮中缝高度要超过C点20mm左右。在手工绷帮时，也习惯于先把后帮上口定位在高过C点10~12mm的位置，然后再拉回到C点之上4~5mm的位置，以使鞋口抱楦。机器绷帮由于是坐帮绷楦，常采用超过C点4~5mm处确定后帮中缝高度。

在一般鞋设计中取$CQ = 4~5$mm，自C点沿后跟弧中线向上测量。其设计高度与成鞋高度是一致的（图3-7）。

4. 口门位置标志点V

口门是指鞋口前端在楦背中线上的位置。口门位置的前后变化与穿鞋方便与否有直接关系，口门位置太靠后往往前跗骨无法穿入鞋内，口门位置过于靠前又会降低鞋口的抱脚能力。以V点表示口门位置并非说所有鞋的口门位置都取在V点，而是以V点为基准，再根据不同鞋帮结构确定口门的具体位置。一般内耳式鞋常把V点位置作为口门位置，V点之前的部件为前帮部件。V点还把鞋楦的背中线分为前后两段，V点之前为前帮背中线，V点之后为后帮背中线（图3-8）。

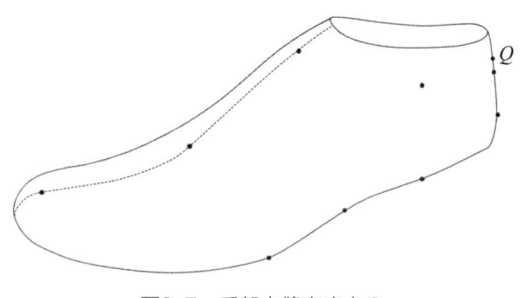

图3-7 后帮中缝高度点Q

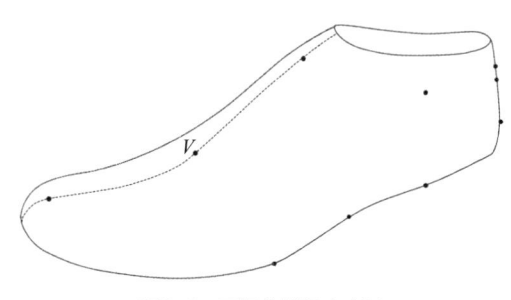

图3-8 口门位置标志点V

选取V点时要采用直线测量法，自C点起量取脚长的68.8%，与背中线相交后得到V点。

计算规律：$CV = $脚长$(L) \times 68.8\%$

计算结果：男250鞋楦　172.00mm

　　　　　女230鞋楦　158.20mm

直线测量V点是为了在选取脚的特征部位点时，不受鞋楦放余量和后跷高的影响。

5. 口裆位置标志点E

口裆是指鞋口的里外怀部件在背中线上相连接时最后端的位置，口裆位置也是控制鞋前帮总长度的设计点。例如，设计耳式鞋的耳长、舌式鞋的舌长等都用到口裆位置。

选取E点时自V点起用软带尺沿鞋楦背中线向后测量。

计算规律：男鞋$VE = $脚长$(L) \times 27\%$；女鞋和童鞋$VE = $脚长$(L) \times 25\%$

计算结果：男250鞋楦　67.50mm

　　　　　女230鞋楦　57.50mm

　　　　　女230靴楦　62.10mm

女鞋楦控制VE长度比男楦比例小，是从女鞋外观上进行考虑的，如果女鞋前帮偏长则有闷脚笨重的感觉（图3-9）。

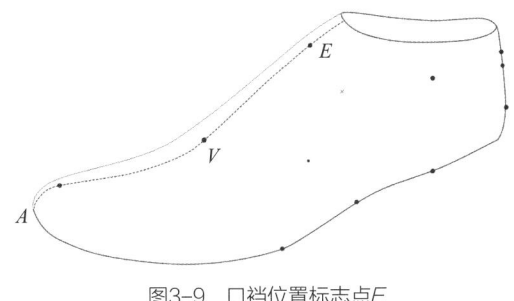

图3-9 口裆位置标志点E

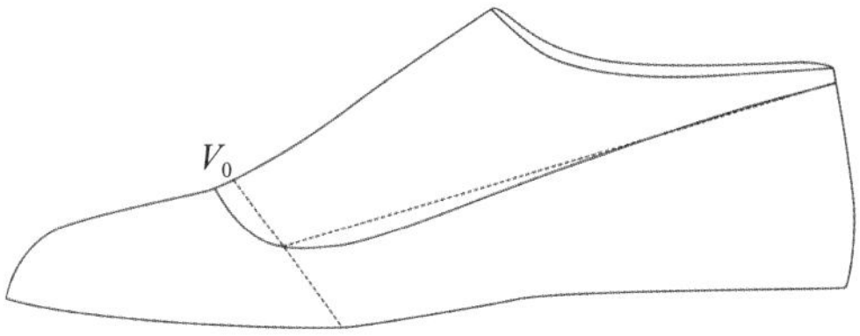

图3-10 浅口门位置标志点V_0

6. 浅口门位置标志点V_0

口门位置比较靠前的鞋称为浅口门鞋,如女浅口鞋、旅游鞋及一些运动鞋等。对这类鞋的口门位置专门找一个控制点V_0点。V_0点的作用类似V点,也只是一个基本控制点,可根据不同款式的具体要求进行调节,在V_0点前后移动。

V_0点是以楦跖围线与背中线的交点来确定的。V_0点正处于脚跖趾活动弯曲的部位,只要鞋口避开V_0点,便不会磨到脚背;只要鞋口落在V_0之前,便不会妨碍脚的弯折运动(图3-10)。

7. 楦前头凸度标志点J

J点在楦前头凸起部位的背中线上,是设计前帮连接背中线和设计围盖鞋时常用的标志点。一般鞋楦的楦头部位都会略呈凸起状,有些专门用来生产围盖鞋和运动鞋的楦型,楦前头凸点位置非常明显,容易确定J点,而有些楦前头凸点不太显著,不易找到J点,此时可根据经验测量AJ的长度。

男250鞋楦:AJ = 24~26mm

女230鞋楦:AJ = 19~21mm

在鞋楦上找到J点后,应用时还要注意J点的变化。例如,生产围盖鞋时,一般用J点控制围盖位置,但在绷帮时由于拉伸作用是朝前单向用力的,很容易使J点错位,材料越柔软越容易变形,所以实际应用J点时要适当后移1~3mm(图3-11)。

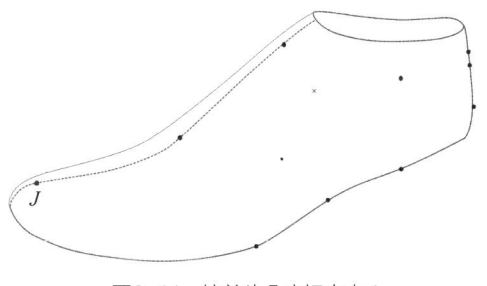

图3-11 楦前头凸度标志点J

8. 口门宽度标志点O

O点是控制口门宽度的基准点,很多鞋款的口门宽度是在O点附近变化的。

测量O点时是取V点和H点连线的1/2处,定为口门宽度标志点(图3-12)。

第三章 鞋帮设计

连接成的VH线叫作前帮控制线。前帮控制线的一半为口门宽度控制点O，连接OQ线形成了后帮高度控制线。由于O点所处的位置正居于楦侧凹陷和前后上下的曲线拐弯处，所以O点也常用来处理跷度，成为取跷中心标志点。

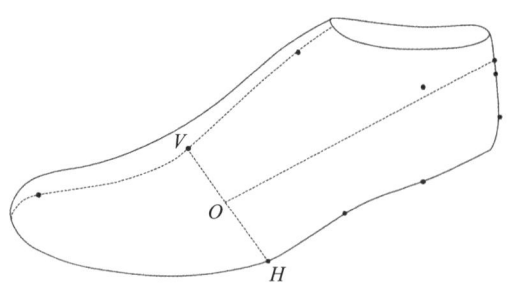

图3-12 口门宽度标志点O

9. 外踝骨中心下沿高度标志点P'

P'点是控制鞋帮后帮上口高度的设计点。选定P'点是在P点基础上进行的。

计算规律：PP' = 脚长（L）× 20.14%

计算结果：男250鞋楦　50.30mm

　　　　　女230鞋楦　46.30mm

选定P点后，用三角板画出与P点前底口棱线相垂直的线，再量取PP'长度。应用P'点时，实际上是观察P'点与OQ线的相关位置。一般情况下P'点位于OQ线之上CQ = 4～5mm，这样利用OQ线无论作直形鞋口还是弧形鞋口后帮都不会磨到

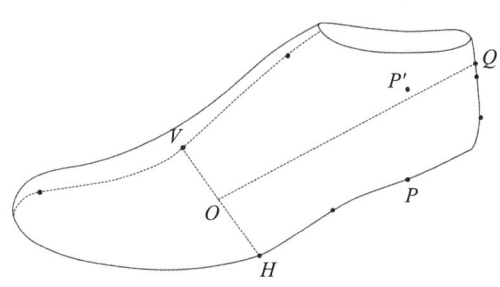

图3-13 外踝骨中心下沿高度标志点P'

脚踝骨。因为脚踝骨是一块凸起的圆形组织，所以在设计弧形鞋口后帮时，实用的P'点还要有意识低于OQ线2mm左右，以适应脚踝骨的变化（图3-13）。

（二）特殊标志点

在设计某些特殊款式时还需要另外选定一些标志点，称为特殊标志点。下面以军队作训鞋为例对楦面上的六个设计点加以介绍：

1. 后踵高度点a

高度约为楦面长的25%，平均值为76mm。

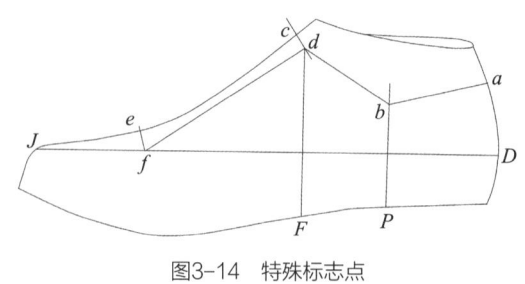

图3-14 特殊标志点

2. 足踝高度点b

位置在楦面长1/4处，高度约为楦面长的20%，平均值为60mm。

3. 鞋口长度点c

自c点起沿背中线，取楦面长的40%左右，平均值为120mm。

4. 鞋口最高点d

通过c点作背中线的垂线，过点再作一条与踝骨高度线相平行的线，然后自底口向上量取90~100mm，与过c点的垂线相交，得到鞋口最高点d。

5. 前开口点e

围度线与背中线的交点，从楦的前端点沿背中线向上量取80~85mm。

6. 开口间距点f

过e点作背中线的垂线，ef线段长10~15mm。

三、标画基本控制线

将相关设计点连接起来便形成了控制线。有几条必不可少的控制线能够控制住鞋帮部件的大体位置，这几条控制线称作基本控制线，包括前帮控制线、中帮控制线、后帮控制线和后帮高度控制线。在设计围盖鞋时还应连出围盖位置控制线。在设计靴子时还需要连出兜跟围控制线。

（一）基本控制线

1. 前帮控制线VH

在楦面上用软带尺直接连接V点和H点即得到VH线。在平面图形中可以用直尺连接出VH线。在设计浅口门鞋类时连接的是VOH线作为前帮控制线。

VH线或VOH线称作前帮控制线，它将鞋帮大致分成前帮和后帮两部分。位于VH线之前的部件称作前帮部件，位于VH之后的部件称作后帮部件。

有些简单的部件可直接利用VH线或VOH线设计出轮廓线（图3-15）。

2. 中帮控制线EF

连接E点和F点即得到中帮控制线EF。EF处于后帮中间位置附近。VH线与EF线形成中帮部件范围。有些中帮部件的设计或断帮位置的设计就是利用EF线进行的。单独中帮部件有前中帮和后中帮的区分，如果部件主要处于VH线和EF线位置间，便称作后中帮部件。如果不仅处于中帮部件范围，而且主要部位还连接到前帮，便称作前中帮（图3-16）。

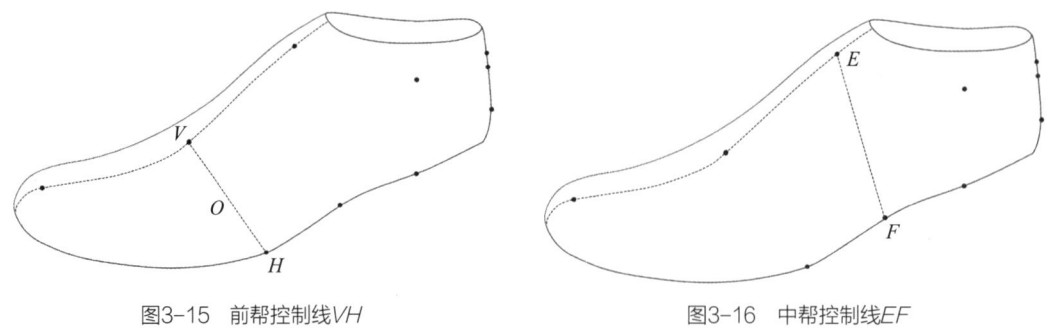

图3-15　前帮控制线VH　　　　　　　图3-16　中帮控制线EF

3. 后帮控制线EP

连接E点和P点便得到后帮控制线EP。EP线的上端控制着鞋耳鞋舌等部件的后端位置；EP线的下端，控制着中等长度后包跟的底口位置（图3-17）。

4. 后帮高度控制线OQ

连接1/2VH线中点O和Q点，便形成了后帮高度控制线OQ。OQ线的主要作用是控制鞋后帮高度，如直形鞋口、凹形鞋口。OQ线的另一作用是将鞋的后帮分成上下两部分，与EP线配合使用，上面部分用来设计鞋舌、鞋耳和前开口的位置，下面是设计后帮主体、侧开口和后包跟的位置。

四条基本控制线是相互配合使用的，一般情况下，要把四条基本控制线连接后再进行设计，这样可以优化设计效果（图3-18）。

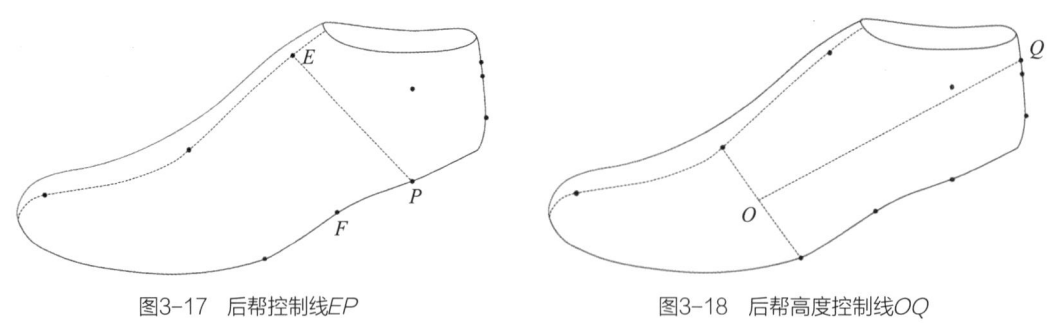

图3-17　后帮控制线EP　　　　　　　图3-18　后帮高度控制线OQ

（二）特殊控制线

在设计某些特殊部件时还需要另外连接一些控制线，称为特殊控制线，例如常见的围盖鞋设计和靴子设计。

1. 围盖控制线

围盖控制线是用来控制围盖部件设计位置的。围盖部件的位置确定后再设计出围盖的轮廓线。

围盖的控制线由两条线组成。一条是过J点的前头宽度线。另一条是自前头宽度线的1/2处J_0点与O点相连形成的鞋盖宽度控制线。两线围成的轮廓范围及其延长部分，是鞋盖位置，而剩下的部分自然也就成了围子部件的位置（图3-19）。

2. 靴子控制线

靴子控制线分为两组，一组是靴筒高度，另一组是靴筒宽度。由于靴筒的高度超出了楦体的高度，为避免靴筒前倾后仰，要用直角坐标控制靴筒方位（图3-20）。

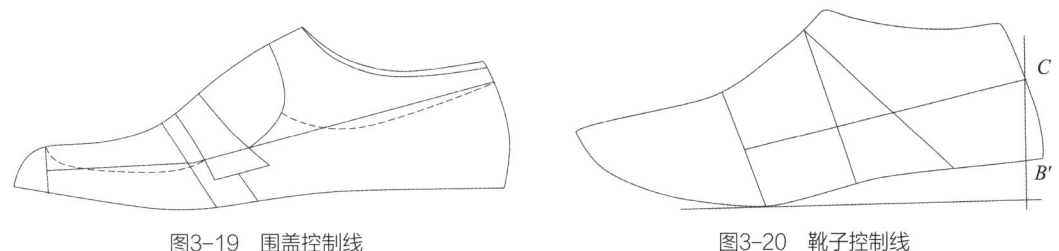

图3-19 围盖控制线　　　　　　　　　　图3-20 靴子控制线

靴筒的高度可以直接在竖坐标上标示出来。而靴筒的宽度在设计绑带鞋、拉链鞋和封闭式鞋时会使用不同数据来控制，从而形成不同宽度设计线。在靴筒的膝下宽、腿肚宽和脚腕宽部位中，以脚腕宽最为重要。所以确定靴筒宽度线时是先确定脚腕宽，自脚腕宽度位置作竖坐标平行线，再分别截取各部位宽度，如图3-21所示。其中，T点位置为脚腕部位高度，T_1点位置为腿肚部位高度，T_2点位置为膝下部位高度。

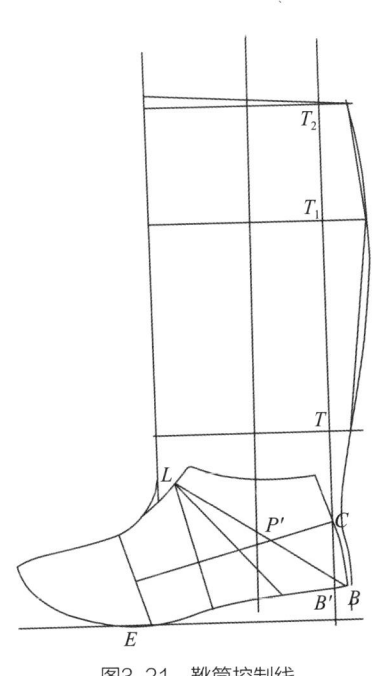

图3-21 靴筒控制线

第三节 制取楦面半面板

制式鞋靴设计总体方法分为立体设计、平面设计、计算机辅助设计三种。立体设计中以传统的贴楦设计最具代表性,应用最普遍。计算机辅助设计也是依托传统设计规律,完成电脑辅助设计。传统法设计用美纹纸贴附在鞋表面,再揭下来并通过空间角的变化,将美纹纸展成一个与鞋楦形状相似、大小相近的平面,称为鞋楦半面板,用半面板进行帮样设计。

一、制取鞋楦半面板

用贴美纹纸方法制取鞋楦的半面板。

(一)准备物料

(1)使用中间号鞋楦,左右脚不限。
(2)建议使用宽度20mm的美纹纸。
(3)样板纸。

(二)贴美纹纸步骤

(1)美纹纸贴在外怀一侧。先沿背中线和后跟弧中线粘贴,使美纹纸边沿分别与两条中线对齐贴平。贴不平时允许有分散的小皱褶,但中线上不能有小皱褶。
(2)自楦前头到后跟突度点贴上一条,再自V点附近到Q点上一条。这两条作为"骨架"使用。
(3)自楦前尖开始横向一段段向后粘贴,要求后一段美纹纸压住前一段美纹纸的一半左右,防止揭美纹纸时变形。一直贴到后跟弧中线上。

(三)标出各个设计点

分别标出H、F、P、D、C、Q、E、V、V_0、J、O和P'点。并连接VO线,描出楦底棱线和统口棱线。

（四）制取楦面展平面

将美纹纸自前向后逐渐从楦面上分离下来，不要撕坏，也不要拉拽变形，此时得到的是鞋楦曲面。

沿VO线剪开，将楦前头和楦后跟部位也从底口上适当剪开2~3个剪口。然后，自后帮开始逐渐贴平在样板纸上。贴到OH线时，将前帮以O点为中心进行旋转贴平，在VO线上会出现一个重叠的角。

楦面上的V点在样板上被剪开后变成了两个V点，把后帮上的V点仍定为V点，而把前帮上的V点定为V'点以示区别。形成的∠VOV'为楦体自然跷。量一下∠VOV'在背中线上形成的长度数值，作为自然跷的大小，记作∑量。

自然跷代表一个楦体自身跷度的大小，不同楦体自然跷的大小是不同的。

沿着背中线、底口轮廓线、后跟弧中线和统口轮廓线剪出展平面样板，并连接基本控制线，标出自然跷。对于底口前尖和后跟上的剪口要予以保留，以弥补划料面积的不足（图3-22）。

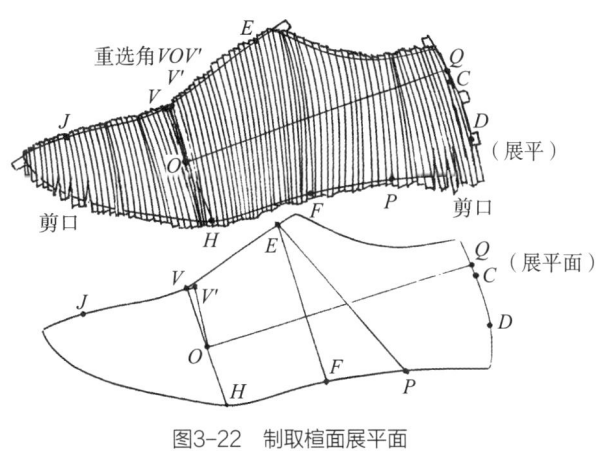

图3-22 制取楦面展平面

二、楦面里外怀区别

鞋楦的里外怀在造型上有很大不同，因为人脚的里外踝本来就不相同，但鞋楦作为一个人工制造的形体，却融进了许多相似之处。单就里怀和外怀的展平面来说就很相似，这为设计者进行鞋帮结构设计提供了便利条件。一般情况下，可以通过外怀一侧鞋帮样板轮廓找出里怀一侧鞋帮样板轮廓。关键是要知道里外怀在楦面上的主要区别。

（一）跷度的区别

跷度是指楦面展平时所出现的空间角度变化量。由于鞋楦前尖和后跟上的跷度处于底部，通过工艺加工的方法完全可以解决，而在楦跗背上的跷度则必须通过设计方法来解决。里外怀跷度上的区别主要是指楦跗背上自然跷区别。

由于里怀一侧楦面凸凹程度比外怀一侧要小，所以里怀自然跷也比外怀小。以$\sum_{外}$表示外怀自然跷，以$\sum_{里}$表示里怀自然跷，则有$\sum_{外} > \sum_{里}$的规律。

里怀自然跷的大小，可以通过复制里怀展平面，测出里怀$\sum_{里}$。

在应用时对里外怀跷度的区别有两种处理方法。

1. 分别取跷

分怀设计时要分别取里怀和外怀的自然跷。这种设计方法要分别设计里怀帮样和外怀帮样，所以要分别取跷。

2. 取折中跷

根据一般设计经验，$\sum_{中}$约在$\sum_{外}$的75%～85%。材料较软时取在75%左右，材料较硬时取在85%左右，一般掌握在80%。

里外怀跷度的大小，对前帮背中线的位置有直接影响。跷度较大时，前帮背中线抬升的位置较高；跷度较小时前帮背中线抬升的位置较低。取折中跷时其前帮背中线正处于上下位置之间，即：$\sum_{中} = 1/2 (\sum_{外} + \sum_{里})$。

（二）长度的区别

楦面上的长度区别可以观察楦面斜长、楦面全长、楦面底长三种典型长度。

1. 楦面斜长（AQ曲线长）

在一般情况下，里怀AQ曲线长度大于外怀AQ曲线长1～2mm。这是因为里怀第一跖趾部位肉体较饱满，所以曲线也稍长些。由于楦型千差万别，有些差得多些，有些差得少些，极个别情况下也有等长的。经过测量楦面可以得到里外怀AQ曲线长度差，记作Δ量。应用时也有两种情况：

（1）分别取　分怀设计时要分别取里怀长和外怀长。这种设计方法常用在女浅口鞋上，以保证口门和后帮中缝端正。

（2）外怀替代里怀　一般鞋的设计可以用外怀长度来代替。里怀一侧需要的Δ量可以通过拉伸作用达到。如果Δ量过大时还必须分怀处理。如果用折中长度设计反而不好，因为比外怀长出的量无法压缩回去。

2. 楦面全长（AD曲线长）

里外怀楦面全长比较接近，一般情况下还是里怀略长1mm左右。在应用时可用外怀楦面全长来设计。

3. 楦面底长（AB曲线长）

测量楦面底长，外怀AB曲线长度反而比里怀一侧长2～4mm。这是因为外怀一侧靠下部楦型肉体安排较丰满。应用时用外怀一侧楦面底长来设计。在处于底口位置上，里怀的亏量很容易通过褶皱来补充。

（三）宽度的区别

比较里外怀楦面的宽度可以分成前、中、后三个段落考虑，或比较里外怀展平面，或用布带尺测量，或把外怀展平面贴在里怀楦面上比较都可以。

1. 前段（AV段）

将外怀展平面贴在楦里怀一侧，自A点起沿背中线对齐至V点止，观察底口宽度。

一般情况下是里怀小于外怀2～3mm。亏损量较多位置大约在底口AH线的前2/3处。因为里怀一侧包容一个半脚趾，外怀一侧包容三个半脚趾，所以里怀一侧前段面积略小于外怀。特殊情况下有里外怀前段面积相等的时候。

2. 中段（VE段）

同样将外怀展平面沿VE线对齐，贴在里怀楦面上观察底口宽度。

一般情况下里怀多于外怀一定的量。平跟鞋多出量较少，2～4mm；中跟鞋多出量较多，为5～7mm；高跟鞋多出量更多，为8～10mm。把HF段的前1/3作为特征点，如有特殊情况应按实测数据应用。

3. 后段（EQ段）

将统口边棱对齐，比较展平面在里怀一侧面积。通过观察可知自P点以后里外怀面积基本相同（里怀略大0.5～1.0mm）。

比较里外怀楦面的区别是为了设计时能灵活自如运用。一般情况下有分怀设计、折中设计和用外怀设计找里怀的三种处理方法。分怀设计虽然精细，但太复杂；折中设计看似方便，有时会引起不必要的麻烦；通过外怀设计反过来根据里外怀区别再找里怀轮廓的设计方法比较可行。通过外怀展平面可以找到里怀应用时的展平面（图3-23）。

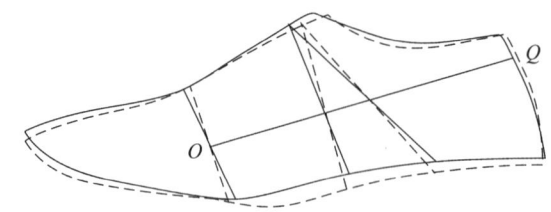

比齐O点和OQ线后，一般里怀长于外怀

近似比齐前帮背中线后里怀亏于外怀　　近似比齐后帮背中线后里怀比外怀宽

图3-23　里外怀楦面区别

图中虚线为里怀轮廓线，实线为里外怀共用线和外怀线。跷度取$\sum_{中}$；AQ长度记下Δ量。

三、设计用半面板的制备

利用鞋楦半面板直接进行鞋帮结构设计时，还需要对半面板进行一些处理，制作出半面板设计模板。为了使设计过程简便，可以把需要处理的部分直接在半面板上进行，从而形成设计用的半面板。处理步骤如下：

（1）在样板纸上描出外怀展平面轮廓，并连接基本控制线。

（2）连接VE成一条直线。

（3）Q点处收进1mm（女浅口鞋收2mm），D点处加放1mm（主跟厚度1.2~1.5mm），B点之后加放2mm。

按变化后的控制点连成一条光滑后跟弧线。

（4）以O点为圆心，OV长为半径作圆弧，在V点之后截取$\sum_{中}$量，定出V'点，连出$\angle VOV'$。

（5）在相关位置标出$\sum_{中}$量、Δ量和里怀底口加减量。

（6）剪出半面板设计模板（图3-24）。

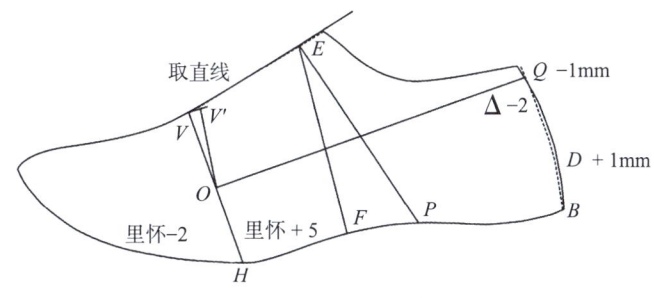

图3-24　设计模板示意图

四、计算机辅助设计

随着智能信息技术的迅猛发展，一场新的工业设计领域的技术革命正在兴起，制造业的信息化已成为发展的必然趋势。传统效果图已满足不了客户需求，电脑辅助设计，例如，某软件系统主要针对产品二维样板制作与效果图三维设计，涵盖从产品3D设计和2D开版制作的全套开发流程（图3-25）。

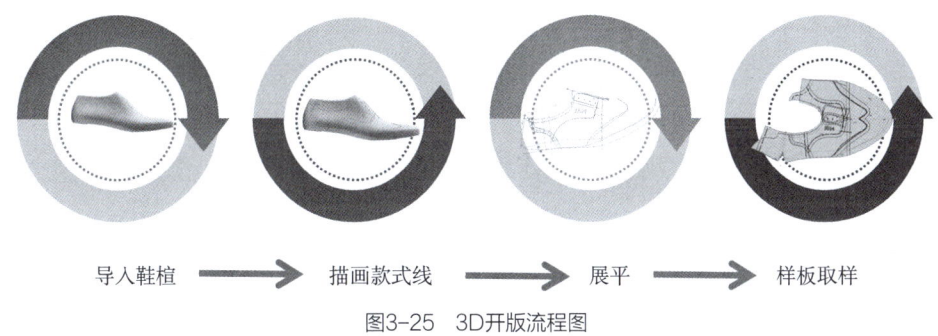

图3-25　3D开版流程图

先导入一个3D数据鞋楦，将3D鞋楦展平，为后续设计鞋款线条做准备。

3D与2D操作同步，两者界面随时随地自由切换。

在3D界面，用户可以设计虚拟3D效果，如创建大底、鞋跟、扣件以及设定材料厚度等；在2D界面，用户则可以展平纸版、创建分片、增加分片工艺设定及进行级放等。

（一）导入数据楦头

软件支持导入众多鞋楦数据格式，分别为：专有格式（如HOR、LST、FVR等）、标准格式（如STL、IGS、SEC、OBJ等）（图3-26）。

基于导入的数据楦头，可获得精准的纸版、逼真的鞋型效果以及真实的外观比例。可直接修改楦头达到靴楦效果，还可增加或融合中底、内置水台跟及前水台到楦底（图3-27）。

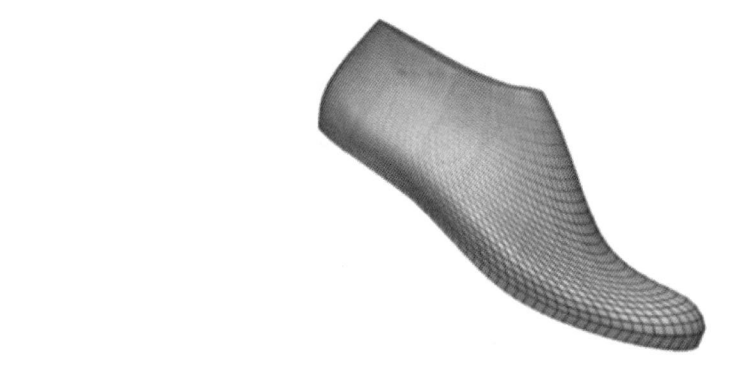

图3-26 数据楦头

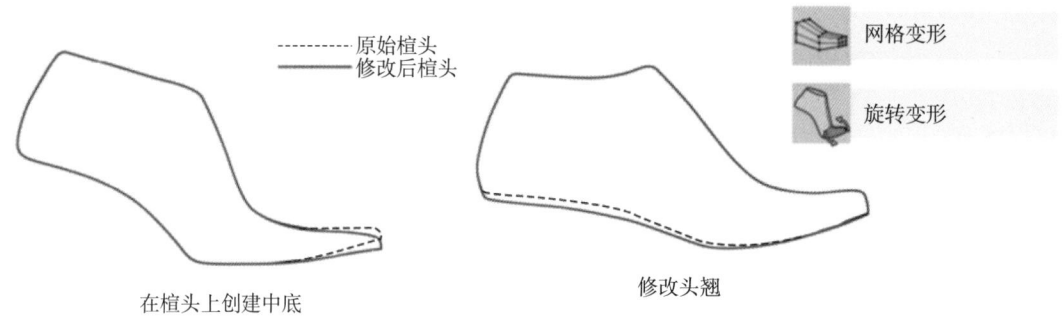

图3-27 修改楦头

(二)在鞋楦上描画款式线

在软件数据楦头上画线,和在实物楦头上画线一样简便。通过导入手稿图或鞋图进行设计画线。线条自动顺滑,无需大量调整,使分片的轮廓线更美观精准(图3-28)。

(三)半面板展平

软件系统能自动计算鞋楦的底弧线和统口线,并自动获取楦头三面(楦身、楦底及统口)为设计与纸版展平所需。系统自动生成前后中心线,并可任意修改以达到更加完美的楦头半面板展平效果(图3-29)。

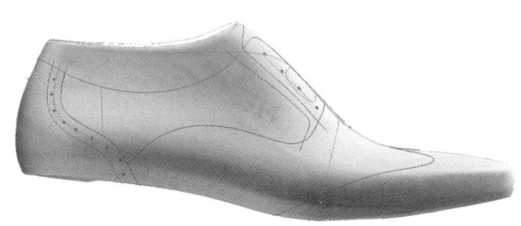

图3-28 画款式线

图3-29 楦头展平

第四节　鞋靴帮样设计

单从设计技术层面上讲，制式鞋靴和民用鞋靴并无本质区别，两者的差异在于对产品的使用要求不同。民用鞋靴主要是追求美观时尚，旨在满足客户多样化审美需求；制式鞋靴则更强调产品的功能性，以满足穿用群体的勤务需求。

一、高级常服皮鞋

（一）款式

高级常服皮鞋是一款典型的内耳式三接头皮鞋（图3-30）。

1. 楦型

高级常服皮鞋所使用的鞋楦为标准三接头皮鞋鞋楦。头型为方圆头型，前头略厚并带软棱，楦体饱满圆润、舒展修长。

图3-30　高级常服皮鞋

楦型选定为三型，255码鞋楦主要尺寸为：楦底样长280mm；楦跗围251mm；放余量30mm。

2. 鞋底

鞋底由发泡橡胶粘贴黄牛真皮底革和耐磨胶片组合而成，前掌和后跟耐磨片采用几何图案细花纹设计，防平地湿滑性能良好。鞋底后跟处装有内侧单项排气阀，可改善鞋腔内空气流通情况。

3. 鞋帮材料

鞋面采用铬鞣中小黄牛黑色正鞋面革；鞋里采用灰色水染正鞋里革。

4. 帮底结合工艺

帮底结合采用胶粘工艺。

（二）鞋帮结构

高级常服皮鞋属于低腰内耳式三接头款式，采用明口门设计，后帮两侧装有暗橡筋（图3-31）。

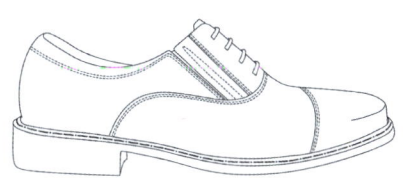

图3-31　高级常服皮鞋结构

1. 包头长度

包头长度约占前帮长度的2/3。

2. 口门位置

口门位置定在V点，设计原则是在不影响跖趾关节弯曲的前提下，口门位置应尽可能向前延伸以增大鞋口的调节度。

3. 前帮长度

前帮长度是指从鞋的前端到鞋舌顶端的长度。设计前帮长度时，主要考虑的是在不影响脚腕向前弯曲活动的前提下，尽量多地覆盖脚背。

4. 后帮高度

后帮高度取在楦后身弧中线上Q点位置上。

5. 镶接关系

镶接关系基本为前压后结构，即包头压中帮，中帮压后帮，鞋耳压鞋舌。

（三）结构设计和样板制作

使用鞋楦半面板设计。

1. 标点画线

基本设计点和控制线标画方法见本章第二节。

2. 结构部件设计

高级常服皮鞋的鞋帮结构部件分为包头、中帮、后帮鞋耳、鞋舌、橡筋布等。部件的标志点共有11个，分别是前帮长度点、包头长度点、中帮长度点、口门位置点、中帮两翼长度点、外怀帮高点、后帮中缝高度点、鞋眼位置点，另外还有鞋舌长度和宽度点，以及橡筋位置点等（图3-32）。

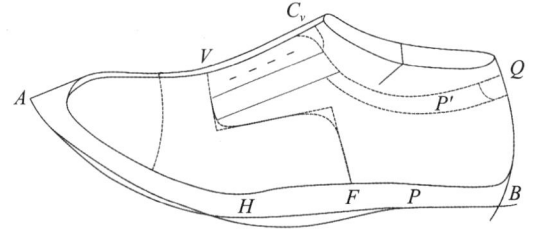

图3-32 结构部件及标志点

（1）前帮长度点　前帮长度为楦底样长的66%。

前帮长度 = 楦底样长 × 66% = 280 × 0.66 = 184（mm）

在楦体背中线上，由前端点A向后量取184mm，定C_v点为前帮长度点。

（2）包头长度点　包头长度为楦底样长的27%。

包头长度 = 楦底样长 × 27% = 280 × 0.27 = 76（mm）

在楦体背中线上,由前端点A向后量取76mm,定C_x点为包头长度点。

(3)口门位置点　口门位置点选定在楦背中线上的V点。

CV = 脚长 × 68.8% = 255 × 0.688 = 175(mm)

(4)中帮两翼长度点　中帮两翼长度为32%楦底样长。

中帮两翼长 = 楦底样长 × 32% = 280 × 0.32 = 90(mm)

从H点沿半面板底边沿向后量90mm确定中帮两翼长度点。

(5)后帮外怀高度点　后帮外怀高度点在外踝骨部位点P'之下。

外怀帮高 = 脚长 × 19% = 255 × 0.19 = 48(mm)

(6)后帮高度点　定在Q点。

(7)鞋眼位置点　高级常服皮鞋为四眼鞋。先在距离鞋耳边线13mm处画一条平行线,以鞋耳前后两端为界截取,再将其长度分成五等份,便可找出四个眼位。

(8)鞋舌宽度点　耳式皮鞋的鞋舌位于鞋耳下面。内耳式皮鞋的鞋舌通常设计为长方形,其半面宽度约为鞋眼位置的两倍,即13 × 2 = 26mm。但高级常服皮鞋为假系带式,鞋舌形状设计为"T"字形。

(9)鞋舌长度点　鞋舌长度以鞋耳边长度为依据,一般超出鞋耳后端5~10mm。

(10)橡筋布宽度　橡筋宽度为上口16mm;下口13mm。

3. 描画部件轮廓线

按照各部件定位点,准确清晰地勾画出各个部件的轮廓线。描画部件轮廓线时应注意以下几点:

(1)包头及口门轮廓线与背中线相交处,两条线应相互垂直。

(2)后帮上口轮廓线与后帮后缝线相交处,两条线应相互垂直。

(3)口门转角处圆弧与鞋耳后端圆弧应相互协调,鞋耳后端圆弧较口门转角处圆弧要大一些。

(4)鞋耳最窄处以不小于20mm为宜,鞋耳后端点与外怀帮高点之间的圆弧线要弯势顺畅,不宜过高过直。

(5)包头线应平直,其下边沿点不能向前弯或向后弯。

(6)画出鞋舌轮廓线。

(7)鞋眼位置须用交叉点标示准确,也可用圆圈标示。

(8)画出橡筋位置线。

(9)因为设计尺寸与成鞋实际尺寸有差别,线条经过绷帮以后会发生部分位移,所以,画样时应该将可能的位移量考虑进去。

4. 整理半面板

（1）加放绷帮余量　绷帮余量是指在绷楦过程中，为保证鞋帮绷紧在鞋楦上，而在鞋帮底部边缘外加出一定尺寸的量。按照常规从前向后给各部位加放绷帮余量。其中：前头部位14～15mm；腰窝部位17～18mm；后跟部位16～17mm；其余部位依次过渡，保证线条圆顺流畅（图3-33）。

（2）处理底口里外怀　沿里怀底边轮廓线，前部收进2～3mm；后部加放5～8mm；中间平滑过渡（图3-34）。

（3）处理后帮上口里外怀　在外怀帮高的基础上，里怀加放2～3mm，并逐步向两边拉平（图3-34）。

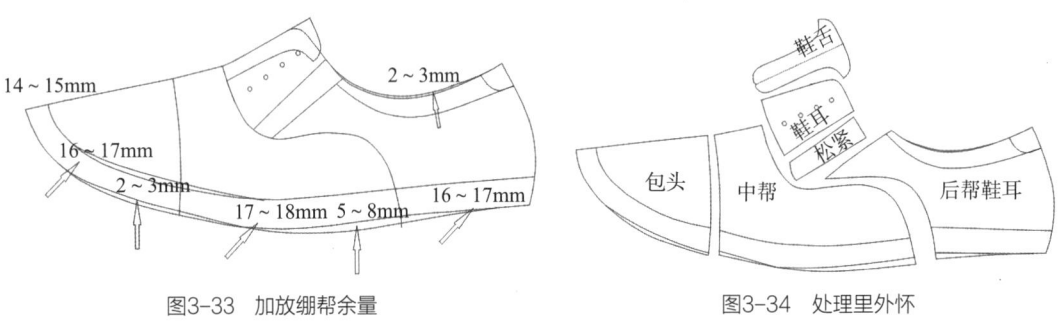

图3-33　加放绷帮余量　　　　　　　　　图3-34　处理里外怀

5. 制作基本样板

（1）包头样板　使用对折的样板纸，按照半面板上的包头轮廓线，复制出包头样板。按照鞋楦前头部位里外怀特征，在包头样板上分出里外怀（图3-35）。

（2）中帮样板　使用对折的样板纸，按照半面板上的中帮轮廓线，复制出中帮样板。

由于包头样板的里怀轮廓线在底边沿线处向前移动约4mm，所以中帮样板的对应部位里怀也应向前移动约4mm，而且位置和轮廓线形状应保持一致。中帮两翼边沿线内外怀之间也有差别，可以基于半面板底部边沿线进行调整。如图3-36所示。

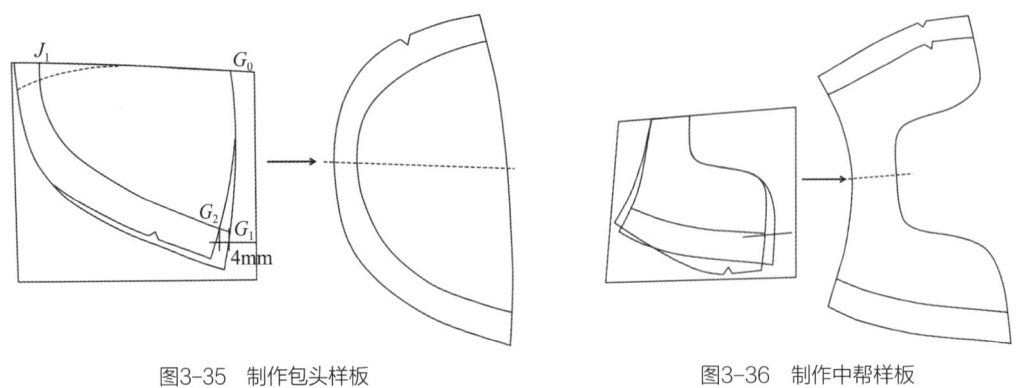

图3-35　制作包头样板　　　　　　　　　图3-36　制作中帮样板

（3）后帮样板　后帮鞋耳里外怀各一个，依据半面板上面的轮廓线进行复制。在后帮中缝线中凸度点保持不变；下端点向内收进2~3mm（图3-37）。

（4）鞋舌样板　鞋舌样板在背中线处近似于直线，用对折纸制取（图3-38）。

6. 制作鞋里样板

根据基本样板制作出鞋里各部件样板（图3-39）。

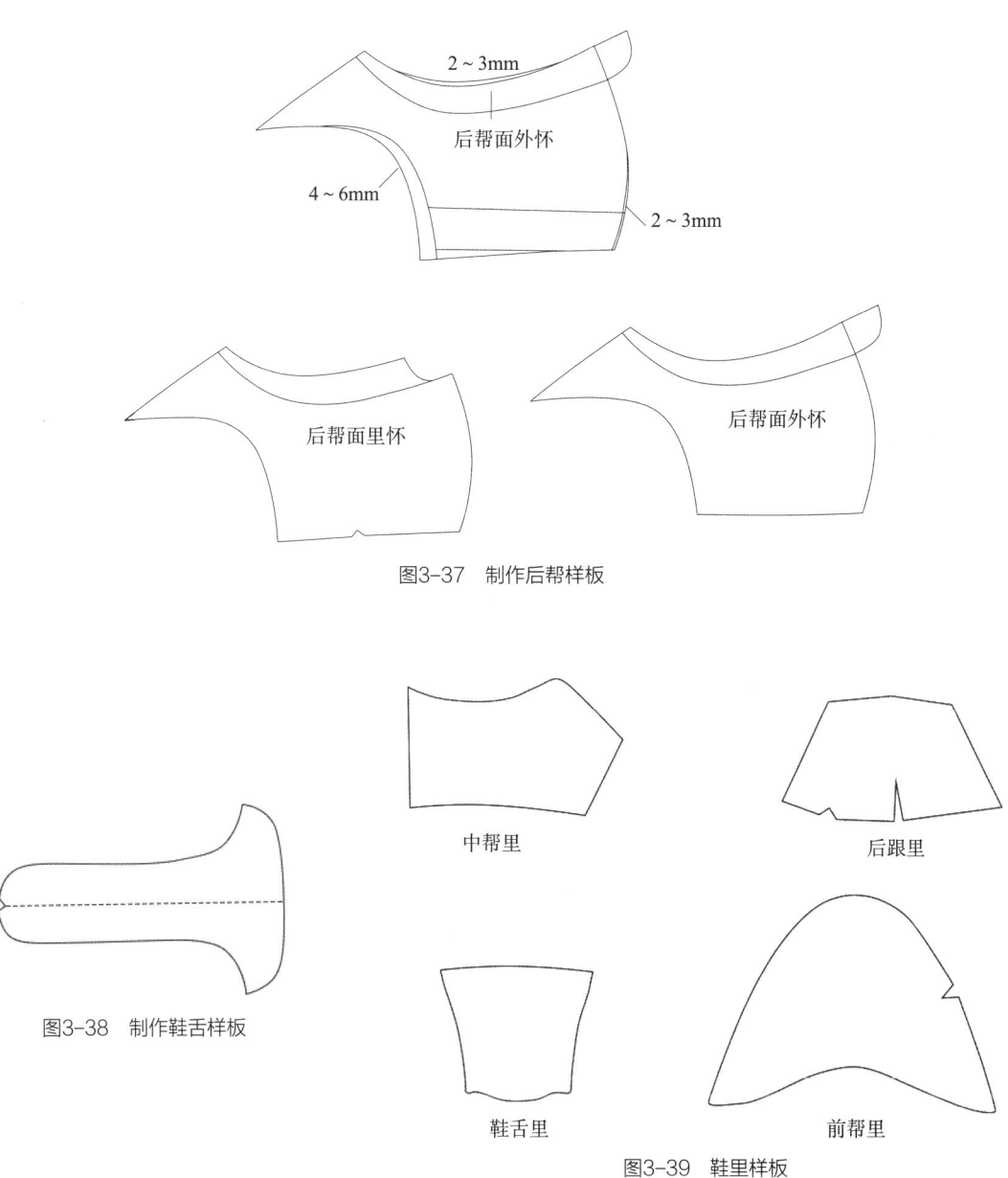

图3-37　制作后帮样板

图3-38　制作鞋舌样板

图3-39　鞋里样板

7. 制作下料样板

折边量是指在鞋帮加工制作过程中,将鞋帮部件的边缘向内折叠时所预留的宽度尺寸。压茬量是指在鞋帮加工制作过程中,鞋帮部件相互重叠结合时,重叠部分的宽度尺寸。下料样板是在基本样板上加放出折边量、压茬量的样板,即用于下裁帮料的样板。下料样板不需要标画标志点和标志线。

从内耳式三接头皮鞋的结构来看,包头、中帮和后帮鞋耳都有折边部位,一般折边加放量为4~5mm。

中帮的组合方式是前端与包头压接缝合,作为被压件,前端包头线位置需要加放压茬量8~9mm;后端口门及两翼轮廓线与后帮鞋耳压茬缝合,作为上压件,需要加放折边量4~5mm。

后帮鞋耳的组合方式是前端口门及两翼轮廓线与中帮压茬缝合,作为被压件,需要加放压茬量8~9mm;帮中缝线里外怀之间采用合缝法,需要加放合缝量1.0~1.5mm;后帮上口及鞋耳轮廓加放折边量4~5mm。

鞋舌的组合方式是前端与中帮及鞋耳前端压接缝合,作为被压件,需要加放压茬量8~9mm;而鞋舌两侧及后端轮廓线则根据工艺需要,可以选择折边或不折边(图3-40)。

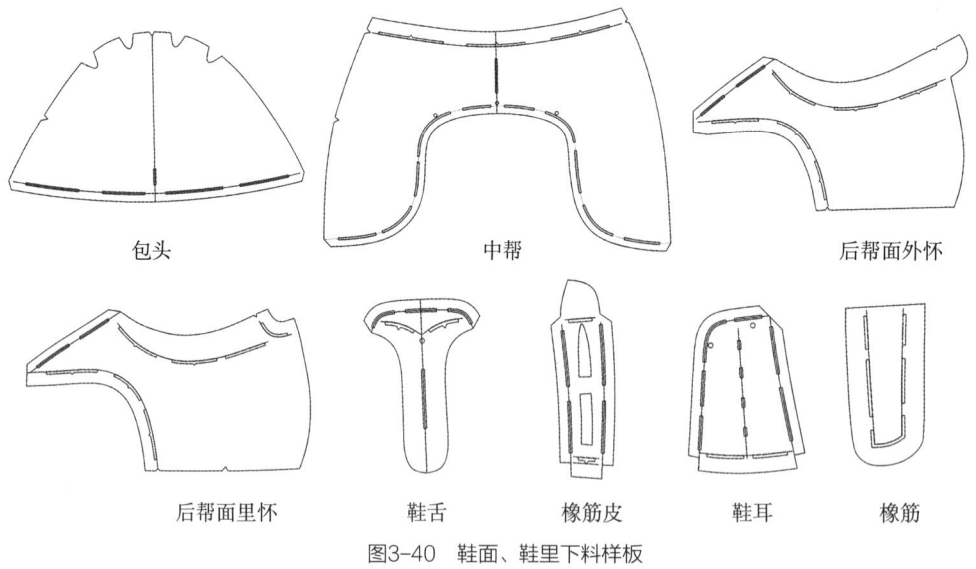

包头　　　　　　中帮　　　　　　后帮面外怀

后帮面里怀　　鞋舌　　橡筋皮　　鞋耳　　橡筋

图3-40 鞋面、鞋里下料样板

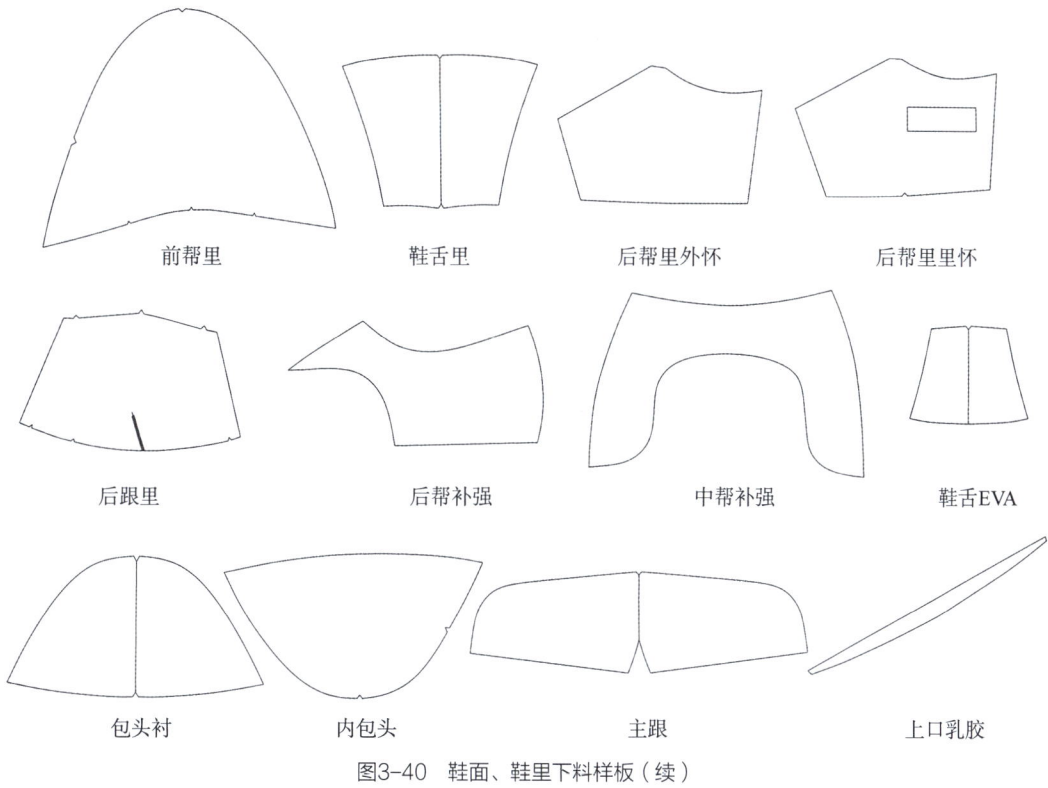

图3-40 鞋面、鞋里下料样板(续)

二、女夏常服皮鞋设计

(一)款式

女夏常服皮鞋基本款式为浅口一脚蹬式,配备有可拆卸式后袢带。女夏服皮鞋分为高跟和中跟两个档(图3-41)。

1. 楦型

鞋楦采用女浅口鞋专用楦。头型为尖圆型,肉体较为饱满。

图3-41 女夏常服皮鞋

跟高分为两档,每档又设置一型和二型两个肥瘦型号。其中235(一型)高跟鞋楦主要数据为:楦底样长245mm;跖趾围长213.5mm;放余量14.5mm;跟高60mm。

2. 鞋底

鞋底采用橡塑组装结构。鞋底花纹精致细密,平地防湿滑性能好。

3. 鞋帮材料

鞋面采用铬鞣小黄牛正鞋面革;鞋里采用浅色山羊鞋里革。

4. 帮底结合工艺

帮底结合采用胶粘工艺。

(二) 鞋帮结构

女夏常服皮鞋属浅口式结构，后帮配备可拆卸式后袢带 [图3-42（外怀）、图3-42（里怀）]。

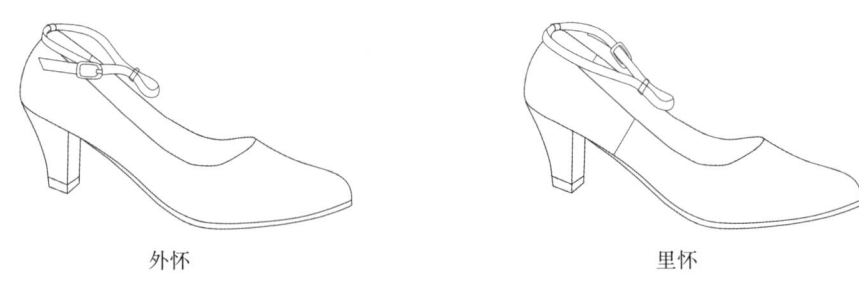

外怀　　　　　　　　　　里怀

图3-42　女夏常服皮鞋结构

1. 前帮长度

前帮长度是指从鞋的前端到口门的长度。浅口鞋前帮长度在跖趾部位之后。

2. 口门位置

口门位置应在 V 点之前。

3. 后帮高度

后帮高度标志点位置取在楦后身弧中线上 Q 点。

4. 镶接关系

鞋帮外怀为整帮无接缝，里怀镶接前帮压后帮。

(三) 结构设计和样板制作

使用鞋楦半面板设计。

1. 标点画线

基本设计点和控制线标画方法见本章第二节。

2. 结构部件设计

女夏常服皮鞋鞋帮结构部件分为前帮、后帮、后跟条、后袢带。部件的标志点共有6个，分别是前帮长度点、口门宽度点、后帮外怀高度点、后帮高度点、后跟条长度点和宽度点（图3-43）。

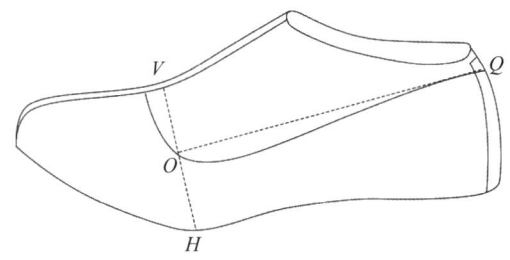

图3-43 结构部件及标志点

（1）前帮长度点　V点作为控制点，可用跗围线与背中线的交点来确定。使用标准楦的半面板设计时，前帮长度为68mm，即在楦体背中线上，由前端点A向后量取68mm为前帮长度点。

（2）口门宽度点　口门宽度点在前帮控制线的1/2，O点的位置。

（3）鞋口外怀高度点　后帮外怀高度点在外踝骨部位点P′下面。

（4）后帮高度点　Q点，即在后跟弧线上从下向上量取54~55mm的位置。

（5）后跟条长度、宽度点　后跟条长度为75mm；宽度为8mm；后袢带环高度为12mm。

（6）后袢带　鞋的后袢带长度为292mm；宽度为8mm。

3. 描画部件轮廓线

在半面板上按照各部件定位点准确清晰地勾画出各个部件的轮廓线。描画部件轮廓线应注意以下几点：

（1）口门轮廓线与背中线相交处，两条线应相互垂直。

（2）后帮上口轮廓线与后帮后缝线相交处，两条线应相互垂直。

（3）口门转角处圆弧应与楦体相互协调，美观流畅。

（4）画出口门轮廓线。

（5）在样板纸上直接画出后袢带轮廓线。

（6）因为设计尺寸与成鞋实际尺寸有差别，线条经过绷帮以后会发生部分位移。所以，画样时应该将可能的位移量考虑进去。

4. 整理半面板

（1）加放绷帮余量　从前向后各部位绷帮余量加放值：前头13~15mm；腰窝17~18mm；后跟16~17mm。中间衔接处自然过渡，要保证线条圆顺流畅（图3-44）。

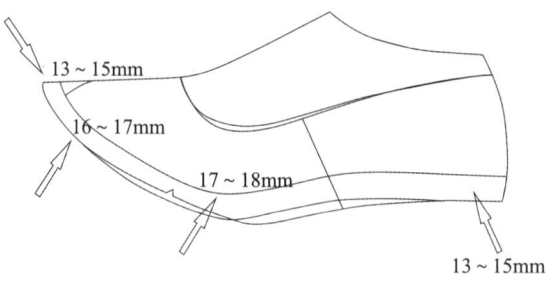

图3-44 加放绷帮余量

（2）处理底口里外怀 沿里怀底口边进行收放：前部收进2~3mm；后部加放5~8mm（图3-45）。

（3）处理鞋口里外怀 里怀在外怀帮高的基础上加放2~3mm，并逐步向两边过渡拉平（图3-46）。

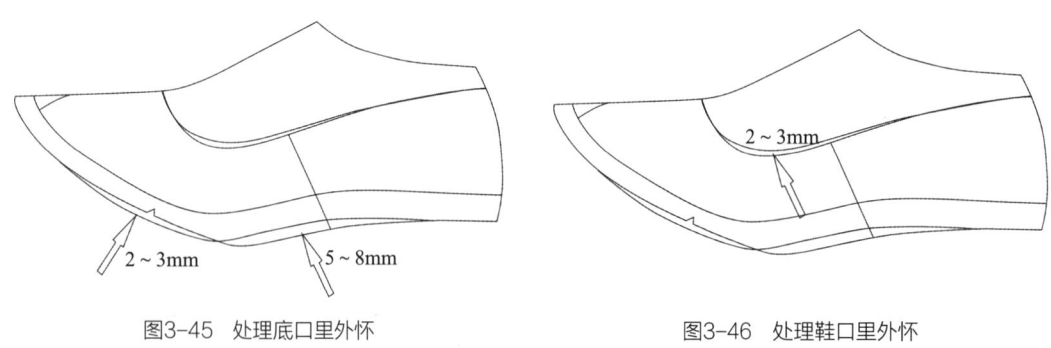

图3-45 处理底口里外怀　　　　　　　　图3-46 处理鞋口里外怀

5. 制作基本样板

女夏常服皮鞋鞋帮基本样板包括前帮样板、后跟条和后袢带样板、后帮样板（图3-47）。

（1）前帮样板 使用对折的样板纸，按照半面板上的轮廓线，复制出前帮样板。按照鞋楦部位里外怀特征，在前帮样板上分出里外怀（图3-48）。

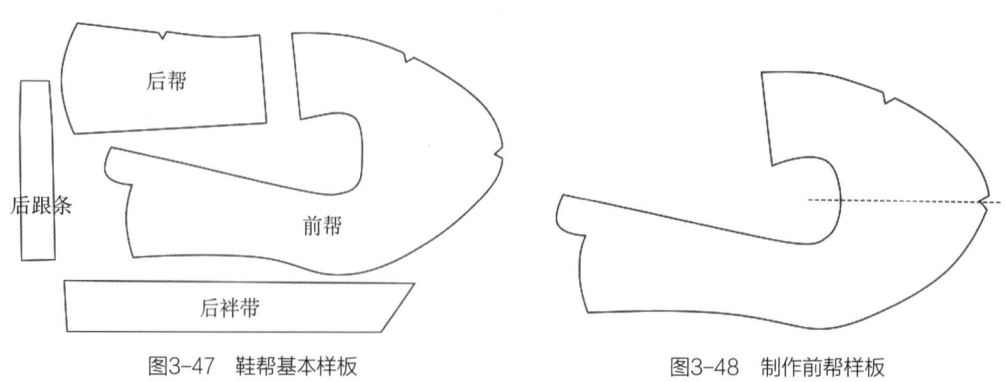

图3-47 鞋帮基本样板　　　　　　　　图3-48 制作前帮样板

（2）后跟条和后袢带样板　在样板纸上直接画出长度和宽度（图3-49）。

（3）后帮样板　依据半面板上面的轮廓线复制后帮里怀样板。后帮中缝线凸度点保持不变，下端点收进2～3mm（图3-50）。

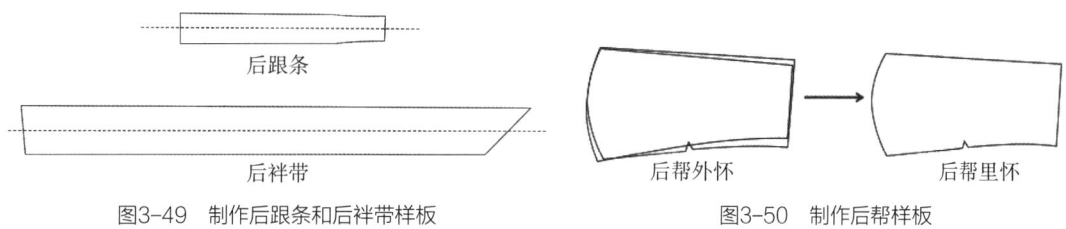

图3-49　制作后跟条和后袢带样板　　　　图3-50　制作后帮样板

（4）基本样板的标志点、线　前帮样板应有中心线标志点；后帮样板应有与前帮缝合的压接标志线和后跟条粘贴位置的标志线。

各部件样板应标明基本样板及部件名称字样，并在里怀样板上打上剪口以示区别。

6. 制作鞋里样板

根据基本样板制作出鞋里各部件样板（图3-51）。

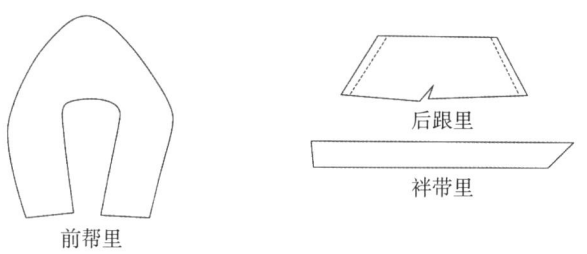

图3-51　鞋里样板

7. 制作下料样板

下料样板是在基本样板上加放出折边量、压茬量的样板，也即用于下裁帮料的样板。下料样板不需要标画标志点和标志线。

从女夏常服皮鞋结构来看，其前帮、后帮、后袢带和后跟条等都有折边部位，一般折边量为4～5mm。所以，在基本样板的轮廓线上加放出折边量即为下料样板。在前帮基本样板的口门及上口轮廓线上加放出折边量即为前帮下料样板；在后帮基本样板的上口轮廓线上加放出折边量，并在与前帮相接处加放出压茬量即为后帮下料样板（图3-52）。

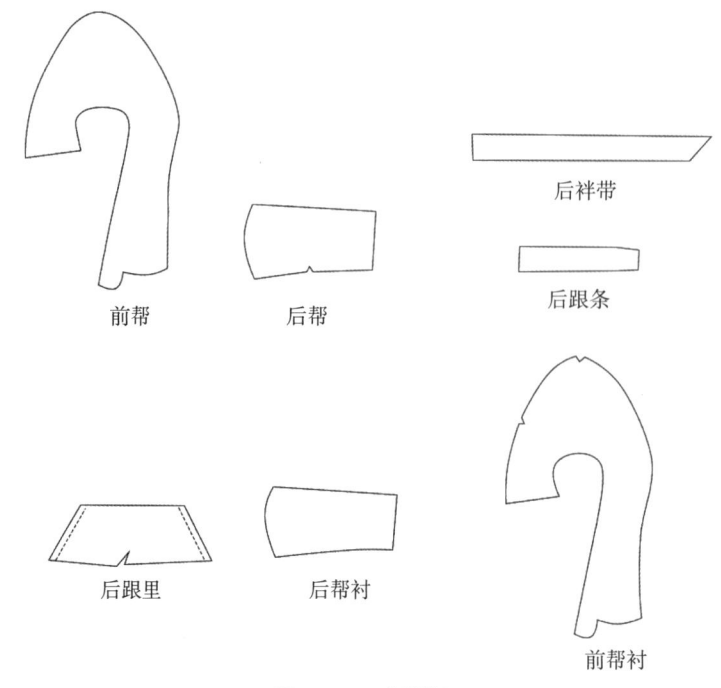

图3-52 下料样板

三、女春秋常服皮鞋设计

(一) 款式

女春秋常服皮鞋是一款深口门侧橡筋高跟鞋（图3-53）。

1. 楦型

鞋楦采用女式素头鞋楦，凸起式尖圆头型。

分中跟、高跟两档，每档又设置一型和二型两个肥瘦型号。其中235（一型）高跟鞋楦主要数据为：楦底样长245mm；跖趾围长215mm；放余量14.5mm；跟高60mm。

图3-53 女春秋常服皮鞋

2. 鞋底

鞋底采用橡塑组装结构。鞋底花纹精致细密，防平地湿滑性能良好。

3. 鞋帮材料

鞋面采用铬鞣小黄牛正鞋面革；鞋里采用山羊头层水染浅灰色鞋里革。

4. 帮底结合工艺

帮底结合采用胶粘工艺。

（二）鞋帮结构

女春秋常服皮鞋的鞋帮结构属于深口门满帮式结构（图3-54）。

外怀　　　　　　　　　里怀

图3-54　女春秋常服皮鞋结构

1. 前帮长度

（1）前帮总长　前帮总长是指从前头楦底棱A点处，沿背中线向上量取到后帮上端点的长度。由于橡筋鞋的封闭性强，前帮总长要取在E点之前。

（2）前帮长　前帮长是指从前头楦底棱A点处沿背中线向上量取到前后帮缝接处的长度。前帮长度的设计要错开V点，避免影响脚部屈挠运动。

2. 后帮外怀高度

后帮外怀高度点在外踝骨部位点P'的下面。

3. 后帮高度H_1

H_1标志点的位置一般取在楦后身弧中线Q点上。

4. 镶接关系

前帮压后帮；后帮压后跟。后帮里怀有暗橡筋一件。

（三）结构设计和样板制作

使用鞋楦半面板进行设计。

1. 标点画线

基本设计点和控制线标画方法见本章第二节。

2. 结构部件设计

女春秋常服皮鞋鞋帮结构部件分为前帮、后帮、后跟皮及橡筋布。部件的标志点共4个，分别是前帮总长点、前帮长度点、后帮外怀高度点和后帮高度点（图3-55）。

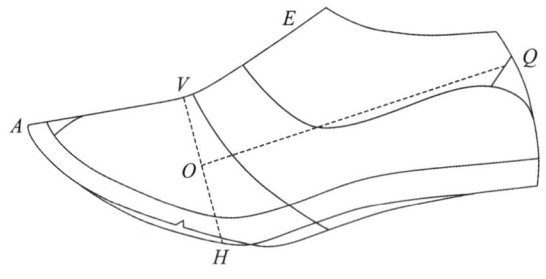

图3-55 结构部件及标志点

（1）前帮总长度点　前帮总长度包括后帮的一部分。要取在E点之前的位置。在楦体背中线上，由前端点A向后量取125mm为前脸长度点。

（2）前帮长度点　前帮长度以V点作为控制点。前帮长度的设计要错开V点，不能影响脚部屈挠运动。在楦体背中线上，由前端点A往后量取73mm为前帮长度点。

（3）鞋口外怀高度点　后帮外怀高度点在外踝骨部位点P'下面。

（4）后帮高度点　后帮高度点定在Q点，高度55~58mm的位置。

3. 描画部件轮廓线

其基本方法与女夏常服皮鞋相同。

4. 整理半面板

其基本方法与女夏常服皮鞋相同（图3-56、图3-57）。

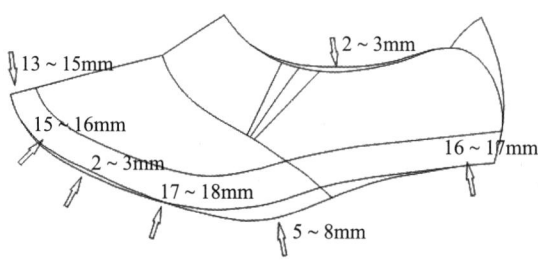

图3-56 加放绷帮余量

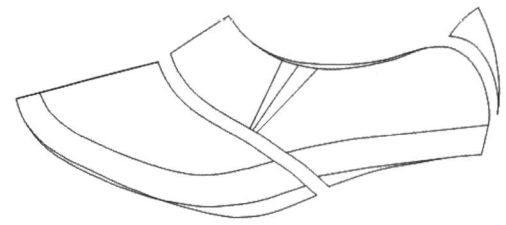

图3-57 处理里外怀

5. 制作基本样板

（1）前帮样板　使用对折的样板纸，按照半面板上的前帮轮廓线，复制出前帮样板。按照鞋楦前头部位特征，在前帮样板上分出里外怀（图3-58）。

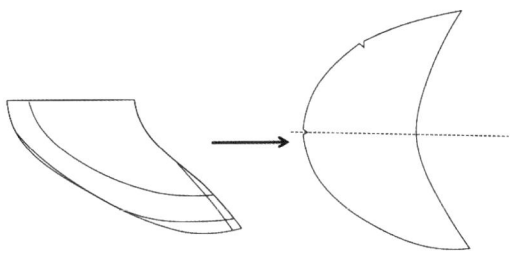

图3-58　制作前帮样板

（2）后帮样板　使用对折的样板纸，按照半面板上的后帮轮廓线，复制出后帮样板。

因为前帮样板轮廓线在底边沿线处向前提了4mm左右，所以，后帮样板的里怀对应部位也应向前提4mm左右，而且位置和轮廓线形状应保证一致。后帮上口轮廓边沿线里外怀之间也有差别，做样板时需区分出来（图3-59）。

（3）后跟皮样板　依据半面板上面的轮廓线进行复制。用旋转法取出样板（图3-60）。

（4）橡筋布样板　依据半面板上面的橡筋布轮廓线，复制出样板。

6. 制作鞋里样板

画出鞋里样板示意图（图3-61）。

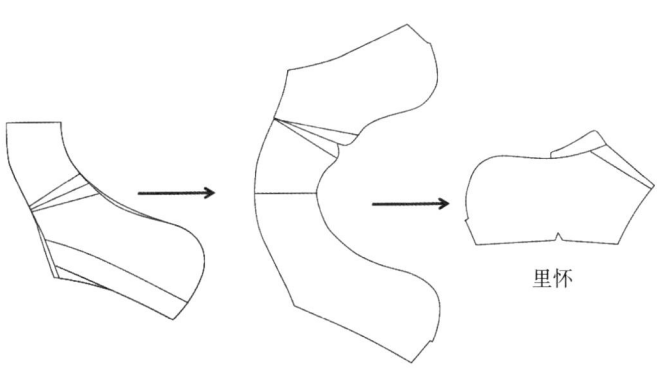

图3-59　制作后帮样板

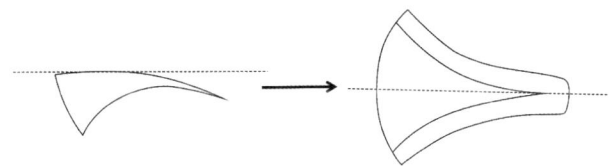

图3-60　制作后跟皮样板

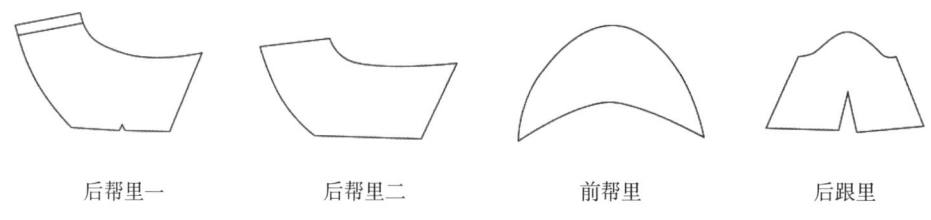

图3-61 鞋里样板

7. 制作下料样板

下料样板是在基本样板上加放出折边量、压茬量的样板,即用于下裁帮料的样板。下料样板不需要标画标志点和标志线。

(1)前帮样板 前帮的组合方式是反缝以后与后帮压接缝合,所以,前帮与后帮镶接处需加放出反缝量4~5mm。

(2)后帮样板 后帮的组合方式是前端与前帮反缝压接,是被压件,所以前端前帮线处需加放压茬量9~10mm;后帮上口轮廓线与后跟皮压接缝合部位是上压件,需加放折边量4~5mm。

(3)后跟皮样板 后跟皮的组合方式是两侧轮廓线与后帮压茬缝合是被压件,需加放压茬量8mm;后跟皮上口轮廓线为折边工艺,需加放4~5mm。

(4)橡筋布样板 橡筋布的组合方式是两端与后帮压接缝合,是被压件,所以需加放压茬量9~10mm。

所有部件都应刻出净样槽口并标画出标志线(图3-62)。

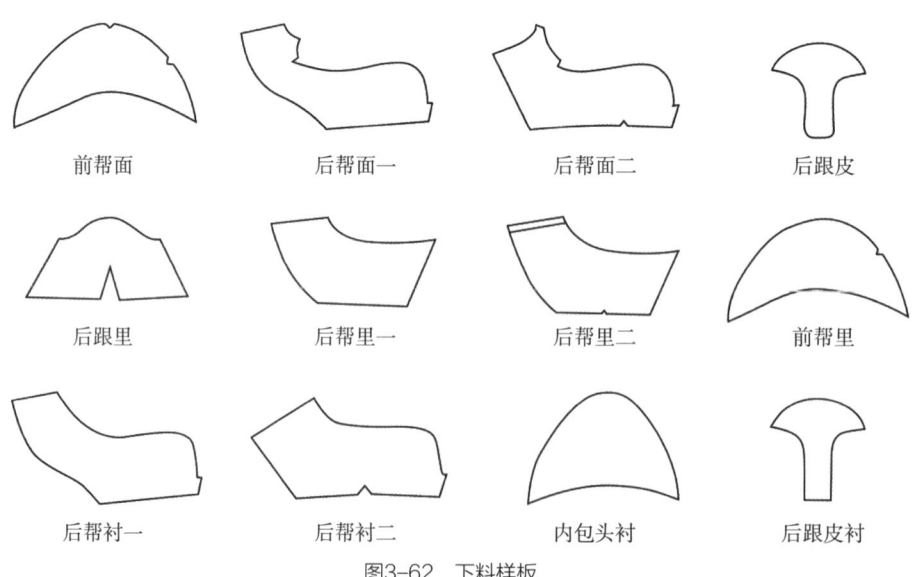

图3-62 下料样板

四、体能训练鞋设计

训练鞋可用于日常训练穿着,具有良好的运动性和一定的防护性。

（一）款式

体能训练鞋为黑色布面运动鞋（图3-63）。

1. 楦型

采用通用型运动鞋鞋楦,肥瘦型选定为三型半。255码鞋楦的主要尺寸为：楦底样长273mm；跖趾围长252mm；放余量23mm。

2. 鞋底

图3-63 体能训练鞋

鞋底为橡胶/EVA双密度组合成型鞋底。底边为墙式结构,前尖有防磕碰护头；底面花纹较深较大,耐磨性和户外防滑性较好。

3. 鞋帮材料

帮面采用涤纶长丝鞋面布。前帮表面压烫聚氨酯胶膜支撑架,后帮装有TPU成型外主跟；鞋里为涤纶长丝复合针织布。

4. 帮底结合工艺

帮底结合采用胶粘工艺。

（二）鞋帮结构

体能训练鞋为满帮低腰五眼系带式结构（图3-64）。

图3-64 体能训练鞋结构

（三）结构设计和样板制作

采用鞋楦半面板进行设计。半面板需里外怀全贴,同时贴出楦底样,做出前尖中心点、后缝中心点、前帮跖围处2个标志点和后跟腰窝附近2个标志点。

1. 标点画线

基本设计点和控制线标画方法见本章第二节。

2. 结构部件设计

体能训练鞋鞋帮结构部件有前帮、中帮、鞋舌和中底布。部件标志点有5个,它们分别是鞋头总长度点L_1、内头长度点L_2、内、外怀高度点H_3、H_2、后帮高度点H_1（图3-65）。

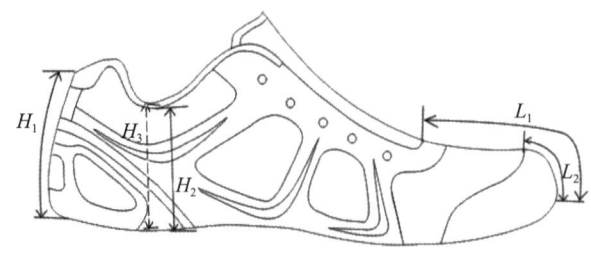

图3-65 结构部件及标志点

（1）鞋头总长度点L_1　在楦体背中线上，由前端点A向后量取78mm。

（2）内头长度点L_2　在楦体背中线上，由前端点A向后量取58mm。

（3）后帮高度点H_1　在后跟弧中线上由下向上量取83mm。

（4）鞋口外怀高度点H_2　在足踝高度点以下，从下向上量取57mm。

（5）鞋口里怀高度点H_2　在足踝高度点以下，从下向上量取57~61mm。

（6）鞋口外怀高度点H_3　在足踝高度点以下，从下向上量取55~59mm。

3. 描画部件轮廓线

按照各部件定位点，准确清晰地勾画出各个部件的轮廓线。描画部件轮廓线时应注意：因为设计尺寸与成鞋实际尺寸有差别，所画线条在成帮以后会发生部分位移，因此，画样时应该将可能的位移量考虑进去。

4. 整理半面板

（1）底口处理　沿里怀底口轮廓线前部收进2~3mm；后部加放5~8mm。纸板需里外怀全贴（图3-66）。

（2）上口处理　里怀在外怀帮高基础上加放2~3mm，并逐渐向两边拉平。

5. 制作基本样板

（1）护头样板　使用对折的样板纸，按照半面板上的护头轮廓线，复制出护头样板。根据鞋楦前头部位里外怀特征，在护头样板上分出里外怀（图3-67）。

（2）中帮样板　使用对折的样板纸，按照半面板上的中帮轮廓线，复制出中帮样板（图3-68）。

（3）中底样板　取板时做出6点标记（图3-69）。

（4）鞋舌样板　鞋舌样板在背中线处近似于直线，用对折纸制取（图3-70）。

6. 制作鞋里样板

鞋里样板见图3-71。

7. 制作下料样板

下料样板是在基本样板上加放出折边量、压茬量的样板，即用于下裁帮料的样板。下料样板不需要标画标志点和标志线（图3-72）。

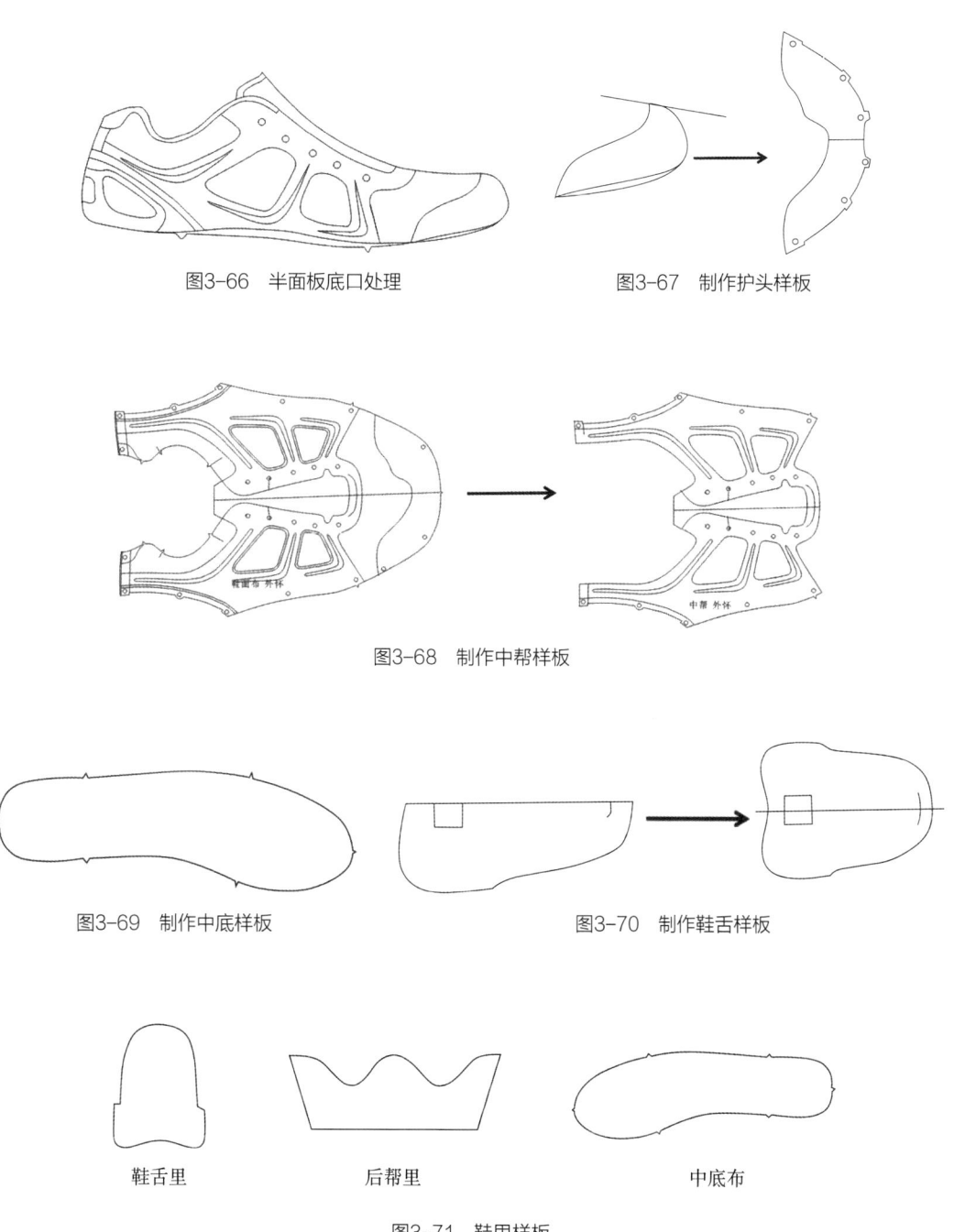

图3-66　半面板底口处理　　　　　　　　图3-67　制作护头样板

图3-68　制作中帮样板

图3-69　制作中底样板　　　　　　　　图3-70　制作鞋舌样板

鞋舌里　　　　　后帮里　　　　　中底布

图3-71　鞋里样板

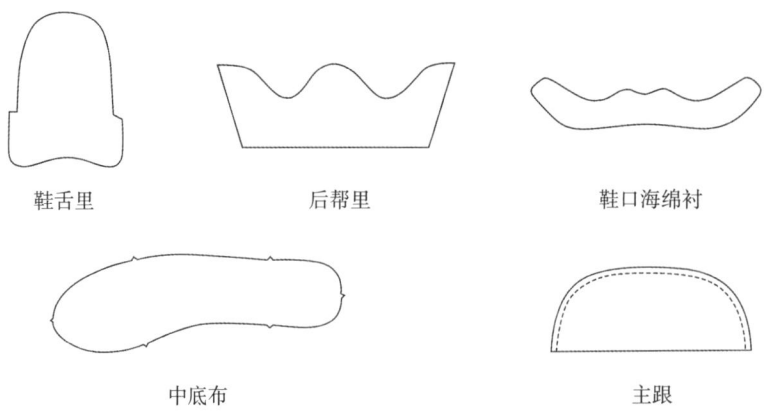

图3-72 下料样板

五、轻便防寒鞋设计

轻便防寒鞋具有良好的运动性能及一定的防寒性，可用于冬季寒冷地区的训练与日常穿着。

（一）款式

轻便防寒鞋为一款U型口门系带式高腰棉鞋（图3-73）。

1. 楦型

轻便防寒鞋所使用的鞋楦为圆形厚头楦，肉体饱满圆润。

肥瘦型选定为四型，鞋楦主要尺寸255号楦底样长270mm；跖趾围长271mm；放余量20mm（图3-74）。

图3-73 轻便防寒鞋

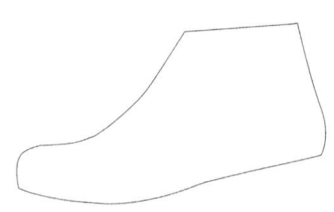

图3-74 鞋楦

2. 鞋底

（1）后置内底　内底由发泡橡胶加TPU勾心粘贴组合而成，起到保暖、缓冲和支撑作用。式样结构见图3-75。

（2）外底　外底为橡胶/橡胶双密度高边墙结构，后跟镶有高耐磨橡胶片，花纹及式样结构见图3-76。

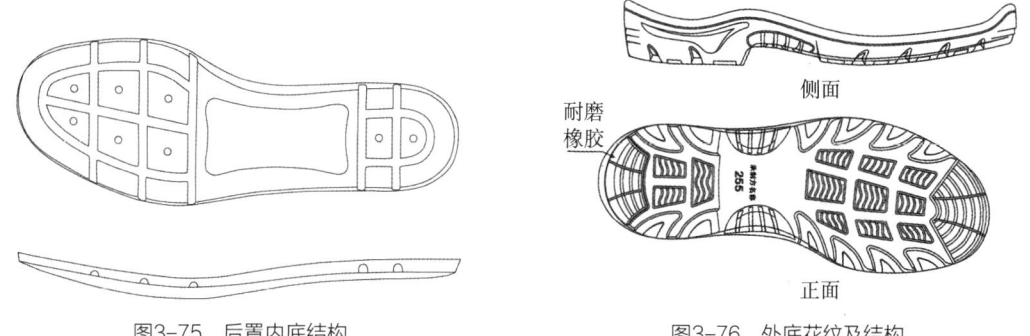

图3-75　后置内底结构　　　　　　图3-76　外底花纹及结构

3. 鞋帮材料

鞋面采用黑色涤长丝复合帆布和束状超细纤维绒面合成革；鞋里为黑色涤纶复合网布及棕色平剪绒加海绵型絮片复合鞋里布。

4. 帮底结合工艺

帮底结合采用连帮注射工艺。

（二）鞋帮结构

1. 鞋帮部件

鞋帮由以下部件组成：鞋围、后帮、鞋盖、腰帮、鞋耳、后筋皮、领口、鞋舌、舌饰皮、鞋袢带、中底布。

2. 镶接关系

鞋围压鞋盖、后帮压领口、包跟压后条皮、舌饰皮压鞋舌（图3-77）。

图3-77　轻便防寒鞋结构

（三）结构设计和样板制作

使用鞋楦半面板设计。

1. 标点画线

基本设计点和控制线标画方法见本章第二节。

2. 结构部件设计

鞋帮结构部件分为鞋围、后帮内外、鞋盖、腰帮内外、鞋耳内外、后筋皮、领口、鞋舌、舌饰皮、鞋袢带。部件的主要标志点有7个，它们分别是鞋围长度点、前帮总长度点、腰帮高度点、包跟高度点、后帮高度点、领口高度点、靴筒宽度点等（图3-78）。

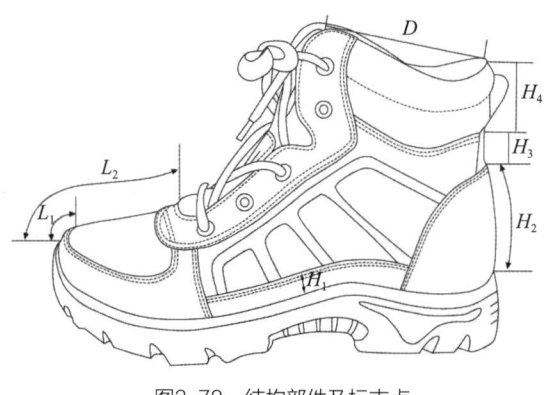

图3-78　结构部件及标志点

各部件尺寸如下：1—鞋围长度L_1 = 18mm；2—前帮长度L_2 = 84mm；3—腰帮高度H_1 = 19mm；4—包跟高度H_2 = 53mm；5—后帮高度H_3 = 25mm；6—领口高度H_4 = 35mm；7—靴筒宽度D = 106mm（图3-79）。

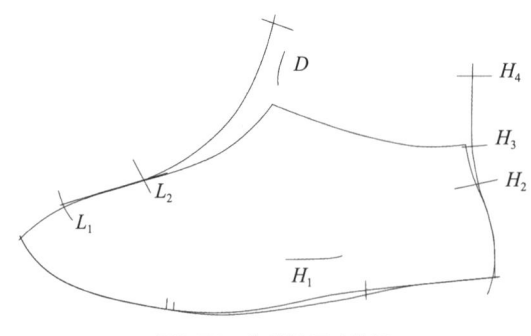

图3-79　各部件尺寸位置

3. 描画部件轮廓线

按照各部件定位点，准确清晰地勾画出各个部件的轮廓线。描画部件轮廓线时应注意：因为设计尺寸与成鞋实际尺寸有差别，所画线条在成帮以后会发生部分位移，因此，画样时应该将可能的位移量考虑进去（图3-80）。

4. 整理半面板

（1）加放余量　从前向后各部位绷帮余量均匀加放2mm即可。

图3-80　部件轮廓线

（2）里外怀处理　设计时一般采用外怀一侧，但鞋楦里外怀是有区别的。这样，可用贴外侧的方法，制取出内侧的半边。把里外两侧单边复叠在一起，背中线尽量对齐。

（3）包跟、鞋围处理　包跟里外怀不同处理。里怀在外怀帮高的基础上加放2~3mm，并逐渐向两边拉平。鞋围可以做曲跷处理（图3-81）。

图3-81　包跟、鞋围处理

5. 制作基本样板

（1）鞋围、后帮和鞋舌样板制作　鞋围样板的里怀和外怀是不对称的，在处理上要分别进行，利用各自中线对接即可。由于前鞋围部件较长，处理时将前段转换取跷，后段不动，利用转换取跷进行降跷处理。后帮部件可在中缝上断开分出里外怀，按图剪取样板即可，也可将里外怀连为整体，按整体转换方法处理。鞋舌样板做调直处理，用对折纸制取（图3-82）。

（2）其他帮面样板制作　依据半面板线条进行其他部件制作，如：舌饰皮、筋皮、舌袢、领口、鞋耳、后帮、腰帮、鞋盖等（图3-83）。压茬位置加放8mm；折边位置加放5mm；合缝位置的布料加放5mm；皮料加量2mm即可。

6. 制作鞋里样板

鞋里样板的画线样板部件较多，要先设计成活动鞋里再车缝领口，即鞋面样板和鞋里样板分别制取。鞋里样板基本上按画线样板设计，后弧线上C点以上减少2mm，C点以下从2~5mm顺减即可。鞋里分为绒里部件（鞋身里、鞋头里）和其他鞋里部件（领口里、皮口里、包跟里、鞋舌里）两种，具体制作方法如下：

（1）绒里样板采用对缝工艺，其鞋身里、鞋头里的制作见图3-84。

（2）其他鞋里样板（非绒里样板）领口里、皮口里、包跟里、鞋舌里的制作见图3-85。

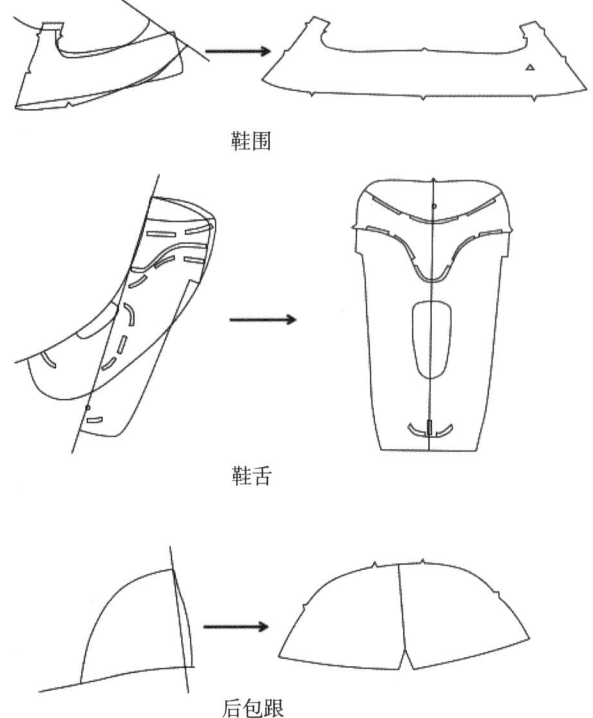

鞋围

鞋舌

后包跟

图3-82 部件样板制作

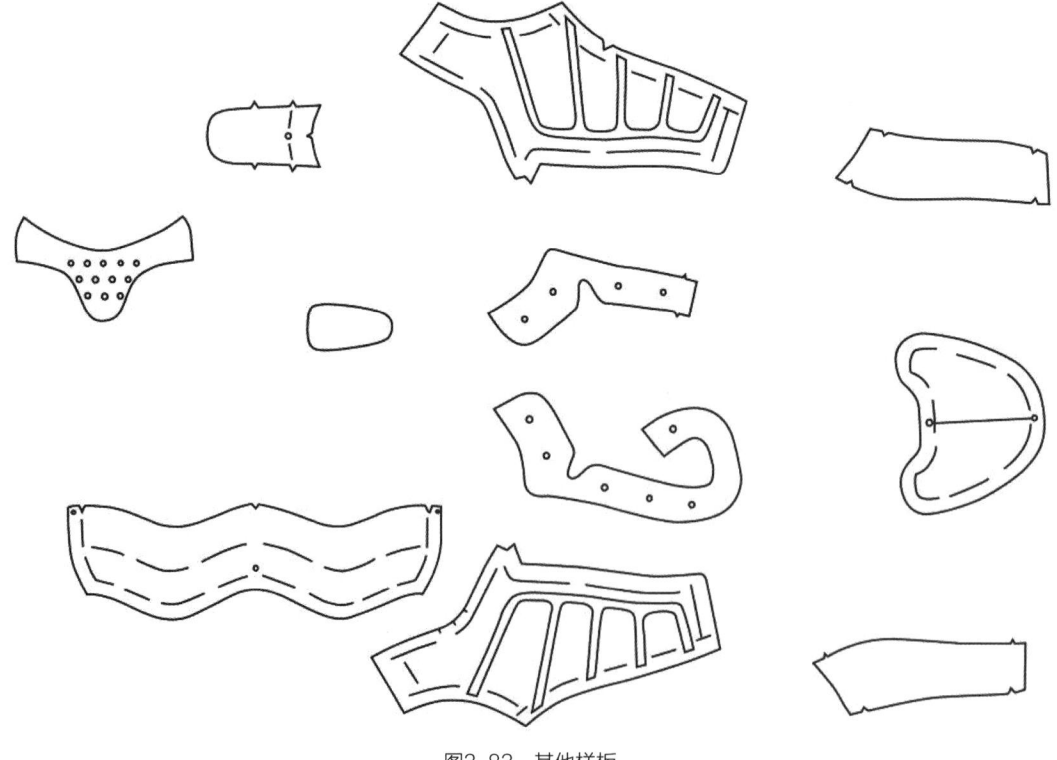

图3-83 其他样板

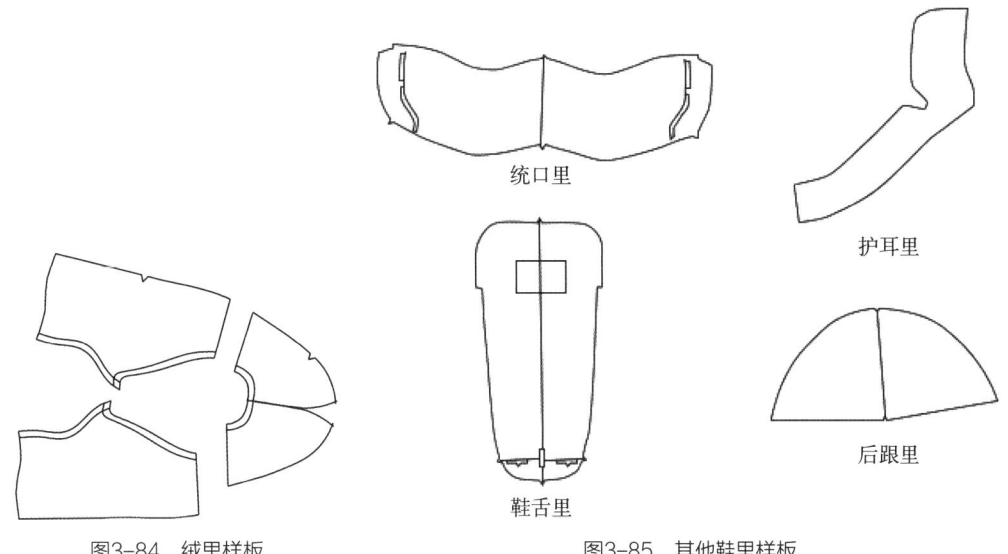

图3-84 绒里样板　　图3-85 其他鞋里样板

7. 制作辅料样板

辅料样板可根据面料样板制作，面板切边位置收进3mm，压茬位置加放5mm即可。舌棉、领口棉、鞋眼衬、内包头、主跟等辅料样板见图3-86。

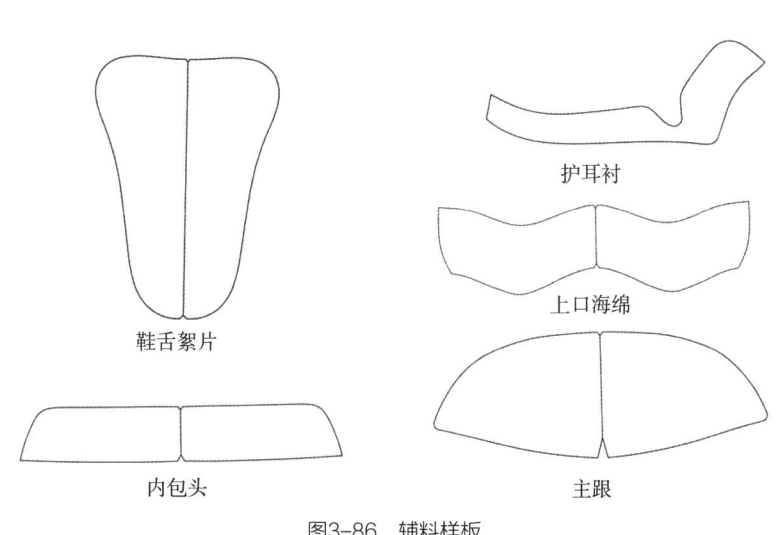

图3-86 辅料样板

8. 制作下料样板

下料样板是在基本样板上加放出折边量、压茬量的样板，也即用于下裁帮料的样板。下料样板不需要标画标志点和标志线。

六、防护靴设计

（一）款式

防护靴是一款皮布结合系带高腰鞋（图3-87）。

1. 楦型

防护靴的鞋楦为软棱方圆头式。肥瘦型号选定为三型半，其中男式255号鞋楦主要尺寸为：楦底样长270mm；跖趾围长253mm；放余量20mm；跟全高35mm（图3-88）。

图3-87 防护靴

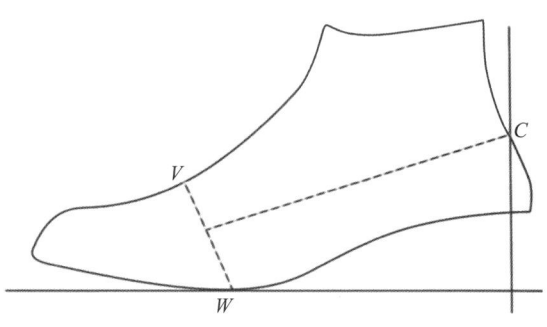

图3-88 鞋楦剖面

2. 鞋底

防护靴外底为橡胶/聚氨酯双密度高边墙结构，后跟镶有高耐磨橡胶片，腰部设计了索降花纹。结构及底部花纹见图3-89。

3. 鞋帮材料

靴面为铬鞣黄牛黑色防水正鞋面软革和黑色涤长丝阻燃复合鞋面布；靴里为黑色经编间隔网眼织物。

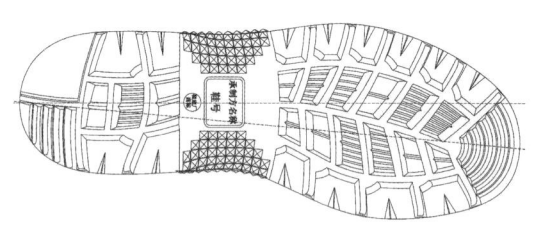

图3-89 鞋底结构及底部花纹

4. 帮底结合工艺

帮底结合采用橡胶/聚氨酯双密度连帮注射工艺。

（二）鞋帮结构

防护靴属于高腰前开口系带式结构。

1. 靴筒

靴筒主要用于保护小腿，要注意其高度定位。筒口宽度的设计应考虑裤腿的厚度和裤脚的扎系。

2. 口门

口门的功能是调整鞋靴松紧、便于穿脱。因此，在不影响其他功能的前提下，调节度越大越好。一般来说，口门位置在跖趾关节之后。

3. 防沙鞋舌

封口高度应根据实际需要设计，宽度以不妨碍快速穿脱最佳。还要设计好鞋舌的宽度和曲跷，确保系带后鞋舌贴服、平展，不硌脚背。

4. 前后曲折部位

腕关节部位的前曲折槽口和后曲折嵌片都是为了消除屈挠阻力而设计，让脚腕前后活动自如，因此，选位必须准确。后曲折嵌片要得到正确使用。

5. 护踝支撑

护踝支撑的作用是限制脚踝横向扭动，防止崴脚。因此，不论采用哪种形式都要保证其准确包覆内外踝骨。中间衬垫一层弹性材料，以防止脚踝磕碰受伤。

6. 闭合系统

通过鞋眼、鞋环的搭配组合，能获取不同特点的闭合系统。下半部采用鞋眼或织带环设计，保持平服无突起，可避免硌脚和异物勾挂，上半部采用鞋钩和鞋环实现快速穿脱。中间一对锁扣把上下分成两段，可分段调节鞋靴松紧。

（三）结构设计和样板制作

使用鞋楦半面板设计。

1. 标点画线

基本设计点和控制线标画方法见本章第二节。

2. 结构部件设计

防护靴鞋帮结构部件及标志点见图3-90，具体分为前帮、后包跟、鞋耳、后条皮、腰帮件、鞋面布、鞋舌布等（图3-91）。

图3-90 结构部件及标志点

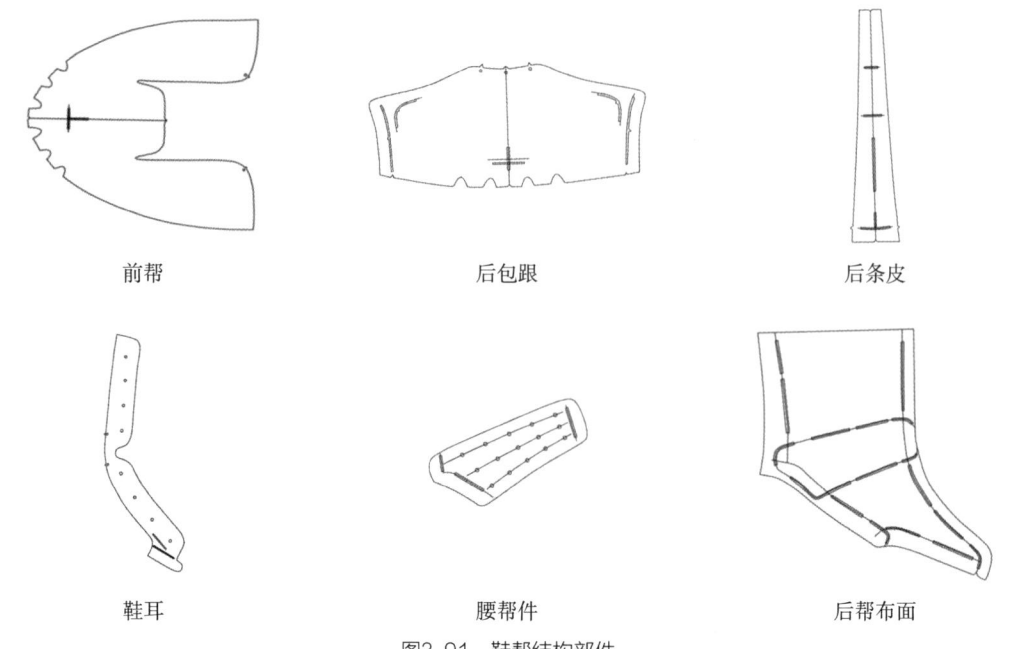

| 前帮 | 后包跟 | 后条皮 |

| 鞋耳 | 腰帮件 | 后帮布面 |

图3-91 鞋帮结构部件

3. 描画部件轮廓线

按照各部件定位点准确清晰地勾画出各个部件的轮廓线。以中间号255为例,描画部件轮廓线应注意以下几点:

(1)前帮口门轮廓线与背中线相交处,两条线应相互垂直,口门宽度为38mm。

(2)后帮靴筒宽度为135mm。

(3)前帮口门转角处圆弧与鞋耳交叉,圆弧不宜过大。

(4)鞋耳宽度为28mm。

(5)鞋眼位置须用交叉点表示准确,也可用圆圈表示。

(6)因为设计尺寸与成鞋实际尺寸有差别,线条经过绷帮以后会发生部分位移,因此,画样时应该将可能的位移量考虑进去。

4. 整理半面板

(1)加放绷帮余量 沿底口轮廓线从前向后依次加放:前尖部位12~13mm;腰窝部位16~17mm;后跟部位15~16mm。中间衔接部位平滑过渡,保证线条圆顺流畅(图3-92)。

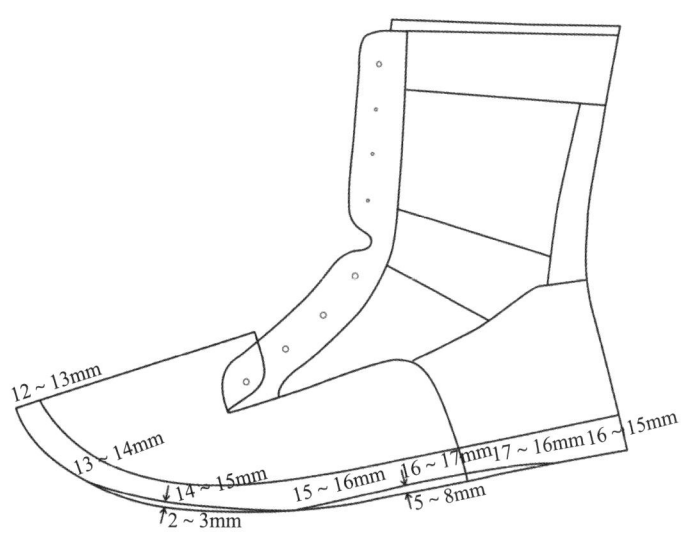

图3-92 加放绷帮余量

（2）里外怀处理　沿着里怀底边沿轮廓线收放：前部收进2~3mm；后部加放5~8mm（图3-93）。

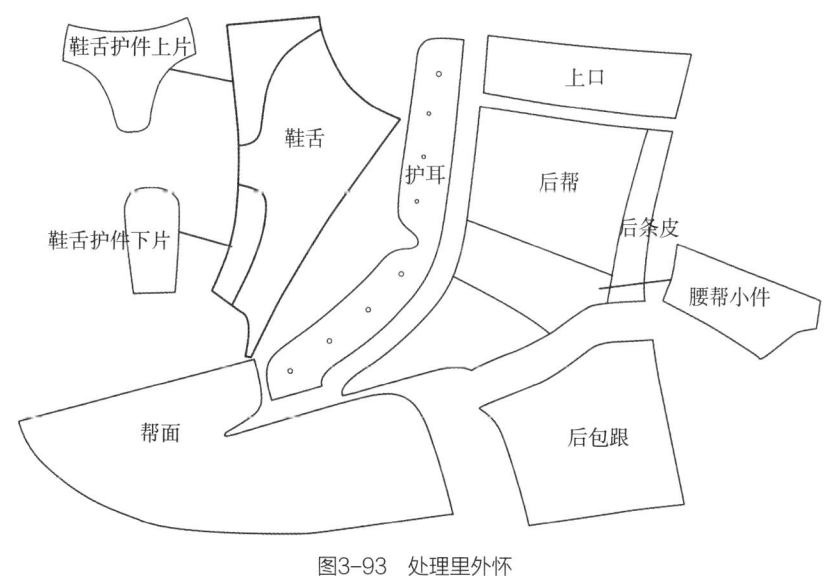

图3-93 处理里外怀

5. 制作基本样板

（1）前帮样板　使用对折的样板纸，按照半面板上的前帮轮廓线，复制出前帮样板。按照鞋楦前头部位里外怀特征，在前帮样板上分出里外怀（图3-94）。

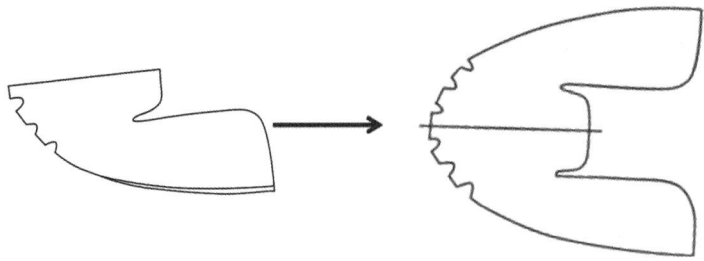

图3-94 制作前帮样板

（2）后帮样板 用半面板描画出后帮轮廓线，复制出后帮样板（图3-95）。

（3）后包跟样板 使用对折的样板纸，按照半面板上的后包跟轮廓线，复制出后包跟样板。按照鞋楦后跟部位的里外怀特征，在后包跟样板上分出里外怀。注意底口可增加消皱缺口，以便更好地贴合后跟弧度（图3-96）。

（4）上口样板 使用对折的样板纸，按照半面板的上口轮廓画线，复制出上口样板。用对折纸制取（图3-97）。

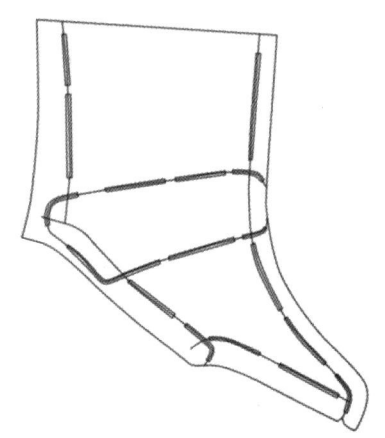

图3-95 制作后帮样板

（5）后条皮样板 后条皮的作用是防止后帮中缝线处撕裂，后条皮上端对折成环方便穿鞋。后条皮为直边条状，长94mm，宽16.5mm（图3-98）。

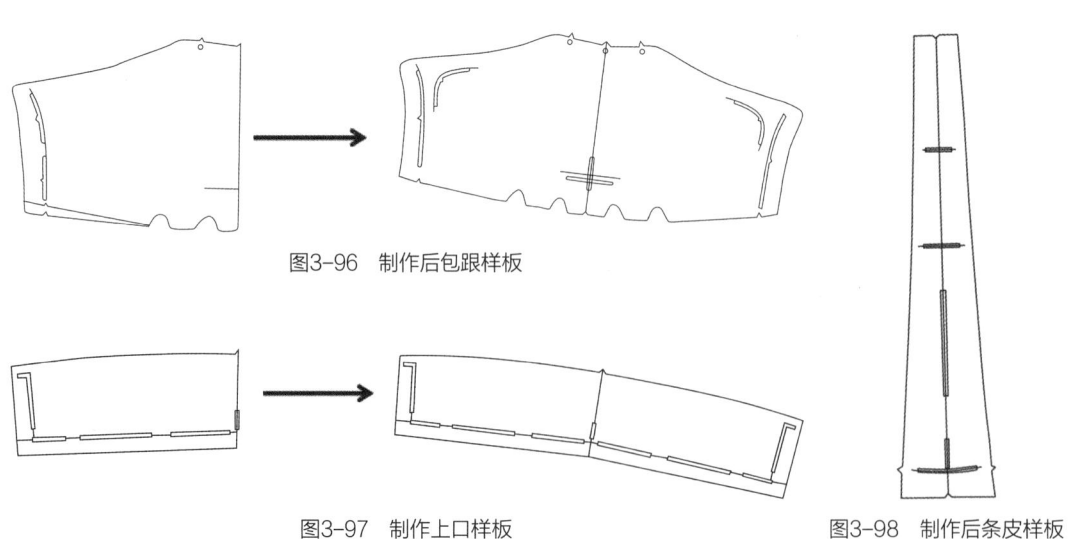

图3-96 制作后包跟样板

图3-97 制作上口样板

图3-98 制作后条皮样板

6. 制作鞋里样板

鞋里样板见图3-99。

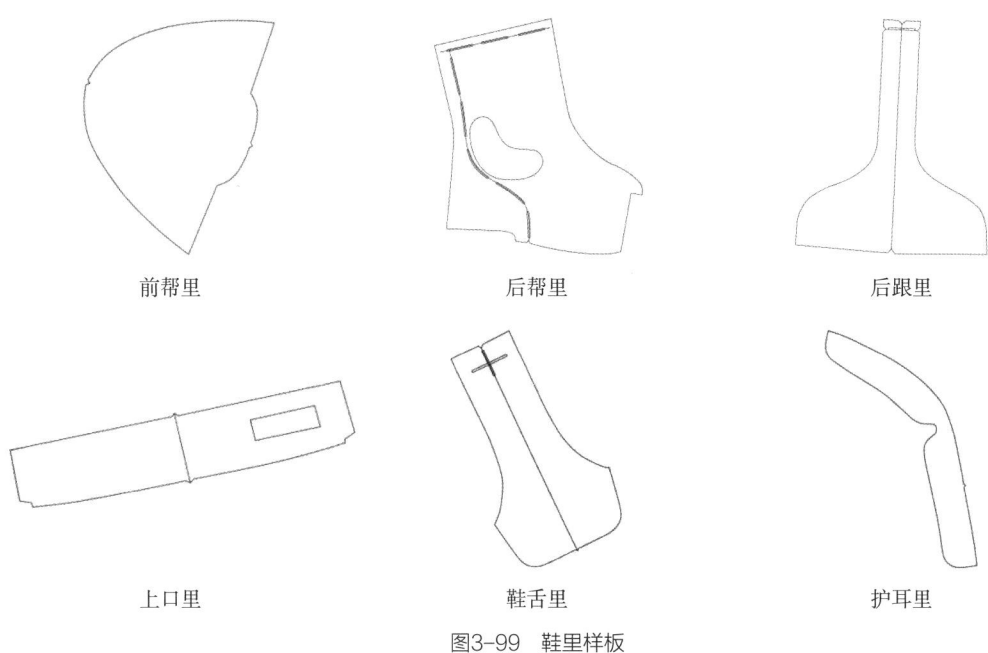

前帮里　　　　　　　　后帮里　　　　　　　　后跟里

上口里　　　　　　　　鞋舌里　　　　　　　　护耳里

图3-99　鞋里样板

7. 制作防沙鞋舌样板

（1）制作方法　防沙鞋舌为下压件，需加放8~10mm压茬量；中缝根据脚背弧度取跷拼接，无须放量（图3-100）。

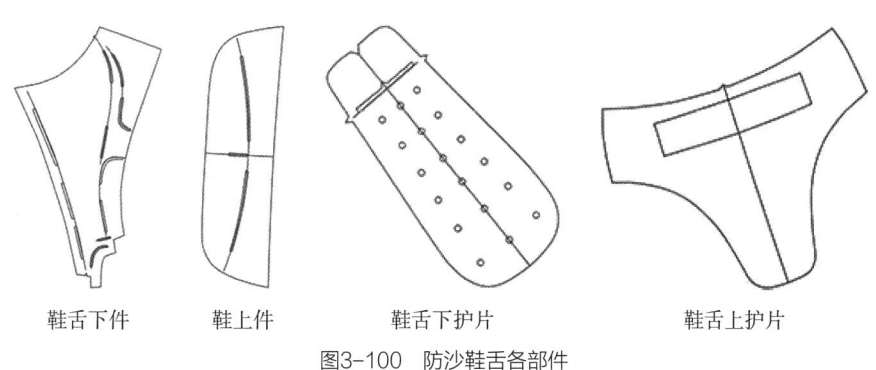

鞋舌下件　　　鞋上件　　　鞋舌下护片　　　鞋舌上护片

图3-100　防沙鞋舌各部件

（2）要求　鞋舌下件样板为下压件，需做豁口以减少材料厚度。鞋舌上护片样板要标出"PLA"钢印位置。

8. 制作下料样板

下料样板是在基本样板上加放出折边量、压茬量的样板，即用于下裁帮料的样板。下料样板不需要标画标志点和标志线（图3-101）。

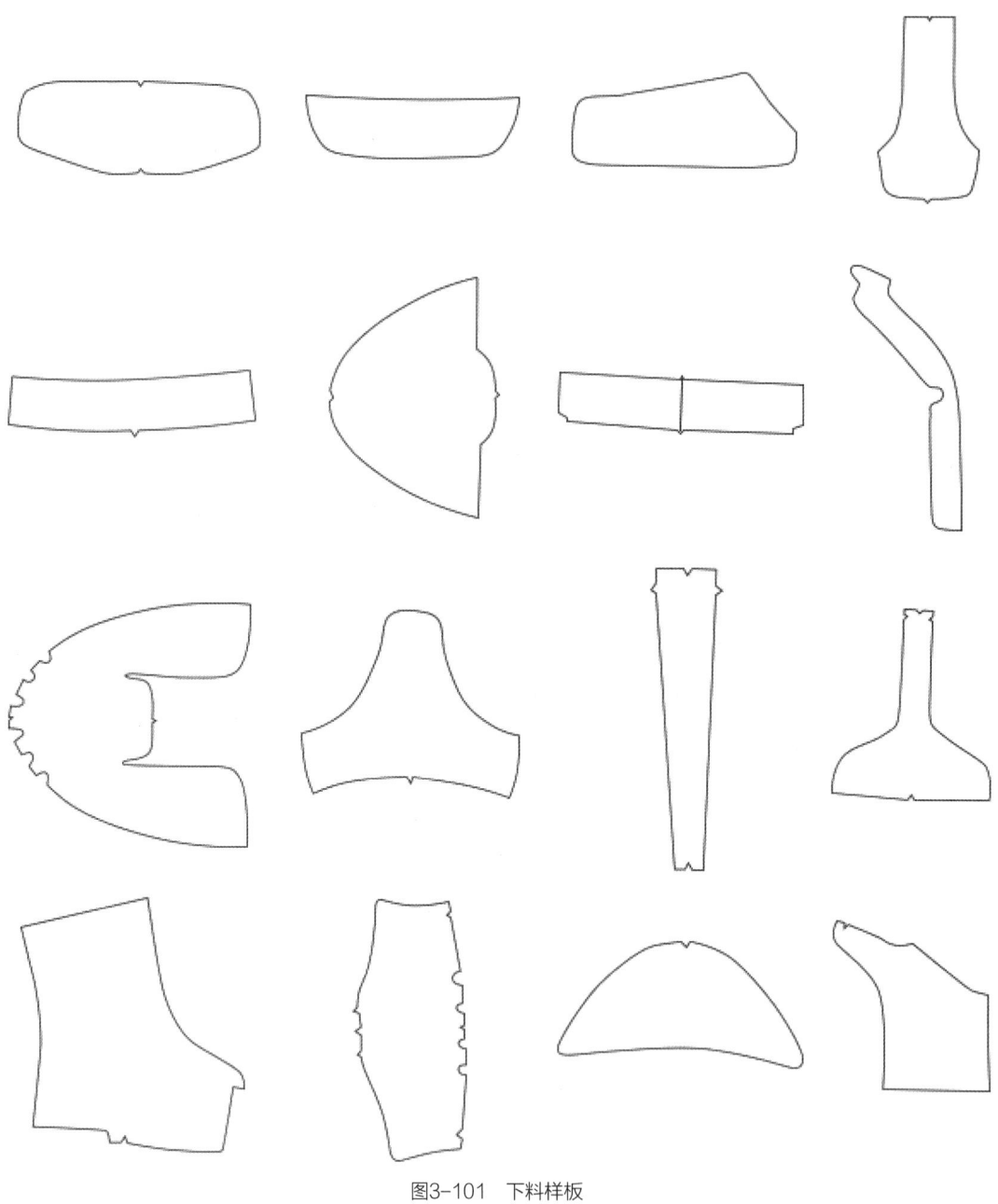

图3-101　下料样板

七、仪仗队马靴设计

（一）款式

仪仗队马靴是一款黑色全皮硬筒高靴（图3-102）。

1. 楦型

仪仗队马靴所使用鞋楦为马靴专用楦。扁圆头型，楦体圆润饱满。

肥瘦型选定为三型，中间号255鞋楦主要尺寸为：楦底样长275mm，跖趾围长246.5mm，前跗骨围长255mm，放余量25mm。

2. 鞋底

外底为植鞣黄牛外底革；内底为植鞣水牛底革。

3. 靴帮材料

靴面为铬鞣黄牛黑色正面革；靴里前帮为纯棉针织弹力布，靴筒为铬鞣黄牛米色水染里革。

4. 帮底结合工艺

帮底结合采用固特异线缝工艺。

图3-102 仪仗队马靴

（二）鞋帮结构

1. 部件构成

仪仗队马靴属于马靴式高筒靴类，靴筒为全封闭结构。靴帮由前帮、后帮、靴筒、后条皮组成。

2. 镶接关系

前帮压后帮；前后帮压靴筒。后帮以中线分为内外怀，靴筒为整体结构，在后中线处对缝，然后用后条皮盖住（图3-103）。

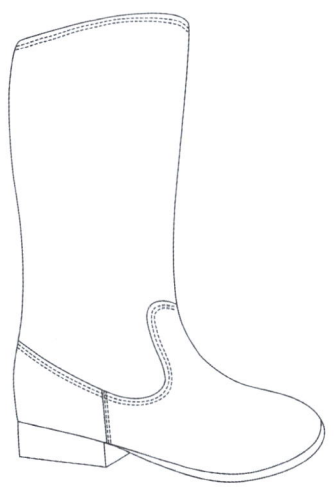

图3-103 镶接关系示意

（三）结构设计和样板制作

1. 制作鞋楦半面板

方法参照本章第三节相关内容。使用半面板设计（图3-104）。

2. 标点画线

基本设计点和控制线标画方法参照本章第二节相关内容。

3. 结构部件设计

鞋帮结构部件分为前帮、后帮、靴筒、后条皮。部件的主要标志点有4个，它们分别是前帮长度点、靴筒高度点、后包跟高度点、靴筒宽度、后条皮宽度等（图3-105）。

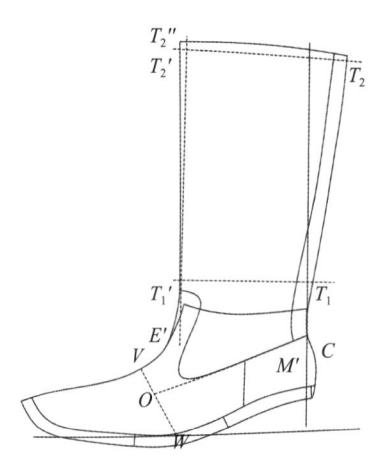

图3-104 仪仗队马靴鞋楦半面板

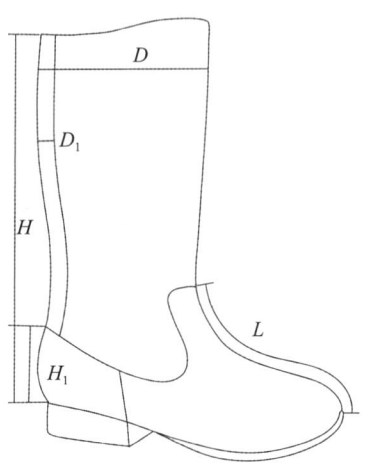

图3-105 结构部件及标志点

以中间号255为例，各部位尺寸如下：

①前帮总长度200mm。

②脚腕部位高度130mm。

③腿肚部位高度305mm。

④靴筒总高度377mm。

⑤脚腕部位宽度160mm。

⑥腿肚部位宽度205mm。

⑦筒口宽度210mm。

⑧后包跟高度66mm。

⑨后条皮宽度22mm。

（1）靴筒设计　依据半面板作直角坐标，确定半面板方位（图3-106）。

截取脚腕部位高、腿肚部位高和靴筒总高，分别作水平线。在脚腕部位自后向前量取脚腕宽。再截取腿肚

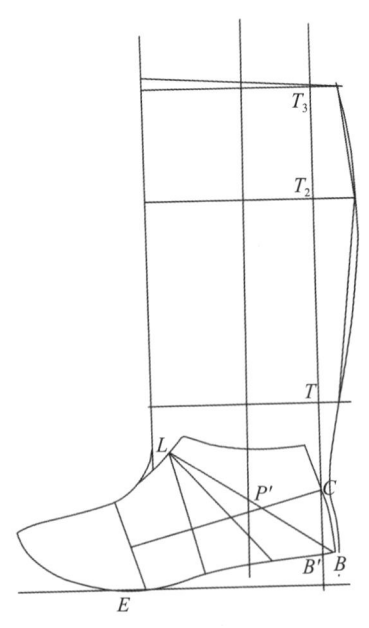

图3-106 封闭式高靴筒尺寸控制线

宽，截出靴筒总高部位宽。筒口取前高后低的直线，自上而下设计出靴筒后弧曲线。

（2）前帮设计　自靴筒前端的对折直线向下顺连出前帮背中线。在前帮背中线上确定出前帮葫芦形部件的位置及长宽尺寸，长度取在VE段，宽度约为18mm。

在VE段范围内作前帮葫芦形部位曲线，向下向后顺连画出前帮整体轮廓线，再与后包跟部件连接。

描画前帮葫芦形部位曲线时应注意：由于是前帮压接靴筒，靴筒前部是完整的，所以靴筒与前帮葫芦形部位相接时，靴筒相应部位要留足被压茬量。

（3）其他部件设计　后包跟高度66mm，后缝处设计成整体式，底口处按照楦体弧形剪出三角口。

后条皮宽度22mm，高度依据靴筒高度（不含后包跟高度）设计。

4．描画部件轮廓线

按照各部件定位点，准确清晰地勾画出各个部件的轮廓线（图3-107）。

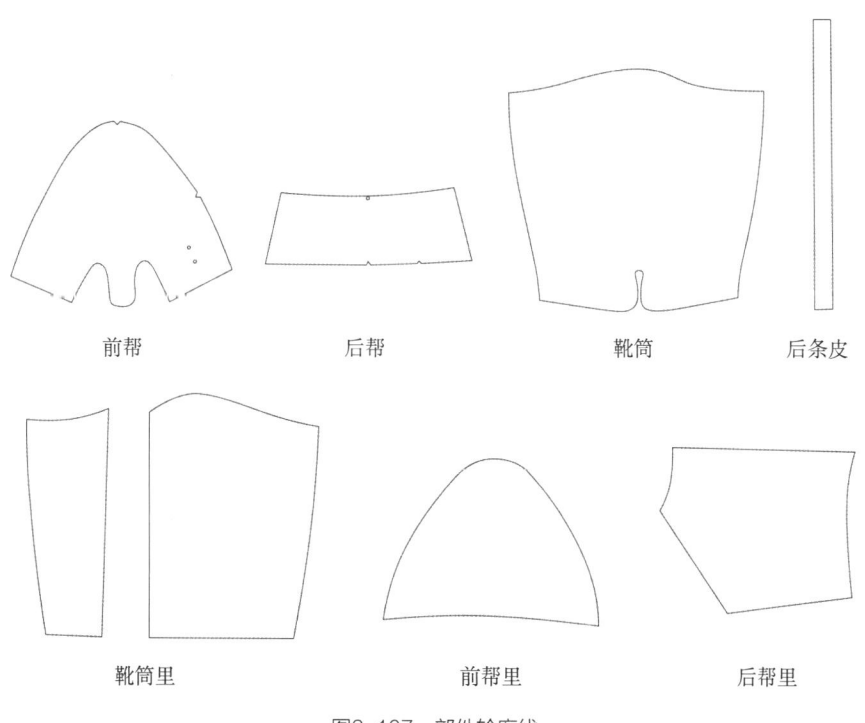

图3-107　部件轮廓线

5．整理半面板

（1）加放绷帮余量　从前向后各部位加放绷帮余量：前尖部位12mm；腰窝部位18mm；后跟部位16mm；其余部位依次过渡，保证线条圆顺流畅（图3-108）。

（2）处理里外怀　沿里怀底口边线进行收放处理：前部收进2~3mm；后部加放5~8mm。

经过加放绷帮余量和分怀处理得到完整的半面板（图3-109）。

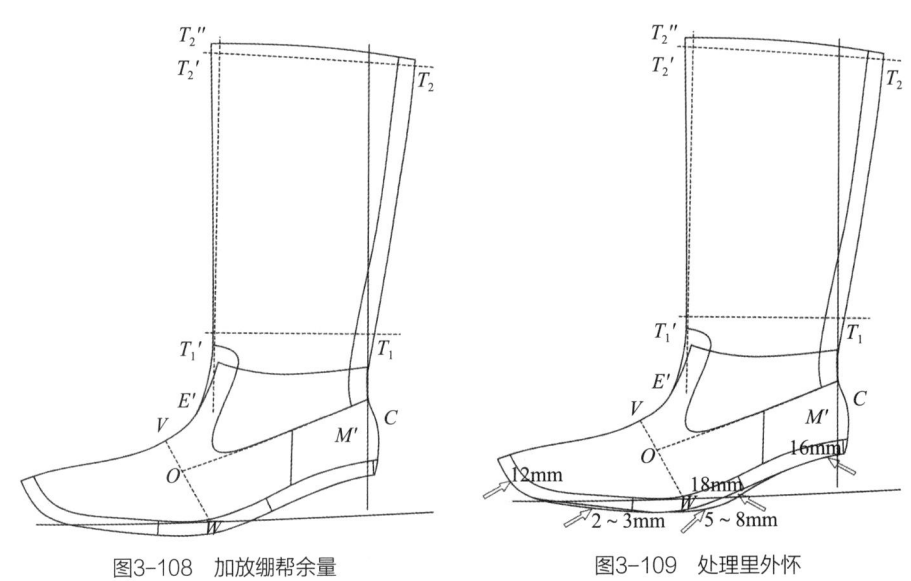

图3-108　加放绷帮余量　　　　　图3-109　处理里外怀

6. 制作帮面样板

（1）制作前帮样板　制作高筒靴前帮样板的要求与其他鞋一样，所不同的是高筒靴里外怀为不对称结构，要分别进行处理，然后利用各自中线对接即可。由于前帮部件较长，所以在处理时，先按VE段中线作对称直线，然后将前后段转换取跷。后段要注意工艺量的处理，部件画完后，利用转换取跷将前帮部件做降跷处理。而后

图3-110　前帮部件降跷处理

帮部件可在中缝上断开分出里外怀，按图剪取样板即可，也可将里外怀连为整体进行转换（图3-110）。

（2）制作帮面下料样板　在基本样板的上加放一定的折边量和压茬量（图3-111）。

7. 制作鞋里样板

鞋里样板的画线样板部件较多，故要先设计成活动里再车缝筒口，即鞋面样板和鞋里样板分别制取。鞋里样板基本上按画线样板设计，后弧线上C点以上减2mm，C点以下从2~5mm顺减即可。上筒里小片、上筒里大片、前帮里、后帮里里料样板制作（图3-112）。

8. 制作辅料样板

辅料样板可根据帮面样板制作：面板切边位置收进3mm，压茬位置加放5mm即可。制作前帮衬、后帮衬和靴筒衬部件样板（图3-113）。

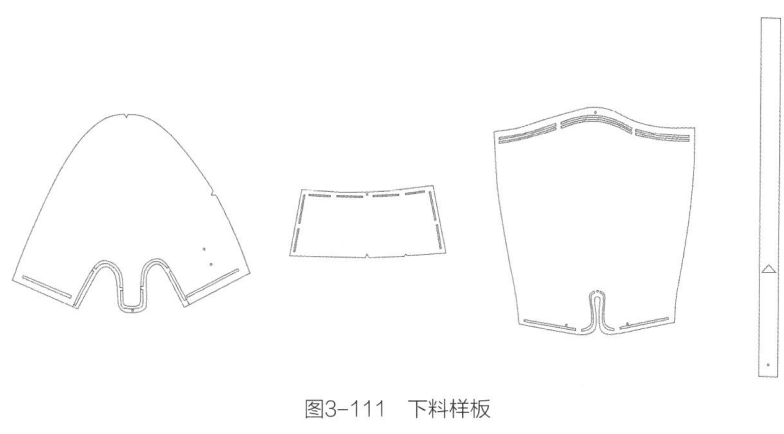

图3-111 下料样板

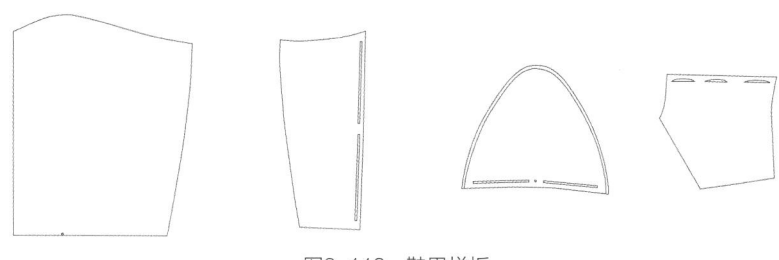

图3-112 鞋里样板

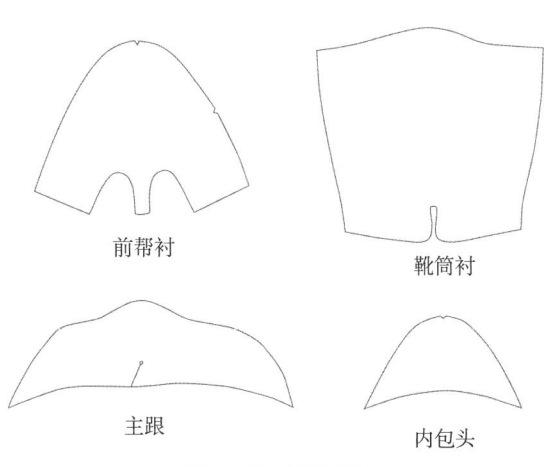

图3-113 辅料样板

第四章
鞋底部件设计

鞋靴主要由鞋帮和鞋底两大部分构成。不同的帮底结合装配工艺,形成了胶粘、线缝、硫化、模压和注压等鞋靴结构,不同款式和工艺对底部件的要求也各有不同。鞋靴底部构造是由内部底件和外部底件两部分组成。内部底件包括内底、半内底、鞋垫、主跟和内包头等。外部底件包括鞋底、鞋跟等,这些鞋底部件以一定的方式搭配组合,形成了鞋底的结构。由于鞋靴的各种底部件搭配关系比较固定,每种底部件的外形轮廓变化也不像帮部件那样频繁和复杂,因此,鞋靴的底部设计可视为是各种底部件的规律性设计。

第一节 鞋底部件分类

鞋靴底部件有许多种类,它们在形状上的变化受到楦型和款式的影响,常见的分类有以下几种。

一、按位置划分

按底部件所在鞋靴上的位置不同,可以分为内部底件和外部底件两大类。

内部底件主要指用在鞋靴内部结构上的底部件。如鞋垫、内底、半内底;用在帮面和帮里之间的主跟、内包头;用在内底、半内底之间的勾心和用在内底、外底之间的中底、填心等。

外部底件主要指用在鞋靴外部结构上的底部件,这些底部件从鞋的外观上都能直接分辨出来。如鞋的外底、鞋跟或附着在外底上的前掌部件，附着在鞋跟底面上的后掌部件，以及包跟皮、沿条、盘条、围条等。

二、按造型划分

鞋底部件的外观造型是依据鞋款式的整体造型需要而设计的，虽然各有不同，但在设计底部件时大都是通过仿形方法来完成的。根据所仿照的参照物不同，可分为仿帮形部件、仿底形部件、仿跟形部件和条形部件。

仿帮形部件是仿照鞋帮样板设计出的鞋底部件。例如，内包头样板是仿照前帮样板设计的，主跟样板是仿照后帮样板设计的。

仿底形部件是仿照楦底样板设计出的鞋底部件。例如，通过仿照楦底样板可以设计出各种鞋垫、内底、外底、半内底等部件。

仿跟形部件是仿照鞋跟造型设计出的鞋底部件。例如，仿照鞋跟侧曲面设计出包跟皮样板和仿照鞋跟底面设计出跟面样板。

条形部件是以直线为基础加放一定宽度而设计出的鞋底部件。例如，用在线缝鞋上的沿条、盘条和围条；用在凉鞋内底上的包底边皮条等。

从仿形的角度说，由于有了被仿照的对象，使得鞋底部件的外形设计变得相对简单，但由于搭配关系的不同，要特别注意各种部件所需要的工艺需要量。

三、按功能划分

各种鞋底部件除了对人脚有着保护作用、适应作用及装饰美化作用外，在它们之间还有着相互协调作用，按照作用不同可划分成以下几类。

1. 防护性鞋底部件

防护性鞋底部件是指对其他部件有着保护作用的鞋底部件，如外底、前掌面、后跟面，以及沿条、盘条、围条等对其他鞋底部件有着防磨、防磕碰等保护作用。这些鞋底部件大都暴露在鞋底外部，所以设计时的造型、选材、颜色、加工精度等，对成品鞋都会产生直接影响。

2. 连接性鞋底部件

连接性鞋底部件是指对其他部件有着连接作用的鞋底部件。如内底，通过与帮脚的连接形成了鞋腔，通过与沿条的连接形成了沿条鞋，通过与外底的连接完成了鞋底造型。连接性鞋底部件的设计，除了外形轮廓、规格尺寸有一定要求外，对于材质选择也有较高要求。

3. 支撑性鞋底部件

支撑性鞋底部件是指对其他部件有支撑造型、稳定结构作用的鞋底部件。如主跟支撑着鞋后跟的造型；内包头支撑着鞋前头的造型；勾心支撑着鞋腰窝的弧度造型；鞋跟支撑着鞋体跷度。对支撑性鞋底部件的设计都有一定规格要求，对于材质强度要求和造型稳定性要求也比较高。

4. 增补性鞋底部件

增补性鞋底部件是指对其他部件起着增量补强作用的鞋底部件。如中底可以增加外底的厚度；半内底可以增加勾心的支撑作用和补充内底的强度。

第二节 鞋底部件设计要素

鞋底部件设计需要考虑的要素众多，归纳起来主要有以下几个方面。

一、鞋楦的型体

鞋楦的型体是鞋底部件设计的基础。与鞋帮设计一样，鞋底部件设计必须以鞋楦的型体为依据，所有鞋底部件的成型，都必须符合楦型。例如，内包头和主跟分别安装在鞋楦的前端和后跟部位，契合鞋楦头型与后跟弧度，成型时是曲面的，又位于鞋帮部件内部，与鞋帮部件是里外层的关系。因此，它们的底边沿轮廓线必须比帮面部件的边沿线缩进一些。内底部件必须与鞋楦楦底的轮廓基本一致，这样鞋靴才可能做成与鞋楦一样的形状。另外，鞋底部件设计要以楦底轮廓为依托，前掌与跟部的厚度应与鞋楦前、后跷度相匹配，才能保证鞋靴成型后整体结构的合理性和稳定性。

二、鞋帮的影响

（一）鞋帮厚度

鞋帮厚度是影响鞋底部件尺寸变化的重要因素。制鞋工艺要求将鞋帮自然服帖地绷附在鞋楦的表面。因此，鞋底主要部件的尺寸受工艺条件和材料厚度的影响是必然的。就材料而言，一方面，其自身的厚度要占据一定的空间；另一方面，经过绷帮，各种材料在拉伸和敲砸作用下，厚度会变薄。这种变化后的厚度称为材料的"敲实厚度"，它会影响到鞋底部件尺寸的变化。材料自身特性又影响着敲实厚度的缩减比例，在设计鞋底部件时都要充分对这些因素加以考虑。

（二）部件结构

帮面结构是鞋底部件设计的基础。鞋帮部件和鞋底部件均为立体构成设计。鞋帮部件立体构成是指在按照一定秩序、法则进行造型构成时，鞋帮部件之间或单独的鞋帮部件均以某种形式占有一定的三维空间。在立体结构设计中，鞋底部件设计应契合帮面结构，大底的厚度与鞋帮高度相匹配，底花纹形状与帮面设计风格及鞋靴功能相协调，底边墙轮廓的尺寸都应与帮面比例和结构线相呼应，这样帮面结构与底部件设计才能科学合理。

三、工艺需要量

工艺需要量是鞋底部件设计不容忽视的因素。是指鞋底部件在预成型或成型过程中所需要的加工量、添加量，以及造型所需的形体尺寸。例如，组装式外底的周边修砂量和外底成型材料的收缩率量等，不论尺寸多少都应给予其重视，否则会影响设计质量。

鞋底部件在鞋的外观和内在质量中起着重要作用，如内包头和主跟的大小，要以帮面结构需要为准。

四、鞋靴造型

鞋靴整体造型是由各个局部造型组成的。局部造型设计除自身变化外，还必须要与鞋靴整体造型风格相协调。鞋靴造型设计成功与否，与局部的造型设计是否成功紧密相关。一款成功的设计离不开精彩的局部设计和处理。鞋靴局部造型设计有形态方面：包括鞋靴头型、结构式样、鞋帮部件的造型、鞋底与鞋跟部件的造型、配件的造型等，也有色彩、材质、配件、装饰工艺和图案等方面的因素。

鞋靴局部造型设计，应遵循以下几个设计原则：首先，局部造型设计必须是以满足穿着实用为前提的设计；其次，局部造型设计要适宜于加工生产，应该考虑工艺加工的方便性和经济性；再次，鞋靴局部造型设计要有创新性。唯有好的、富有创意的局部造型设计才能形成鞋靴的视觉中心，充分表现鞋靴造型上的审美价值；最后，某些局部造型设计要注意与时尚性相结合，主要表现在鞋靴头型和鞋跟造型设计上，尤其是鞋靴头型造型流行性较强，设计者应在流行的基础上去考虑。局部造型设计还要考虑与其他局部在造型上的协调和统一，如鞋靴头型是方形的，那么它的鞋跟造型也宜方形的。

第三节　鞋底部件样板设计

鞋底部件设计是鞋靴设计中的重要组成部分，其设计的合理性直接影响成鞋的舒适度。鞋底部件设计需要根据设计尺寸制作对应的鞋底部件样板，只有根据样板加工鞋底部件，各部件之间的组合才能达到精准和适配的效果。

一、内底样板设计

内底是鞋内腔中与帮脚相连接的鞋底部件。一般的内底是用纤维板、纸浆板等材料制作的，既有一定的厚度和硬度，又不容易变形。因此，对内底外形的设计要求比较严格。

内底样板有两种类型。一种是与楦底样板轮廓相同的内底样板；另一种是在楦底样板轮廓基础上进行变化的内底样板。

内底与楦底轮廓相同则不用重新设计内底样板，直接用楦底样板来代替或复制即可，也可通过贴楦的方法复制出楦底样板。

内底与楦底轮廓不相同的，往往是用于特殊工艺的鞋类。比如翻缝鞋，帮脚先与内底粘合在一起，然后再缝线，这种鞋的内底轮廓要比楦底大出一个缝边量。再比如生产套帮鞋时，内底为软质材料，先与帮脚缝合，形成一个鞋套套在模楦上配底，一般根据大底边墙高度及制作工艺的不同，内底尺寸在楦底样板基础上需要做适当的调整，为了避免成鞋露内底（布）或缝纫针脚，一般内底（布）会小于楦底。在此类样板设计过程中尤其要考虑内底布材料的拉伸变形量，根据材料弹性的不同调整内底样板的尺寸。

（一）确定设计参数

不同品种的鞋靴内底加工工艺不同，首先要根据鞋靴制作工艺确定内底的设计参数。

绷楦工艺的鞋靴，内底贴附于楦底样板，帮脚要包过内底，因此，内底轮廓要与楦底轮廓完全相同，绷帮后子口才能均匀整齐，便于装配外底。内底过大或过小都会影响成鞋质量。尽管有些精细加工还要对内底进行打磨倒角，但从设计角度看，楦底样板可以代替内底样板使用。

套帮工艺的鞋靴，由于内底与鞋帮一体式缝合，内底设计参数与绷楦工艺不同，根据工艺与材料的特性，需要在楦底样板的基础上做适当的调整。下面以体能训练鞋为例（图4-1），对套帮鞋的内底样板设计作进一步介绍。

图4-1　体能训练鞋

1. 加放缝合量

体能训练鞋采用的是套帮工艺。鞋帮底口需留出2.5~3.0mm的缝合量。根据工艺加工需要，内底（布）样板也要留出缝合量。

2. 设计步骤

（1）复制楦底样板轮廓线　在样板纸上描画出楦底样板轮廓，并画出中线、斜宽线、分踵线以及跟口控制线。跟口控制线一般以1/4楦底样板长来确定其大体位置，然后作出分踵线的垂线，斜宽线为第一跖趾部位点与第五跖趾部位点的连接线。

（2）加放缝合量　根据设计参数要求确定加放位置，然后标出所需要的设计尺寸。

（3）连接内底轮廓　以楦底样板作为曲线板，连接加放设计数值后的各个控制点，描画出内底样板的轮廓线。

（二）制取内底样板

按照内底样设计图制取内底样板。在内底样板上要标出接帮控制点，防止接帮时帮脚与内底缝合错位（图4-2）。

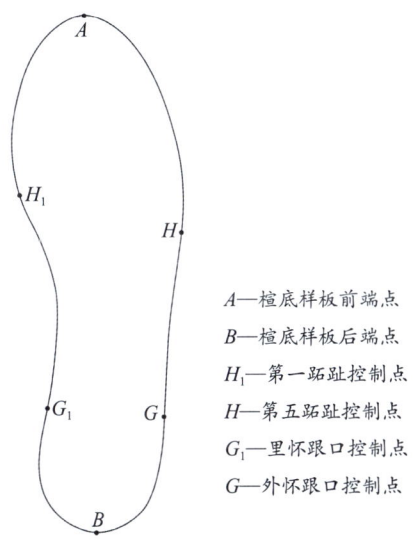

A—楦底样板前端点
B—楦底样板后端点
H_1—第一跖趾控制点
H—第五跖趾控制点
G_1—里怀跟口控制点
G—外怀跟口控制点

图4-2　鞋内底样板

二、半内底设计

半内底是没有前掌，只有内底后半部的鞋底部件。半内底也称作半托底，一般用在内底的下面，内底与半内底之间装勾心。半内底起着固定勾心，增强内底支撑性的作用。由于半内底与楦底样后部轮廓相同，所以半内底样板也可用楦底样板来设计。

第四章　鞋底部件设计　109

(一）半内底长度

半内底的长度取脚长的65%~66%，即第五跖趾部位和跖趾斜宽线（H和H_1）过中线（A和B连线）相交点W之间。因为勾心装在分踵线上，其前端距第五跖趾宽度线3~5mm，而半内底的前端应该把勾心完全盖住，所以半内底前端要超过斜宽线与中线的交点W。但半内底也不能太长，过长会影响到底跷度，阻碍脚的屈挠。

半内底周边宽度应小于内底0.5~1.0mm。

半内底前端控制线是一条过点H与底中线垂直相交点C，与跖趾部位斜宽线平行（图4-3）。

（二）半内底形状

半内底的前端形状，可以设计成斜线形，也可以设计成圆弧形等（图4-4）。

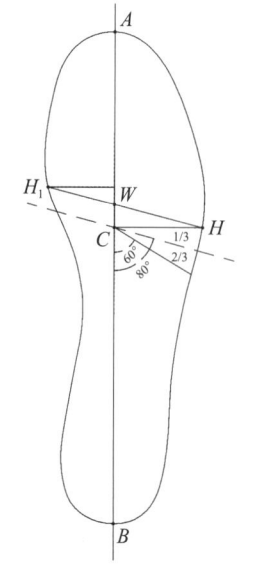

图4-3 半内底前端控制线位置

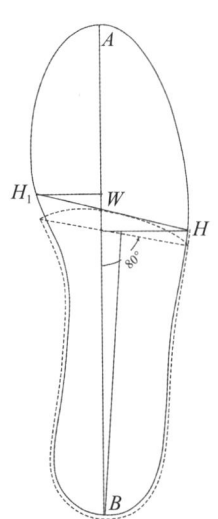

图4-4 半内底前端形状

三、主跟、内包头设计

主跟和内包头是使用在帮面和里之间的鞋底部件，设计时要仿照帮面样板来制取。主跟与内包头的里外怀在大多数情况下是对称的，但有时也要作分怀处理，比如有些女浅口鞋。设计主跟和内包头时要注意它们的通用性，虽然鞋帮结构变化多样，但主跟和内包头只有不多的几种规格,能起到支撑定型作用即可。在主跟和内包头的设计中也要考虑跷度的变化,这种变化主要体现在底口位置上。因此,可制取楦面外怀一侧的半面板进行设计。

(一)主跟设计

1. 主跟的类型

按主跟底口长度区分,共有四种类型。

(1)长主跟 长主跟多用于女单鞋。其在鞋上的长度达到脚长的48%~58%,能撑住部分腰窝部位,不分怀的长主跟见图4-5。有些女鞋的主跟要求做分怀处理,即里怀长些,外怀部分短些,为的是支撑里怀鞋帮不变形。

(2)中长主跟 中长主跟是最常见的一种主跟,除了浅口女鞋外,大多数鞋都使用这种主跟。主跟长度为脚长的38%~45%,能支撑住腰窝以后大部分区域(图4-6)。

(3)短主跟 短主跟用于后帮底口较短的鞋类,如三接头鞋。主跟长度为脚长的28%~30%,要能够包住脚后跟(图4-7)。

(4)异形主跟 异形主跟用于带有封闭式后包跟结构的鞋,长度和外形依后包跟形状而定(图4-8)。

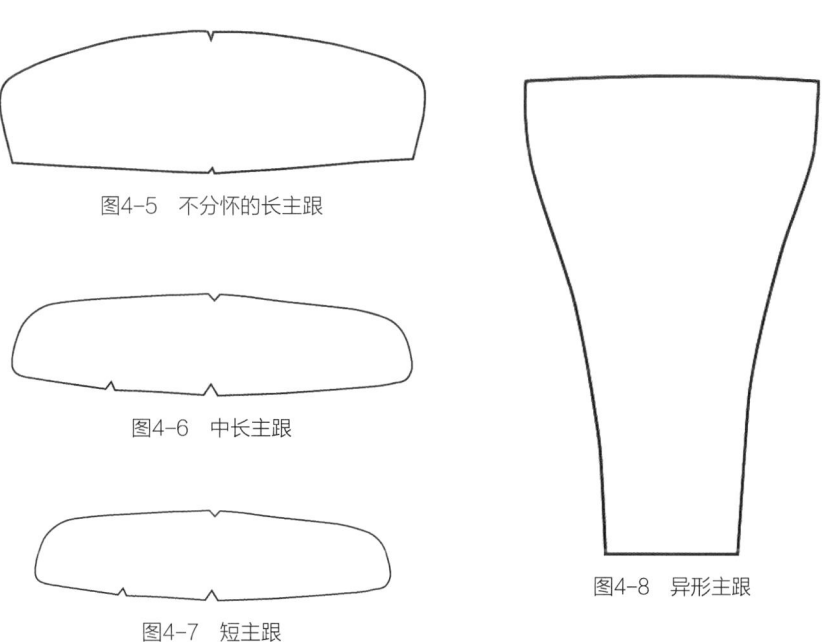

图4-5　不分怀的长主跟

图4-6　中长主跟

图4-7　短主跟

图4-8　异形主跟

2. 主跟设计要素

不同的主跟之间也存在共同之处。

主跟的中线为C点和B点的连线。主跟高度控制在C点,非软口鞋主跟高度应该在挂里线以下3mm左右,见图4-9。软口鞋主跟高度应该在软口线以下3mm左右,见图4-10。主跟底口的使用位置和设计位置都控制在楦底棱线以下6~7mm,其中包含主跟折回量3~4mm,内底、帮里厚度3mm左右。如果有半内底存在,可在设计时取8~9mm。

主跟上口的弧线弯度应取直一些,圆弧过小容易造成上口翻卷。

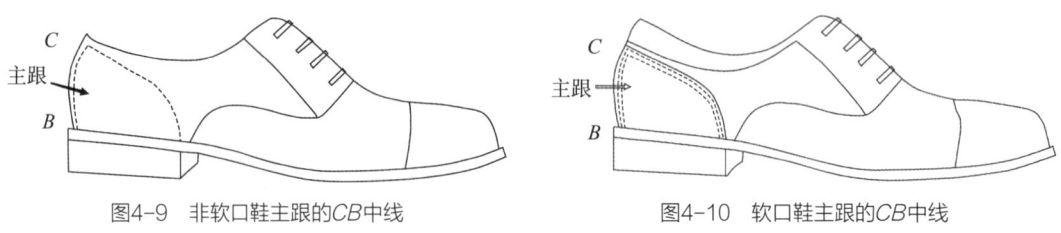

图4-9　非软口鞋主跟的CB中线　　　　　　　图4-10　软口鞋主跟的CB中线

(二)内包头设计

1. 内包头的类型

按皮鞋的结构区分,主要有三种类型。

(1)三接头系列　包头中线长度占脚长的26%~28%,一般用于帮面结构有包头的鞋。包头上口一般为凸弧形(图4-11)。

(2)素头鞋系列　包头中线长度占脚长的21%~23%,一般用在素头和围盖鞋靴上。包头上口设计成凹弧形(图4-12)。

(3)围盖系列　异形包头的上口外形,也和异形主跟一样,要因鞋而异。围盖鞋的内包头(图4-13)。

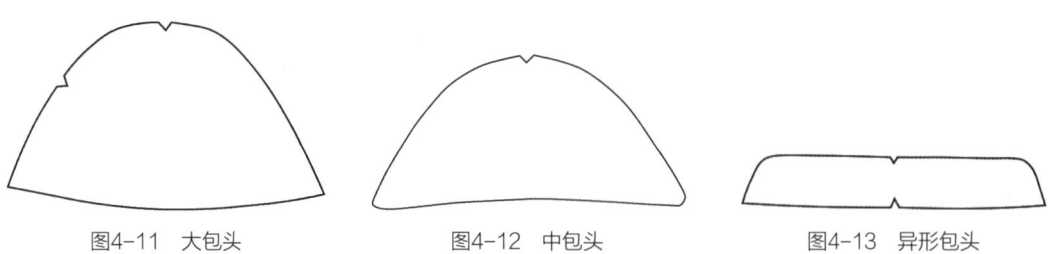

图4-11　大包头　　　　　　图4-12　中包头　　　　　　图4-13　异形包头

2. 内包头设计要素

在设计内包头时，要确保其落在基础样板上的连接中线上。内包头中线长度，如果以中包头为基准，则大小内包头的长度变化为±5%脚长，即男鞋为±12.5mm；女鞋为±11.5mm。

内包头的底口与主跟底口的设计要求类似，取在楦底棱线以下6～7mm位置。内包头底口的长度因鞋而异。内包头的位置见图4-14。

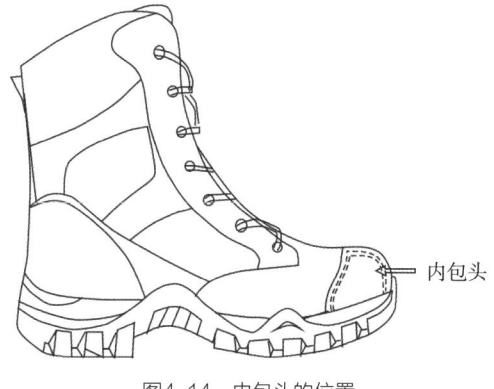

图4-14 内包头的位置

四、鞋垫设计

鞋垫是鞋腔内覆盖在内底上面的鞋底部件。鞋垫的种类较多，不同品种和档次的鞋有不同的鞋垫。一般分为常服系列、作训系列和作战系列。

（一）鞋垫的设计流程

1. 确定鞋楦

根据不同的穿用系列，确定相对应的鞋楦。

2. 制作楦底样板

用美纹纸将楦底贴满后，用铅笔绘制轮廓线，按照轮廓线下裁即可得到楦底样板。

3. 造型设计

常服系列的鞋垫一般设计得较为平坦。作训系列和作战系列的鞋垫一般设计得有凹凸感，如内腰窝部位凸起一些，可以更好地支撑脚心。后身设计为类似脚型的"碗状"立体造型，可以起到更好的包裹、支撑及稳定作用。

4. 厚度设计

常服系列的鞋垫厚度一般为：前掌2.5～4.0mm，后跟4～6mm，作训系列和作战系列的鞋垫厚度一般为：前掌3.5～5.0mm，后跟6～8mm。

5. 材料选用

制式鞋靴的鞋垫多采用聚氨酯、EVA（乙烯-醋酸乙烯共聚物）等发泡材料，并附加鞋垫布。也有一些鞋垫在最底层采用TPU（热塑性聚氨酯弹性体）或尼龙等硬质材料，以起到支撑和稳定的作用。还有一些鞋垫设计带有羊毛、毛毡或其他隔寒材料等，这类鞋垫主要用于寒区室外活动时穿用的防寒靴内。以达到更好的保暖效果。

（二）鞋垫的种类

按照长度划分，常用的鞋垫有整垫、长垫、半垫、跟垫等类型。包内底垫、腰垫、成型鞋垫等属于特殊鞋垫。鞋垫的设计应根据不同的穿着环境和功能需求进行设计。

1. 整垫

整垫指具有完整内底外形的鞋垫。整垫的长度为脚长的104%~105%，比内底前端短3~4mm，比内底后端长1mm。整垫后身完全盖住内底。

2. 长垫

长垫是指用于前后镂空女凉鞋上的较长的鞋垫。长垫的长度占脚长的98%左右，控制在脚趾端点附近。设计时长垫周边要收进1mm。

3. 半垫

半垫是指使用在鞋腔内后半段的鞋垫。半垫的长度控制在第五跖趾部位附近，占脚长60%~65%。

4. 跟垫

跟垫是指使用在鞋后跟部位的短垫。跟垫分为长跟垫和短跟垫，即控制上、下限，长度占脚长的28%~38%。跟垫的主要作用是遮盖钉帽或钉眼。

5. 包内底垫

包内底垫是指用于凉鞋上的一种包住内底的鞋垫。鞋垫长度比内底长出两个包边量，属于特殊鞋垫。

6. 腰垫

腰垫是指用于里腰窝部位的衬垫。对于脚弓较高的脚型来说，加上腰垫后会感觉比较舒适，腰垫多用于矫治性目的。制备腰垫的材料应选用发泡制品，否则会适得其反。腰垫也可以结合半垫来设计。

7. 成型鞋垫

成型鞋垫是指用于运动类鞋内的高分子发泡材料鞋垫。对于运动和训练强度较高的脚部来说，加上一双弹性不错的鞋垫后会感觉比较舒适，并能起到一定的保护作用。制备成型鞋垫时，应选用减震或回弹性好的材料，否则会适得其反。

（三）鞋垫样板设计

鞋垫样板的设计也采用仿形法。先描画出楦底样板轮廓，连接基本控制线后再进行设计。

1. 整垫的设计

鞋垫整垫样板的设计是在楦底样板的基础上进行的，通过在各部位作适当的增减来完成。

整垫样板的设计以楦底样板为基础，跖围前端缩进，跖围后端增量。前端点部位缩进2~3mm，跖趾两侧围不变，内腰加放2~3mm，外腰加放1.0~1.5mm，后跟及周边加放1mm。然后用内底样板描画出整垫周边轮廓线，最后进行圆整，按线裁剪即得到整垫样板。整垫周边加放一定余量，是为了在使用时掩盖住帮脚与内底间的缝隙（图4-15）。

2. 半垫的设计

半垫相当于在整垫上截取后半段，但半垫前端有一些造型上的变化。跖趾部位斜宽线的平行线为前端控制线。里腰窝加放2mm，外腰窝加放1.5mm，后跟周边加放1mm，用楦底样板作为曲线板描画出圆滑轮廓线。半垫的前端可以设计成鱼尾形、L形或斜线形，设计曲线变化时要以分跖线为中心线（图4-16）。

3. 跟垫的设计

跟垫相当于在整垫或半垫上截取后跟部位的一段。设计跟垫时以分跖线为中心线，截取脚长的28%~38%，然后作分跖线的垂线。周边加放1mm，前端设计成鱼尾形、圆弧形等，最后描画出轮廓线并进行圆整（图4-17）。

4. 长垫的设计

长垫的设计分为两部分，一部分是长垫本身，另一部分是长垫前端的包内底短垫。长垫的长度取在脚趾端部位点A_1，过A_1点作底中心线的倾斜线，以该斜线为基准设计出仿脚趾印曲线。长垫周边收进1mm。

包内底短垫上端沿楦底样板周边底口加放包边余量12~14mm，与长垫衔接的部位加放10~12mm压茬量，描画出轮廓线（图4-18）。

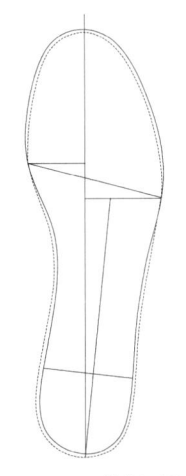
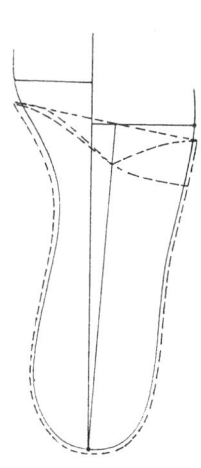
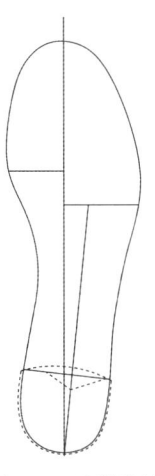
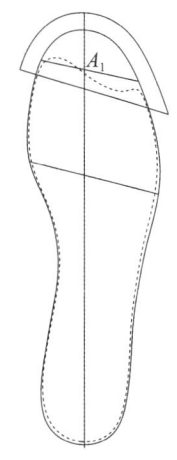

图4-15 整垫设计　　图4-16 半垫设计　　图4-17 跟垫设计　　图4-18 长垫与包内底短垫设计

5. 包内底鞋垫的设计

包内底鞋垫的设计同长垫前端的包内底短垫设计，设计时只需在楦底样周边加放12~14mm的底口包边量即可。这是由于这种鞋内底特殊加工方法决定的（图4-19）。

6. 腰垫的设计

腰垫设计是仿照脚印图进行的。脚印图中里腰的空阔部位是设计腰垫的基础。

腰垫的长度控制在跟口部位和第五跖趾部位之间，占脚长的25%~60%。腰垫宽度在楦底样板上的部分，需超过底中线1/3长度位置，达到分踵线。在楦底样板以外的部分，以长度边沿连线为界，加放一块直线与里腰曲线相间的相似面积区，较宽的部位设计在下1/3长度位置上。最后将腰垫圆整，设计成"腰形"（图4-20）。

将腰垫与半垫相连，便形成了矫形鞋垫（图4-21）。

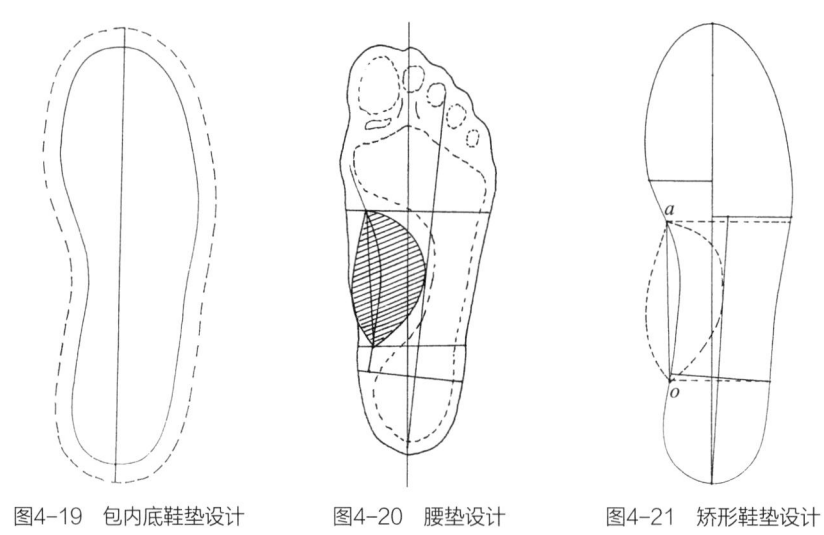

图4-19 包内底鞋垫设计　　图4-20 腰垫设计　　图4-21 矫形鞋垫设计

7. 成型鞋垫的设计

成型鞋垫，又称稳型鞋垫，指与鞋中底、足底形状相匹配的鞋垫。成型鞋垫需有足后跟包裹和足弓衬托设计，同时在设计时需精准匹配楦底形状与前掌起翘。由于成型鞋垫有较高的、带弧形的后跟包裹，所以鞋垫总长度需在楦底样板的总长度上加上3~5mm作为放余量，具体情况需要根据后跟杯的高度及弧度而定。跟杯越低，模口外展越小，长度加得越小。鞋垫总长度的测量方法为：在鞋垫正面测量，由于鞋垫底部带有弧度，测量时钢尺需正常平放，不可用外力将鞋垫压平。

成型鞋垫的厚度一般依本节"（一）鞋垫的设计流程　4.厚度设计"来确定。成型鞋垫的模口从内侧第一跖骨头开始，外侧至第五跖骨，沿中腰到后跟设计带弧度的边墙。高度一般为内侧高,外侧低,足弓处为最高点。

作训鞋垫和作战鞋垫在设计成型鞋垫时,应在足弓处增加轻度支撑,让鞋垫与足底形状列贴合,可以分散足底压力,更利于长时间穿着和运动,减轻足部疲劳感。

以下为鞋垫设计实例:

(1)常服皮鞋鞋垫设计,见图4-22。

①上层。主垫采用涤纶长丝织物/原液着色涤纶短纤维复合甲壳素非织造布复合材料,并编织出的小方格纹路,可以达到较好的止滑效果;备垫采用涤纶长丝织物/原液着色涤纶短纤维复合甲壳素非织造布复合材料,在鞋垫布与主体材料之间采用一层甲壳素非织造布,这种材料含有天然抗菌的甲壳素纤维,有吸湿排汗的功能。

②本体。主垫采用抗菌型聚氨酯发泡材料,采用热压工艺成型。进一步加强了抗菌性,可以有效地抑制细菌的生长,并避免异味的产生;前掌:2.2~2.5mm,后跟:4.2~4.5mm。备垫主体采用汉麻改性EVA发泡材料,也是天然抗菌的材料,加上冲孔设计,采用冷压工艺成型。既增加了透气性,又增强了抑菌性;同时可以做到更轻质。厚度:前掌2.2~2.5mm,后跟4.2~4.5mm。

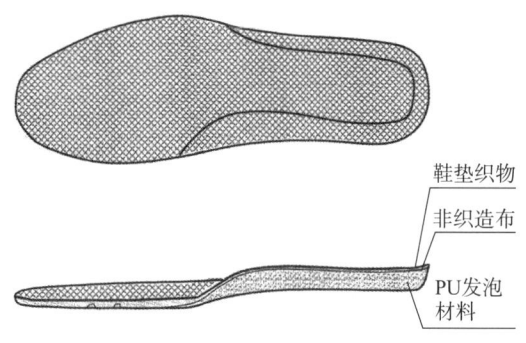

图4-22 常服皮鞋鞋垫

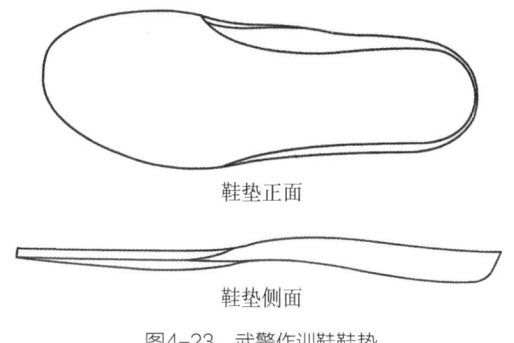

图4-23 武警作训鞋鞋垫

(2)武警作训鞋鞋垫设计,见图4-23。

①上层。主备垫相同,材质均采用止滑性能更好的涤麻混纺蜂巢鞋垫布,添加天然抗菌的汉麻纤维,为训练中较多的侧向移动足底提供了更好的止滑效果。

②本体。考虑到作训鞋平时以训练为主,鞋垫的主体材料采用高弹聚氨酯发泡抗菌材料,可以有效地吸汗透气,穿着不捂脚;可以有效地抑制鞋内细菌的生长。工艺为热压。厚度:前掌5mm,后跟7mm。

(3)体能训练鞋鞋垫设计,见图4-24。

①上层。考虑到训练鞋平时以训练为主,主备垫均采用灰色止滑针织布。为足底提供了更好的止滑效果。

②本体。主垫采用改性抗菌无味开孔发泡聚醚型聚氨酯材料，可以有效地吸汗透气，穿着不捂脚；制作工艺为热压。厚度：前掌6mm，后跟8mm；备垫采用了无味网孔热塑性聚醚聚氨酯弹性体TPU和EVA混合发泡材料，冷压工艺成型，即有高回弹性，又有支撑的韧性。考虑到主体材料的透气性较差，在模具设计时增加物理透气孔，除了主要受力点（足后跟、第一和第五跖骨三点支撑）用材料完全填充，其余地方尽可能镂空，透气排汗；为增加足部在训练时的舒适性，鞋垫采用全贴合足底的设计，可以分散足底压力，轻度支撑足弓，保证运动的灵活性，同时提升运动中的稳定性和安全感。厚度：前掌5mm，后跟7mm。

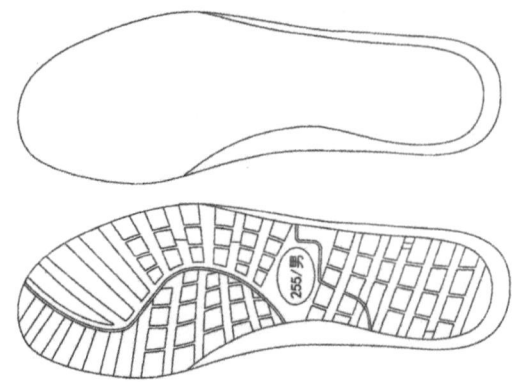

图4-24　体能训练鞋鞋垫

（4）武警作战鞋鞋垫设计，见图4-25。

①上层。主备垫材质均为黑色针织止滑布，具有吸汗、透气、防滑等性能，即使用于长期训练，也能达到不捂脚的功效。

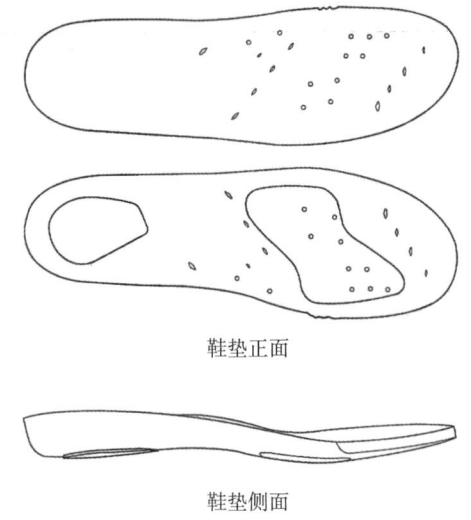

鞋垫正面

鞋垫侧面

图4-25　武警作战鞋鞋垫

②本体。考虑到作战鞋靴大部分在野外使用的场景，保证鞋内不积汗和积水，同时考虑到速干性的要求，采用了高回弹性的EVA材料，这种材料不吸水，可防潮，取出一甩即干；为增加鞋垫的透气性，在足部最易出汗的前掌和足弓部位，设计了不规则的透气孔；增加了足弓支撑设计，完全贴合足底形状，可以有效分散足底压力，为长时间穿着及运动提供了更好地设计；同时在后跟设计了一个高包裹设计，增加运动中的稳定性；考虑到防护靴的剧烈运动场景，特别在足后跟下方增加了2mm减震垫片，可以有效地降低冲击力。采用冷压工艺成型，厚度：前掌6mm，后中7mm。

（5）轻便防寒鞋主垫设计，见图4-26。

①上层。考虑到防寒鞋使用的场景为高海拔地区，对于防寒保暖性有极高的要求，所

以面料选择了棕色平剪绒布,可增加鞋垫与脚之间的亲肤性和热传递性。绒毛倒向后跟可增加止滑性,且脱靴时更顺滑。

②中层。材料采用抗菌性开孔发泡聚醚型聚氨酯材料,可以单向排出湿气并对足部保温。

③底部。采用灰色针刺聚酯纤维毡,将大底及中底的寒气隔绝,提高鞋垫的保暖性能。

④工艺。考虑到对鞋垫有烘烤的可能,鞋垫采用锁边设计,可以保证水洗、烘烤下不分层;表面绒布加中层泡棉的整体结构,可以减少在寒冷时期足部在入鞋时的冰凉感。冷压+锁边工艺成型。厚度:前掌5.5mm后跟7.5mm。

(6)轻便防寒鞋备垫设计如图4-27所示。

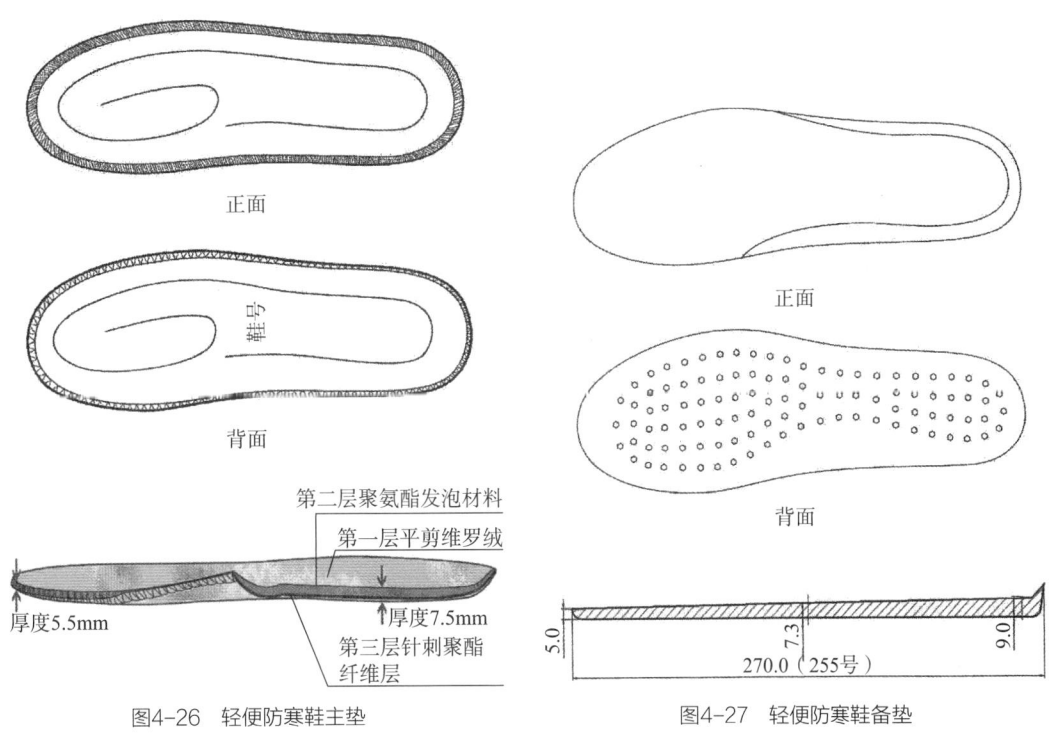

图4-26 轻便防寒鞋主垫　　　　图4-27 轻便防寒鞋备垫

①上层。为保证防寒保暖性能,鞋垫布采用绒布作为面料;材质为平剪维罗绒织物面料,考虑到备垫缺少一层保温层,所以鞋垫布选用了比主体绒毛更长的维罗绒。

②主体。采用聚醚型聚氨酯与TPU发泡颗粒(又称ETPU)材料,具有质轻、保温功效;永久变形率≤12%,有效增强运动机能;采用灌注工艺成型。厚度:前掌5mm,后跟9mm。

五、外底设计

鞋靴外底设计是指为鞋靴的底部进行设计和制作的过程。外底是鞋靴与地面接触的部分，因此，它的设计对于鞋靴的舒适度、耐用性和功能性至关重要。外底对鞋靴起着支撑和托衬作用。穿在脚上，直接承受与地面摩擦、磕碰和撞击的部分就是外底，它对脚和鞋都起着保护作用，所以外底的合理设计十分重要。

鞋底的设计是根据不同的穿着环境和功能需求进行的。一般分为礼常服系列、作训系列、作战系列、防护系列等。

（一）确定鞋楦

根据礼常服、作训、作战、工作岗位等系列，确定相对应的鞋楦（参考第二章相关内容）。

（二）制作楦底样板

用美纹纸将楦底贴满并贴平服后，用铅笔沿楦底边沿绘制轮廓线，按照轮廓线下裁即可得到楦底样板（参考第二章内容）。

（三）子口样板设计

鞋底子口样板的设计是鞋类设计中的一个重要环节，它涉及鞋底与鞋帮的结合部分，需要精确的计算和细致的工艺。以下是鞋底子口样板设计的关键点：

1. 鞋帮材料的确定

根据不同的类型确定相应的鞋帮用材，包括面料、里料、主跟、包头等材料，测量不同其子口部位的材料总厚度。

2. 与帮面的断帮位置

在设计时，应尽量使鞋底子口与帮面的断帮位置错开，这样可以使鞋内部更加平整，穿着时更为舒适。

3. 设计与足型的匹配

鞋的设计需要围绕足形进行，考虑到人的脚型差异，鞋底子口的设计也要适应不同的脚型，以确保舒适度和合脚性。

4. 造型设计与细节的处理

鞋类设计师在进行鞋底子口的设计时，不仅要注重功能性，还要考虑造型设计和细节处理，以满足市场对新颖时尚鞋款的需求。

5. 技术手段的运用

在鞋底子口的设计过程中，设计师需要运用造型设计、材料运用、制作工艺、人机工程等技术手段，以确保设计出的鞋产品既美观又实用。

6. 鞋底内仁版的设计

通常为楦底板轮廓线加上帮面子口处材料厚度所形成的样板。

7. 细节的处理

在鞋底子口的设计中，还需要注意细节的处理，如线条的流畅、边缘的平滑等，这些都是影响最终产品外观和舒适度的重要因素。

综上所述，鞋底子口样板的设计是一个综合性的工作，涉及多方面的知识和技能。设计师需要具备良好的审美能力、精湛的工艺技术和对人体工学的深入理解，才能设计出既舒适又美观的鞋底子口。

（四）鞋底沿条设计

鞋底沿条设计是鞋类设计中的一个重要组成部分，它不仅关乎鞋子的美观性，还涉及功能性和耐用性。以下是关于鞋底沿条设计的几个关键点：

1. 材料选择

沿条通常由皮质或其他耐用的材料制成，以确保其能够承受日常穿着中的磨损。

2. 连接方式

沿条的主要作用是连接内底和鞋面，其设计可以根据不同的时尚趋势和个人喜好进行变化，从而创造出多种风格的鞋款。通常分为手工沿条和一体成型沿条两种工艺。手工缝制沿条是一种传统工艺，它允许熟练的鞋匠对鞋子进行拆卸、修理和翻新。这一过程可以通过手工缝合或机器固特异技术实现。一体成型沿条是指沿条和鞋底一体成型而得，通常为模压工艺。

3. 设计功能

沿条的设计不仅要考虑美观，还要考虑到它的功能性。例如，沿条可以增加鞋子的结构稳定性，提供更好的支撑和舒适性。

4. 舒适性考虑

沿条的设计还需要考虑到穿着者的舒适性，包括沿条的厚度、柔软度以及与脚型的匹配度。

5. 耐久性

沿条的耐久性是设计时的一个重要考量因素,因为它直接关系到鞋子的整体耐用性和使用寿命。

6. 工艺技术

沿条的制作工艺包括手工缝制和机器加工两种,每种工艺都有其独特的优势和特点。手工缝制沿条通常更为精细,而机器加工则更加快速和标准化。

7. 环保因素

在当今社会,环保意识日益增强,可拆卸和修复的沿条设计符合可持续时尚的理念,减少了对环境的负面影响。

综上所述,鞋底沿条设计是一个复杂的过程,涉及材料选择、连接方式、设计功能、维修与翻新等多个方面。设计师在设计时需要综合考虑这些因素,以确保最终产品的美观性、功能性和耐用性。

(五)鞋底外底轮廓设计

鞋靴外底轮廓设计的关键在于确保鞋底的功能性与舒适性,同时也要考虑到耐用性和美观性。设计力求工艺简单、用料省,以提高效率和成本控制。鞋靴外底轮廓设计是一个综合性的过程,涉及多个方面的考虑和精细的工艺流程。设计师需要具备丰富的经验和专业知识,以确保最终的产品既实用又符合市场和消费者的需求。

(六)鞋底设计

1. 制式礼常服系列

鞋底设计是一个需要综合考虑功能性、舒适性、美观性和风格特征的过程。根据不同的穿着场合和用户需求,精心选择材料和款式,以确保皮鞋既实用又符合穿着者的身份和品味,以常服皮鞋鞋底为例,见图4-28。

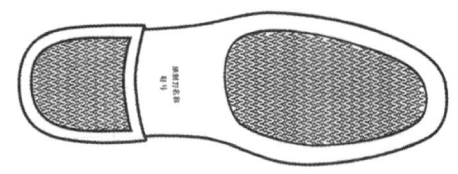

图4-28 常服皮鞋鞋底

(1)环境适应性 礼常服皮鞋的穿着环境一般为柏油路、瓷砖、木地板、地毯等平坦路面环境。鞋底设计需考虑其正式、优雅的特点,通常注重实用性与舒适性,同时也考虑到美观性和正式场合的穿着需求。鞋底通常采用耐磨的材料,如橡胶、TPU。橡胶鞋底因其耐磨性和防滑性能较好而常见,多用于常服鞋底;而皮革鞋底则更显正式和传统,多用于礼服鞋底。鞋底的轮廓设计是在鞋楦底样的基础上设计而得的。鞋底前掌和后跟花纹的花块设计要规整、防滑，排水的沟槽相对较小，这样着地面积相对较大，以具有更好的防滑性。花块深度一般设计不超过2.5mm；常服系列鞋靴的外底花纹着地面的胶层厚度不超过2mm，基本面的胶层厚度设计一般不超过1.5mm。腰窝部位的花纹一般设计为平面或小的凹槽，主要是造型美观。子口的设计相对平缓，主要目的是保证帮底的粘合强度。

（2）功能性　鞋底花纹的设计首先要考虑到其功能性，比如提供足够的抓地力以防止滑倒，以及增加耐磨性、舒适度和稳定性。例如，鞋头部分会设计得稍微宽一些，以便容纳脚趾的活动；鞋跟部分会设计得稍微高一些，以便提高稳定性；鞋面和鞋底之间会使用胶水和缝线进行固定，以提高鞋的耐用性。

（3）美观性　常礼服皮鞋的花纹设计通常比较简洁，又不失优雅。以线条流畅、形状规则的几何图案为主，如直线、波浪线、圆形等。这些简单的花纹能够增加鞋的美观度，但又不会过于花哨，符合常礼服的正式、庄重的特点。旨在提供稳定性和抓地力。

（4）风格统一　鞋底花纹应与鞋的整体设计风格保持一致，以营造和谐统一的视觉效果。例如，男士正装皮鞋的风格从正式到非正式依次是牛津鞋、德比鞋、孟克鞋和乐福鞋，它们的鞋底设计也会相应地有所不同。

（5）文化元素　设计师有时也会融入一些文化元素或者品牌特色，使鞋底花纹具有辨识度。

因此，在鞋底设计、花纹设计、结构设计和材料应用上都需要精心考虑。总的来说，常服皮鞋的鞋底花纹设计旨在平衡功能性与审美需求，创造出既实用又符合正装鞋风格的产品。

2. 作训系列

作训鞋，也称训练鞋或运动鞋，是专门为各种体育活动和体能训练的鞋子。鞋底设计对于作训鞋的性能至关重要，因为它不仅关系到鞋的美观性，还直接影响到鞋的舒适度、支撑力、耐用性和抓地力。以下是提出的一些建议性的作训鞋鞋底设计要素，以体能训练鞋为例，见图4-29。

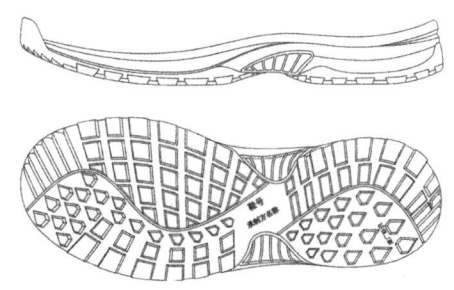

图4-29　体能训练鞋鞋底

（1）环境适应性　作训系列鞋靴的穿着环境一般为相对平坦的户外环境，会有小的砂石出现。鞋底前掌和后跟部位的花纹设计需要具有一定的抓地力，花块相对较小、花块与花块之间的沟槽相对较宽。花块深度一般设计为≥3mm。作训系列鞋靴的外底花纹着地面的胶层厚度一般要超过2.5mm。基本胶层厚度超过1.8mm。腰窝部位的花纹一般设计有凸起的花块，目的是在爬坡或攀梯时有更好的抓地力。子口的设计相对有所起伏，一般前头子口相对较高，目的是更好地保护鞋头，防止磕碰；后跟处的子口一般设计得较高，目的是达到更好的稳定性。

（2）材质选择　作训鞋外底通常采用橡胶、中底使用EVA或其他合成材料制成。这些材料具有良好的耐磨性、弹性和抓地力，不同种类的橡胶和配方可以适应不同的地面和环境条件下提供稳定的支撑。

（3）鞋底厚度　鞋底厚度应根据运动类型和个人需求进行选择。合适的鞋底厚度和硬度可以帮助缓解行走时的冲击力，减少疲劳。一般来说，跑步鞋的鞋底较厚，以提供足够的缓冲和减震；而健身鞋和训练鞋的鞋底较薄，以提供更好的稳定性和灵活性。

（4）鞋底纹路　鞋底纹路设计应考虑到运动类型和地面条件。花纹的设计应该符合人体工程学原理，以提供良好的抓地性能和止滑效果。例如，全军装备的99式作训鞋就采用了新型防滑花纹设计，这种设计可以增加与地面的摩擦力，提高防滑性能。例如，跑步鞋的鞋底纹路通常为横向或纵向，以提供良好的抓地力和方向性；而足球鞋的鞋底纹路则为圆形或三角形，以提供多方向的抓地力。

（5）功能性　作训鞋的鞋底设计还应考虑到耐磨性和弹性。例如，使用双密度组合的方式，外底使用耐磨的橡胶花纹，中底使用EVA发泡材料，这样既保证了鞋底的耐磨性，又提供了足够的支撑和缓冲效果。

（6）鞋底结构　作训鞋鞋底可以采用多种结构设计，如中空结构、凹凸结构和多层次结构等。这些结构可以提高鞋底的透气性、舒适度和支撑力。

（7）鞋底与鞋面的连接　鞋底与鞋面的连接方式有胶水粘合、热熔粘合和缝线连接等。这些连接方式应确保鞋底与鞋面之间的牢固连接，以防止鞋底在运动过程中脱落或变形。

（8）鞋底的可更换性　为了提高作训鞋的使用寿命和可持续性，可以考虑设计可更换的鞋底。这样，当鞋底磨损时，用户可以单独更换鞋底，而不需要更换整双鞋子。

总之，作训鞋鞋底设计应根据运动类型、地面条件和个人需求进行综合考虑，以确保鞋子的性能和舒适度。

3. 防护系列

防护靴的鞋底设计是一个复杂的过程，需要考虑到多种因素，以确保穿着者在不同地形和环境条件下都能获得最佳的抓地力和稳定性，满足军事战训的特殊需求。以下是一些关于防护靴鞋底设计的要点，以武警防护靴为例，见图4-30。

（1）环境适应性　作战系列鞋靴穿着环境范围较广，户外、山地、丘陵、丛林、沙漠

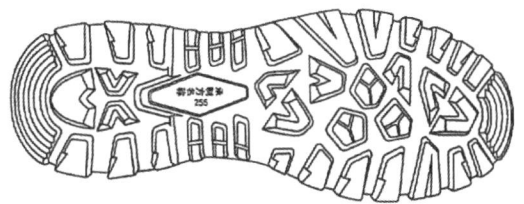

图4-30 武警防护靴鞋底

等几乎全部包揽。例如，防护靴的鞋底花纹进行了调整，花纹更密，以适应不同的地形。面对全地形的穿着环境，大齿鞋底设计可以防止防护靴在泥泞地面上拖泥带水，花块与花块之间的沟槽也会更宽一些（一般为开放性的"V型"沟槽，便于脱泥）。花块深度设计一般超过3.5mm。作战系列鞋靴外底花纹着地面的胶层厚度设计不低于3mm。基本胶层厚设计不低于2mm。

腰窝部位一般设计有凹凸花块，目的是在攀爬时有更好的抓地力。子口的设计相对有所起伏，一般鞋头子口相对较高，目的是更好的保护鞋头，防止磕碰；后跟处的子口一般设计较高，目的是达到更好的稳定性；也有些防护靴内外腰窝的子口部位设计较高，一是为了更好的稳定性，二是为了攀绳或索降时保护帮面。

（2）独特性 针对不同的使用需求，设计了不同的纹路，以达到防滑和耐磨的效果。而双侧摩擦垫设计则方便攀绳索。防护靴的鞋底设计还应考虑到防水、防火、防滑和防刺等功能性。例如，通用防护靴的鞋头采用了加厚防撞设计，且底部无拼接，具有很好的防水、防滑、防刺效果。

（3）创新性 防护靴的鞋底通常使用耐磨橡胶材质，这种材料可以在各种地形上提供良好的抓地力和耐久性。随着科技的发展，新型材料如TPU（热塑性聚氨酯）和ETPU（珠粒发泡热塑性聚氨酯）等，可能被逐步试用在特殊防护靴的中底设计中，或者作为普及防护靴的基础材料，以提高防护靴的性能和舒适度。

（4）轻便性和舒适性 新型防护靴在保持基本防护性能的同时，为了提高防护靴的保护性和舒适性，鞋底的设计通常包括减震和支撑结构。这些结构可以帮助缓解行走时的冲击力，减少疲劳。也着重提升了穿着的轻便性和舒适性。

综上所述，防护靴的鞋底设计不仅需要满足基本的功能性需求，还要考虑到舒适性、保护性和易用性。这些设计细节可以确保防护靴在不同环境和条件下都能提供稳定和可靠的性能，保障军人的足部安全和行动效率。

4. 工作岗位系列

工作岗位鞋靴，如户外鞋、战术靴、专业工作靴等，其鞋底设计对整体性能有着至关重要的影响。需要满足特定的功能需求，如增强抓地力、提供稳定性、增加耐磨性和适应多种地形。工作岗位鞋靴的鞋底设计通常考虑以下几个关键要素。

（1）环境适应性　特定活动的工作岗位鞋靴需要特殊的设计，多方向的花纹提供在不同地形上更好的抓地力和稳定性。多功能或全地形鞋底通常包含不同形状和大小的花纹，以适应硬地、泥地、石砾和草地等地面。高耐磨橡胶（如Vibram）常用于外底，以增加鞋底的使用寿命。在易磨损区域添加额外的橡胶材料，如鞋头和鞋跟。中底到鞋跟的设计可能包含有助增强稳定性和支撑力的元素，比如中足支撑桥或防倾斜设计。花块深度、外底花纹着地面的胶层厚度和基本胶层厚度，需要根据特定环境需求来设计。

（2）材质　橡胶是最常用的鞋底材料，具有出色的耐磨性和抓地力。TPU提供了轻量化同时保持良好的强度和耐久性。一些专业橡胶化合物，用于制作高性能鞋底，增加耐用性和防滑性。考虑到减震和冲击吸收，在鞋底中嵌入缓冲层。

（3）花纹设计　根据不同的使用环境，鞋底花纹设计会有所不同。花纹设计通常采用深沟和凸点的组合，以便在不平坦的地面上提供更好的牵引力。例如，深沟纹设计适合泥泞和湿滑地面，而平直的花纹可能更适合坚硬干燥的表面。对于湿滑环境，花纹会设计成有助于排走水分的样式，例如使用细长的槽或线条。

（4）结构与形状　中底通常采用EVA或聚氨酯，以增加缓震性和舒适度。凹凸或螺旋状的鞋底设计可以提升鞋底的稳定性和防滑性。鞋头加固设计可保护脚趾并防止撞击伤害。

（5）耐用性　高耐磨橡胶常用于外底，以增加鞋底的耐用性。双层或多层鞋底设计，可以在保持抓地力的同时增加耐磨性。工作鞋靴可能需要有钢头或复合材料头，提供足尖防护。

（6）环保因素　在材料选择时考虑环保因素，如使用可回收或生物降解的材料。

（7）技术革新　不断研究和运用新技术，如增强现实（AR）技术来优化鞋底的设计，确保最佳的性能表现。

综上所述，工作岗位鞋靴的鞋底花纹设计需要综合考虑用户的活动类型、地形条件、耐用性要求以及舒适度等因素，以确保鞋靴在特定用途下的最佳表现。设计师们通常会通过不断地测试和改进来优化鞋底花纹，使其既实用又符合需求的鞋底。

（七）鞋底设计档案制作

鞋底设计档案制作是一个涉及鞋底设计和生产的重要过程，包括以下几个关键步骤：

（1）确定设计要求　在开始设计前，需要明确鞋底的外观尺寸、与鞋面的搭配关系以及穿着的舒适度等要求。

（2）开发取板　这是设计过程的起点，需要确定模口、外形和侧墙线。

（3）绘制工程图　根据取板结果，绘制2D工程图，这是后续3D建模的基础。

（4）建立3D模型　利用2D工程图创建3D模型，这一步是实现设计可视化的关键步骤。

（5）技术文件准备　在整个过程中，需要准备相关的技术文件，如鞋底的设计图、尺寸规格、材料说明等，这些文件将作为生产的依据和记录。

（6）质量控制　在制作档案时，需要对鞋底的档案质量进行严格控制，确保部位都与设计要求相符。

总之，通过以上步骤，可以完成鞋底的设计、开板及绘制工程图、建立3D模型等一系列工作，最终制作出符合要求的鞋底档案。在实际操作中，可能还需要根据具体情况进行调整和优化。

（八）制作鞋底模型

鞋底模型外观为鞋底一比一复刻。也可以利用3D打印技术直接打印鞋底模型。

制作鞋底模型的要点包括以下几个方面：

（1）编写CAM程序　为了精雕加工木模，需要编写计算机辅助制造（CAM）程序。

（2）精雕加工木模　使用CAM程序对木模进行加工，确保模型的精确度。

（3）木模修饰确认　加工完成后，对木模进行修饰并确认无误。

综上所述，鞋底模型制作是一个复杂的过程，涉及多个环节和技术要求。设计师不仅需要具备良好的设计能力和技术知识，还需要对材料特性有深入的了解，以确保最终产品的功能性和舒适性。

（九）制作模具

在鞋底模具的加工制作过程中，有以下一些注意事项：

（1）设计阶段　使用专业的CAD软件进行模具设计，确保设计的精确性。设计时要考虑鞋底的形状、尺寸以及模具的结构，以确保最终产品的质量。

（2）材料选择　选择合适的模具材料非常重要，通常需要考虑到耐用性、加工难度以及成本等因素。材料的选择会直接影响到模具的使用寿命和鞋底的生产效率。

（3）拆模　将不同材质部分分开，以便后续开模。

（4）缩模　根据不同材质的收缩率进行缩模处理。

（5）数控加工　将设计好的图纸送到数控加工中心进行加工，制成鞋底的3D模型。在加工过程中，需要确保机器的精度和操作人员的技术熟练度，以避免误差的产生。可上CNC机台进行模具制作，也可以直接3D打印成型模具。

（6）模具组装　在组装模具时，需要确保各个部件正确无误地组合在一起。

（7）维护与保养　制鞋模具在使用过程中会沾染鞋面和鞋底的杂质，因此，需要定期进行清洁和消毒。可以使用软布或刷子将模具表面的灰尘和杂质清除干净，以保持模具的清洁和延长其使用寿命。

（8）试模调整　在批量生产前，应进行试模生产，检查鞋底的尺寸、形状是否符合设计要求，必要时对模具进行调整。

（9）操作规范　操作人员应遵循操作规范，避免因操作不当导致的安全事故或模具损坏。

（10）技术支持　在整个模具加工制作过程中，应有足够的技术支持，以便在遇到问题时能够及时解决。

（11）质量控制　建立严格的质量控制体系，对每个生产环节进行监控，确保模具和最终产品的质量。

综上所述，鞋底模具的加工制作是一个复杂的过程，涉及多个环节和细节。每一步都需要精心操作和严格管理，以确保模具的质量和鞋底产品的性能。

第五章

鞋用材料

第一节 天然皮革

天然皮革是指采用自然界动物皮鞣制而成的皮革材料。皮与革是两个不同的概念，皮是动物体表的一层组织，剥取后称为生皮，是制革的原料皮。生皮经过鞣制处理，即经过一系列的化学和物理机械作用后，变成具有一定使用性能的产品，称之为皮革，简称革。

一、生皮的组织结构与成分

（一）生皮的组织结构

生皮由表皮层、真皮层和皮下层构成。

1. 表皮层

表皮层是皮的最外层，在毛被之下，真皮之上。毛被稀疏的表皮较厚，毛被发达的表皮较薄。表皮厚度占整个皮厚的1%~2%。表皮不能鞣制成革，应在制革准备阶段中将其除掉。

2. 真皮层

真皮层位于表皮层之下，皮下组织之上，是制革的主要加工对象。成品皮革的很多特性是由此层结构特性来决定的。真皮层的厚度和重量占整张皮的90%以上。

真皮层主要由胶原纤维、弹性纤维和网状纤维组织构成。此外，还有汗腺、血管、脂腺、淋巴、神经、毛囊、毛肌等组织。其他成分如纤维间质、非胶原杂质和多余脂肪等将根据工艺的要求予以去除。

3. 皮下层

皮下层位于真皮层之下，与动物肌肉毗连，其厚度因动物的种类、体态肥瘦、身体部位等不同而有所差异。皮下层是由疏松、柔软的结缔组织形成的网状结构，内含大量的脂肪细胞和沉积的脂肪体、肌肉组织、血管、神经等。皮下层对制革毫无用处，需在制革准备过程中被除掉。

（二）生皮的成分

生皮的基本成分是蛋白质、水分和脂肪。生皮中含有多种动物蛋白质，其中胶原蛋白是真皮层的主体，是形成皮革的基质。胶原蛋白呈纤维束状，它可与各种鞣料结合，从而改变其性能，成为化学性质稳定的皮革。除胶原蛋白外，生皮中还含有少量树枝纤维状的弹性蛋白、网形纤维状的网硬蛋白，以及其他如角蛋白、非纤维状的球蛋白、清蛋白和黏蛋白等。

二、皮革的分类与特点

皮革的分类方法很多，包括按照皮质来源、加工方法、用途、皮面特点分类等。

（一）按动物种类分

根据原料皮的来源可以分为牛皮革、羊皮革、猪皮革、马皮革和其他动物皮革等。

1. 牛皮革

牛皮革是以牛皮为原料制成的皮革，又有黄牛皮、水牛皮之分。牛皮的皮层厚薄均匀、粒面光滑细致、纤维束粗壮、组织紧密、坚韧结实，黄牛皮是质量较好的一类，主要用作鞋面革，也可用作鞋底革。粒面特征：毛孔细圆而直，分布均匀又紧密，毛孔陷入不深。粒面丰满、细致、坚实，手感硬而有弹性，皮面光滑平坦。

2. 羊皮革

羊皮革又有绵羊皮和山羊皮之分。绵羊皮很少用于制鞋，山羊皮纤维组织紧密，纤维束粗壮，制成的皮革比绵羊皮皮革饱满坚实、强度大。粒面特征：毛孔细小呈扁圆形，排列均匀如鱼鳞状。山羊皮较薄，厚度在0.5mm左右，强度不太高。皮纤维组织紧密，皮质柔软，延伸性大、弹性足，透气性好，能染成鲜艳的颜色，且不易褪色。主要用作鞋里革，也可用作女鞋、童鞋的鞋面革。

3. 猪皮革

猪皮的皮层结构上下一致，由于纤维编织紧密坚韧，纤维束粗壮，比牛皮耐磨、耐折、不容易断裂。由于猪皮毛孔较大，毛囊穿透整个皮层，所以具有良好的透气性，穿着舒适。不足的是表面粗糙，皮质略为粗硬，弹性较小，延伸性高易变形；毛针穿透皮层，防水性差，吸水后易膨胀变形。但这些缺点可以改变，只要采取适当的加工方法，就可以制成美观、耐用的皮革。如猪皮细纹革、猪皮打光革、猪皮丝光面革等品种。粒面特征：猪皮的毛孔稀少，毛孔深而粗大，三个毛孔成一组，呈三角形排列，革面粗糙且凹凸不平。由于猪皮的特性，近年来鲜少有将其用作鞋面革的，偶有将其制成内底革用于民用鞋。

4. 马皮革

马皮革表面也很光滑细致，与牛皮鞋差不多，但还是有区别的。马皮的毛孔是椭圆形，比黄牛皮的毛孔略为大些，并斜插革内，这些毛孔有规律地排列着，构成了山脉形状。不如牛皮丰满美观。马皮薄，穿着牢度不如牛皮。但透气性和吸湿性比较好，穿着时不会感到捂脚。马皮不被允许用于军鞋。

（二）鞋用皮革的命名和区分

（1）在传统的制鞋生产和销售中，皮革有的以面积计，有的以重量计，因此分为重革和轻革。底革为重革；面革为轻革。

（2）根据皮革的不同用途可分为鞋底革、鞋面革和鞋里革。

（3）根据皮革的加工工艺和鞣制方法可分为铬鞣革、植鞣革、油鞣革、结合鞣革、无铬鞣革等。

（三）皮革的外观

皮革的外观是指革的表面特征，包括纹路和色泽，以及各种缺陷的大小、部位、数量等。皮革由于原皮种类和制革方法，特别是整理方法的不同而具有不同的外观。例如，正面革要保留原皮的天然粒纹，绒面革要有纤软丰满的绒毛，修面革要有经过压花或搓纹制出的人造表面。皮革的色泽也是重要的外观条件，要求均匀一致。皮革可制成多种颜色，以满足不同审美和使用需求。

（四）皮革的缺陷

皮革的缺陷来源于原料皮本身或加工过程，直接影响着革的质量和鞋部件的划料、裁断。

原料皮种类多、来源广泛，并受到地域、气候、饲养条件、屠宰及保存方法等方面的影响。因此，生皮可能会产生各种缺陷，降低成革的等级，甚至导致难以制革。

原料加工和保存过程中的缺陷，包括宰剥缺陷、防腐缺陷和保存缺陷等。

制革过程中产生的缺陷，主要有松面、管皱等。

1. 虻眼

一般指虻的幼虫寄生在牛皮下，并在背部咬出一个呼吸孔洞以利于其生存，成长为成虫以后从呼吸洞里爬出来，在牛皮上形成黄豆大小的孔。

2. 伤残

指原料皮本身及在生产过程中形成的伤残。

3. 松面与管皱

松面和管皱是常见的皮革缺陷。由于某种原因，当皮革上层（粒面层或乳头层）和下层（网状层）之间的交联变弱，而使皮革表面呈现出凸纹时，这种现象被称为松面，凸纹较明显且大而长时，则称为管皱。对皮革松面和管皱的检查方法是：将皮革表面（粒面）向内弯曲至90°，若只出现连续的细纹或没出现皱纹，且将皮革放平后皱纹立即消失的为不松面；若表面出现较大皱纹，且放平后皱纹不能回复，则为松面；如皱纹严重，甚至皮革未经弯曲就有很明显的凸纹，则为管皱。管皱是严重的松面，一般来说，只有全粒面的皮革才可能出现松面或管皱。绒面革、二层革则不存在这两种缺陷。

4. 裂面

指皮革经弯曲、拉伸或折叠后，粒面出现裂纹的现象。原因是微生物侵蚀生皮，皮革表面积蓄盐类过多或表面过鞣。

5. 僵硬

指革身出现发板、发硬、缺乏弹性的现象。原因是准备阶段纤维素没有适当膨胀、松散或鞣制不良。

6. 霉斑

指由于皮革存放环境潮湿、不通风造成的霉菌侵蚀。

（五）皮革的等级

皮革的等级是以缺陷的多少及程度轻重为判定依据的，同时必须区别它们所在的部位。皮革的中心部位伤残限制最严格，一、二级品中几乎不允许以上所述这类明显缺陷的存在。

另外，革身是否丰满、柔软而有弹性，厚度是否均匀平整，以及革里的洁净度与卫生状况也属于皮革外观质量的范畴。

第二节　人工革

一、合成革与人造革

合成革是以针刺非织造布经聚氨酯树脂湿法加工、溶剂萃取以及系列后整理工艺制成的，具有中空藕状纤维结构的聚氨酯合成革。它以微孔聚氨酯表层作为粒面层，以经聚氨酯树脂浸渍的非织造布（无纺布）为网状层，具有类似于皮革的结构和物理力学性能。

人造革是以各种纤维织物为基材（底材）浸渍合成树脂，再用干法涂覆表面后制成的，具有类似于皮革结构和物理力学性能的布基树脂复合材料。根据其表面树脂的类型可分为PVC（聚氯乙烯）人造革和PU（聚氨酯）人造革等。

人造革在鞋靴上的使用较少，制式鞋靴中基本上没有使用；合成革在制式鞋靴上偶有应用。

二、合成革的分类

合成革一般按照生产方法进行分类，常见的方法有两种：直接纺丝法和复合纺丝法。其中，使用复合纺丝法生产超细纤维是普遍的纺丝方式。复合的形式按纤维截面形状可分为：共纺型、并列型、皮芯型、裂片型、海岛型。

三、合成革在军鞋中的应用

早先制式鞋靴不采用人造革和合成革，但随着合成纤维加工技术的发展，出现了新型的超细纤维合成革产品，为合成革能够做到媲美天然皮革奠定了坚实的基础。目前，超细纤维合成革已被广泛应用于鞋类、沙发家具、箱包、球类等产品，并向手套、服装、汽车内饰等应用领域不断延伸。制式鞋靴领域也在积极使用超细纤维合成革，例如，士兵皮鞋的鞋面就采用海岛型超细纤维合成革，防寒鞋靴面则使用超细纤维绒面合成革，此外，一些制式鞋的内跟部分也会使用合成革。

第三节　鞋用纺织品

鞋用布料包括面料、里料和衬里。

一、鞋用帆布

帆布是一种粗厚织物，经纬纱线均采用多股（2~18股）编织。布身紧密厚实、坚固耐磨、布面平整、手感硬挺。帆布按其纱支粗细、经纬密度和织品特点，分为粗帆布、细帆布和漂染帆布三类。鞋靴中主要用细帆布和漂染帆布（布身细洁、平整结实、坚固耐磨）。按其用途，又可分为鞋面帆布和鞋里帆布。

1. 鞋面帆布

鞋面帆布多为细帆布，一般采用股纱、平纹或纬重平组织，也有双层组织的，即将鞋面、鞋里一体织成，可以提高帮面质量，延长穿用寿命，且不用另缝鞋里，提高了生产效率。细帆布经染色后就被称为染色帆布，主要作鞋帮用。

鞋面帆布主要有以下几种：28×（3+3）/28×4帆布、28×2/28×2鞋面帆布、18×（2+2）/28×3帆布、28×（2+2）/28×3鞋面帆布和印花棉帆布。

2. 鞋里帆布

鞋里帆布大多为平纹组织，也有纬重平组织或双层组织的。一般都是本色布，不需要经过漂白和染色。

3. 双层帆布

双层帆布指将鞋面和鞋里交织成一体的制鞋专用帆布，属于复杂的二重组织（由两组经纱和一组纬纱交织而成），其外表紧密、结构稳定、不易起皱；可形成空气层，使其蓬松，增加隔寒保暖度；透气性高，穿着舒适；耐磨性好。

还有一种色织棉双层鞋用帆布，具有色泽鲜艳、丰满挺括、不起毛、色牢度好、耐磨性高等特点，且花色繁多，布幅一致，布面平整。

鞋用双层帆布适用于布面胶鞋、运动鞋、旅游鞋等，具有很好的吸湿排汗性能。

二、针织布

针织布指用钩针或舌针将一根或几根纱线沿经（纬）向弯曲成圈，再将一个个线圈连接起来而形成的织物,具有松软、有弹性、手感好、透气性好等特点。采用多种合成纤维针织而成,经过后期整理,在保持弹性、手感、透气性的基础上可增加挺括性。针织布广泛用于鞋靴面料、里料,但有易脱散的缺点。根据线圈套结方向和方法的不同,可将其分为纬编和经编两大类。

三、非织造布

非织造布指不经过传统织布法,由纤维、纱线或长丝,使用机械、物理或化学的方法使之粘连或结合而形成的皮纸状或毡状的结构物,曾被称为无纺布、无纺织物等。其原料种类很多,如纺织纤维下脚、玻璃纤维、金属纤维、碳纤维、矿物纤维等。其制造工艺主要包括六个环节:准备纤维、纤维成网、纤维网结合、烘燥、后整理和卷装。其加工方法主要有:干法、纺丝粘合法、射流喷网法、针刺法、湿法、薄膜挤压法等

鞋用非织造布主要有:缝编仿毛皮、针刺呢、热熔絮棉、喷浆絮棉、缝编鞋内衬料、鞋帽衬、鞋垫、无纺贴合绒、非织造仿麂皮、合成主跟、内包头革、合成内底革、合成面革、合成绒面鞋里革。

四、毛织物

毛织物指以动物毛为原料,或动物毛和其他纤维混纺织成的纺织品,又被称为呢绒。主要原料为绵羊毛,也包括仿毛化学纤维织物。通常被分为粗纺毛织物和精纺毛织物。

粗纺毛织物是用粗纺毛纱织成的织物,具有手感丰满、质地柔软等特点。按照整理后织纹交织的清晰度和表面的状态,可分为纹面织物、呢面织物和绒面织物。

精纺毛织物是用精纺毛纱织成的织物,包括全毛、混纺和纯化学纤维三大类。全毛和混纺毛织物手感柔软、光泽滋润、富有弹性,有比较好的吸附性能,舒适保暖,但易遭虫蛀,储藏时应使用防蛀药剂。

五、网眼布

网眼布分为机织、针织两类。其中,经编网眼布是指在织物结构中产生有一定规律网眼的针织物,结构比较疏松,坯布有一定的延伸性和弹性,具有透气性好、孔眼分布均匀对称等优点。经编网眼布分为棉和涤两种。棉纱网眼布,具有布面均整清晰、网眼密度适

中、美观新颖、硬挺度和透气性好、耐洗涤和耐磨损等优点。涤长丝网眼布，具有花纹清晰、弹性和透气性好、色泽鲜艳、耐穿耐用等优点。这两种网眼布均被广泛用于鞋面布、里布的制作中。

六、复合织物

复合织物指由鞋靴面布、里布和中间衬料复合而成的鞋帮材料，其特点是整体性强、轻便柔软、吸湿透气性好、耐穿耐用，提高了鞋靴质量和制鞋生产效率。按照复合技术不同，复合织物可以分为火焰复合织物、热熔点状复合织物和聚氨酯溶剂型复合织物三种。火焰复合织物有两层、三层、四层之分，是一种将鞋的面布或里布用合成纤维长丝织物或其他织物与中间泡沫聚氨酯复合在一起的织物。具有良好的透气性、吸排汗性能和柔软、挺括、耐磨性好、弹性大、不起皱、耐腐蚀、耐老化、穿着美观、舒适等优点，是理想的鞋用纺织材料之一。热熔点状复合织物，指将热熔树脂小颗粒均匀撒在里布上，在红外线辐射下粉状颗粒熔融为小半球液滴，通过加热、加压将里、面材料复合在一起的织物。热熔点状复合织物具有透气性好、耐水洗、硬挺度高等优点，并能提高制鞋生产效率、降低生产成本，可以用于制作各类鞋靴。聚氨酯溶剂型复合织物，主要包括双层复合和多层复合织物两种。双层复合织物包括单面复合针织涤纶绒布、单面复合聚氨酯涂层涤纶平纹布等。三层复合织物是将三层材料复合在一起，如双面复合涤纶布。四层复合织物由以下几层组成：第一层面布可选用任意类型织物，第二层为衬布，一般采用结构疏松的织物，第三层为聚氨酯材料，第四层为基布。

七、其他辅料

1. 鞋带

鞋带是用于束紧各种鞋靴的专用条带形织物，通过编织或针织的方式制成。其主要材质为二、三股线棉纱线，也有用锦纶、涤纶、维纶、涤纶与棉混纺而成。由这些材料制成的鞋带具有强力高、耐磨性好、摩擦性好、扣结不易滑脱开解等优点。根据管状编织物中加芯与否，可分成圆带和扁带；按照用途分类，可以分为皮鞋带、胶鞋带、运动鞋带等。鞋带的两端要有扎头，以防纱线松散。

2. 织带

常用织带有寸带、后跟条带、线带、松紧带等。寸带是专供鞋靴帮口滚边用的薄形单层织带，一般为棉纱、涤纶、锦纶、维纶与棉混纺纱线编织而成。用合成纤维织成的寸带，其各项性能（如强力、耐磨性、色相均匀性、光泽度等）要更优于相同规格的其他棉线寸带。后跟条带是用于运动鞋、旅游鞋、胶鞋等后跟处加固的条带，多采用棉线织造。线带是一种经纬均采用双股棉线织成的薄形单层织带，斜纹组织结构比较紧密，平整度和牢度比较高，带身柔软。松紧带是一种镶织有弹性材料的扁平状的带织物，可分为全线、夹丝与弹力锦纶等品种，松紧带质地紧密、带身较厚、带面平整、手感柔软、弹性充分，是部分鞋靴的配套辅料。

3. 松紧布

松紧布是指用棉纱与橡胶丝交织而成的双层弹性带织物。布面平整紧密、富有弹性。主要用作松紧鞋的辅料，一般装接于布鞋、皮鞋的鞋帮两侧。

4. 尼龙搭扣

尼龙搭扣是指由尼龙勾面带和绒面带构成的配套织物带，又称锦纶粘扣带。其主要原料为锦纶长丝。尼龙搭扣带面平整，具有粘合力强、色泽鲜艳等特点。它适用于需要方便而迅速地扣紧或开启的部位，可替代钎扣、拉链等作为鞋靴和服装的闭合附件。

第四节　橡塑材料

橡塑材料是制鞋领域中最重要的材料之一，最早用于制鞋领域的为天然橡胶，主要用于鞋底和胶面等部位。

一、天然橡胶

天然橡胶（Natural Rubber，NR）是一种从植物中采集出来的高弹性材料，地球上有许多种能合成橡胶的植物，其中最主要的一种是赫亚薇系三叶橡胶树（巴西橡胶树）。近年来，经过改良的银菊也已进入了实用阶段。此外，产生反式-1,4-聚异戊二烯的杜仲树也是天然橡胶的来源。

（一）天然橡胶品种及制备方法

天然橡胶主要有烟胶片、皱胶片和颗粒胶三个品种。

1. 烟胶片

烟胶片是天然橡胶中最主要、用量最大的品种，其消耗量占天然橡胶总消耗量的80%

左右。烟胶片的制造方法是，首先将从橡胶树上采集来的胶乳过滤，以去除其中杂质，然后将其放入凝固槽中，加水稀释至浓度为10%~15%，再加入醋酸进行凝固。凝块经挤压挤出乳清后再压成3.0~3.5mm的胶片，放在40~50℃的烟房中烟熏8~10天后可得烟胶片。

2. 皱胶片

皱胶片按照品质优劣可分为白皱片、褐皱片和毛皱片等。白皱片的制法在前期同烟胶片，只是在乳胶加酸凝固前，先在胶乳中加入亚硫酸钠，其作用是防腐和漂白。干燥时不经过烟熏，而是在35℃的热空气中干燥5~6天即可。白皱片胶的颜色洁白，可用于制造食品级透明橡胶制品。褐皱片颜色较白皱片差，且品种繁多，质量相差较大。最优的褐皱片由胶园中新鲜胶乳的凝块以及白皱片的碎屑制成。

3. 颗粒胶

颗粒胶的制作方法在前期同烟胶片，不同之处在于，经凝固去除乳清后，橡胶经过造粒工序形成颗粒状橡胶粒子，最后采用烧油或者烧煤产生热风干燥，制得颗粒胶成品。

（二）天然橡胶的化学结构及相对分子质量

天然橡胶由橡胶烃和非橡胶物质组成，非橡胶物质包括水分、灰分、蛋白质类及丙酮抽出物等。其中非橡胶物质含量很少，以异戊二烯烃为单体的高聚物为主。

天然橡胶的单体分子式为C_5H_8，聚合物分子式为$(C_5H_8)_n$，分子链段主要由顺式-1,4-聚异戊二烯构成，结构式如图5-1所示。

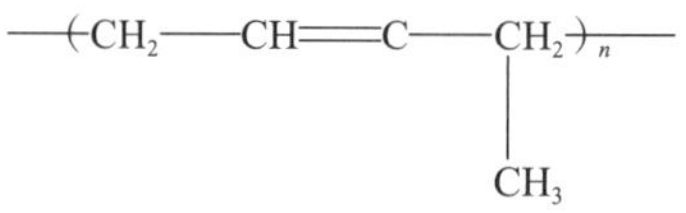

图5-1 天然橡胶分子结构

天然橡胶主要是由长链结构的顺式-1,4-聚异戊二烯，同时含有少量的顺式-3,4-聚异戊二烯。天然橡胶分子的立体化学结构如图5-2所示。

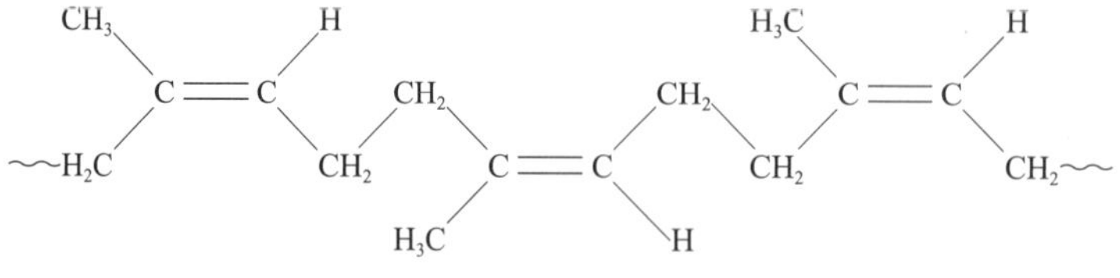

图5-2 天然橡胶分子立体结构

天然橡胶的相对分子质量M_r分布较宽，绝大多数分布在3万～3000万之间，其分布指数d（M_w/M_n）在2.8～10之间。

（三）天然橡胶的物理性能

1. 一般性能

天然橡胶没有固定熔点，在130～140℃时软化，150～160℃时显著软化，200℃时开始降解，220℃时变成熔融状态，270℃时则急速降解。在常温下有一定的塑性，随着温度降低逐渐变硬。低于10℃时，逐渐结晶硬化，弹性大幅度降低。冷却的天然橡胶加热到常温以后，可以恢复橡胶的弹性。

2. 弹性

生胶和轻度硫化胶的弹性是高的，表现在0～100℃范围内回弹性为50%～85%，弹性模量仅为钢的1/3000，当伸长至350%时，其去掉外力后将迅速回缩，仅留下15%的永久变形。

3. 力学性能

天然橡胶具有相当高的拉伸强度和撕裂强度，未补强的硫化天然橡胶强度可达17～25MPa，补强的可达25～35MPa。天然橡胶的拉断伸长率最大可达1000%。天然橡胶的滞后损失小，多次变形时生热低，因而其硫化胶耐曲挠性能可达20万次以上。

4. 电性能

天然橡胶的主要成分——橡胶烃，是非极性的，虽然其中的一些非橡胶烃成分有极性，但含量很少，所以总体而言，天然橡胶是非极性的，是一种电绝缘材料。虽然硫化引进了少量的极性因素，使绝缘性能略有下降，但天然橡胶仍然是比较好的绝缘材料。

5. 气密性

一般硫化胶和生胶具有同等程度的气密性，其透气率因气体种类不同而不同。

6. 耐酸碱性

天然橡胶具备较好的耐碱性能，但不耐强酸。由于其自身结构为非极性，因此，天然橡胶只能耐一些极性溶剂，但其耐油性和耐非极性溶剂性较差。

（四）天然橡胶的加工性能

天然橡胶具有很好的综合加工性能，对加工设备、加工条件有比较宽范围的适应性。加工过程包括生胶的塑炼、混炼、压出和硫化等。

塑炼天然橡胶中除了恒黏胶、低黏胶外，均需塑炼。通用NR的门尼黏度比较高，

1号烟片的门尼黏度ML_{125}^{1+4}在90~120。必须通过塑炼取得适当的可塑性，方能进入混炼阶段。NR易取得可塑性，使用塑解剂效果明显，高、低温塑炼均可，开炼时辊温为45~55℃，密炼排料温度为140~160℃，螺杆挤出连续塑炼时排料温度约180℃。NR易发生过炼，应予以注意。

混炼天然橡胶易吃料，对多数配合剂的湿润性和分散比较好。开炼、密炼均可。混炼过程中不会像某些合成橡胶那样出现粘辊、掉辊、出兜、裂边、压散等毛病，混炼操作比较容易。通常的加药顺序：生胶→小料→补强填充剂→增塑剂→硫化剂→薄通下片。

天然橡胶易于压延挤出，胶料的收缩率低，半成品的尺寸、形状稳定性好，表面光滑。胶料的黏着性好，帘布、帆布在擦胶、贴胶时，半成品的质量易于得到保证。

硫化天然橡胶具有良好的硫化特性，模具硫化、直接蒸气硫化、热空气硫化等均可。硫化参数易于调控，如硫化的诱导期、硫化速率易于调控等；硫化操作容易，胶料流动性好，黏着性好，不仅模制品质量好，且出模容易而利索。适宜的硫化温度是143℃左右，一般不超过160℃。如果硫化温度再高，则硫化的时间要短，否则天然橡胶易发生返原。

二、丁苯橡胶

丁苯橡胶（Polymerized Styrene Butadiene Rubber，SBR）是丁二烯和苯乙烯的共聚物。ESBR代表乳聚丁苯橡胶，SSBR代表溶聚丁苯橡胶。SSBR发展比较快，第二代溶聚丁苯橡胶的抗湿滑性比乳聚丁苯橡胶提高3%，滚动阻力降低20%~30%，耐磨性提高约10%。第三代采用集成橡胶的概念，通过分子设计和链结构的优化组合，以最大限度提高其性能。如在大分子链中引入异戊二烯链段，聚合成为苯乙烯-异戊二烯-丁二烯共聚物（SIBR），它集良好的低温性能、低滚动阻力和高的抓着力于一身，是迄今为止性能最全面的二烯类合成橡胶。又如合成具有渐变式序列结构分布的嵌段型SSBR以及硅烷改性SSBR等。

（一）丁苯橡胶的分子结构

丁苯橡胶是丁二烯和苯乙烯的共聚物，单体的结构如图5-3所示。

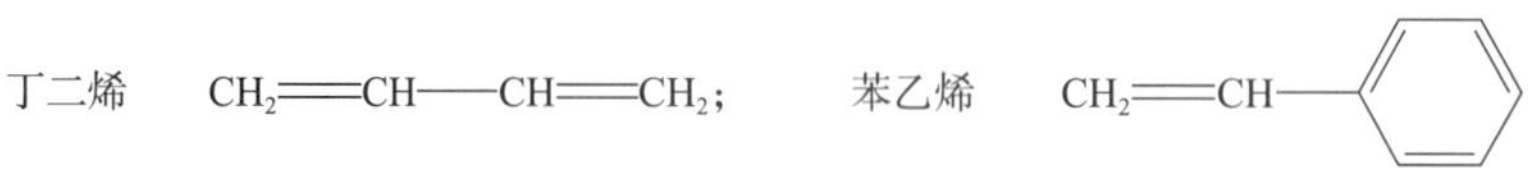

丁二烯 $CH_2=CH-CH=CH_2$； 苯乙烯 $CH_2=CH-\phi$

图5-3 单体分子结构

丁苯橡胶的分子结构如图5-4所示。

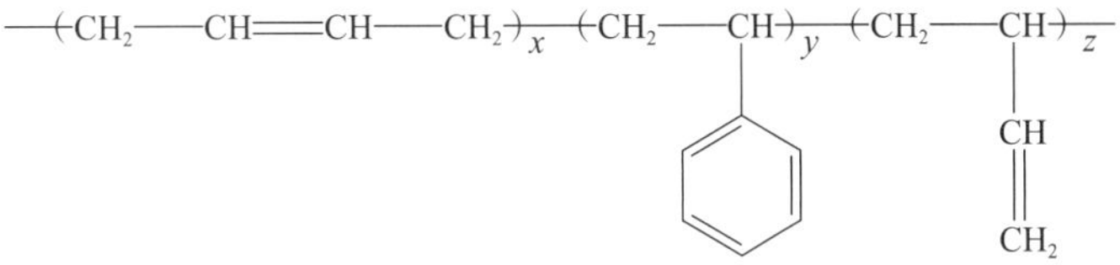

$$-(CH_2-CH=CH-CH_2)_x-(CH_2-CH)_y-(CH_2-CH)_z-$$

图5-4 丁苯橡胶分子结构

（二）丁苯橡胶的分类

丁苯橡胶按照聚合方式分为溶聚丁苯橡胶和乳聚丁苯橡胶。溶聚丁苯橡胶的一般品种有锂系溶聚无规共聚丁苯橡胶，新品种有锡偶联溶聚丁苯橡胶等。通用的乳聚丁苯橡胶分为高温聚合（如：1000、充油充炭黑等系列）和低温聚合（如：1500、充炭黑1600、充油1700、充油充炭黑1800、胶乳2100等系列）。特种乳聚丁苯橡胶有高苯乙烯丁苯橡胶、羧基丁苯橡胶、液体丁苯橡胶、粉末丁苯橡胶等。

（三）丁苯橡胶的性能

SBR具有中等的弹性，它的弹性低于NR，SBR-1500硫黄硫化体系，50份（注：全书除特别说明外，均指质量份）高耐磨炭黑的硫化胶回弹性约为55%。丁苯橡胶比NR滞后损失大，生热高。这是因为丁苯橡胶的大分子柔性低于NR，再加上它的内聚能密度（297.9～309.2kJ/m）也高于NR。

SBR的强度较小，不能结晶，所以它是非自补强的橡胶。未硫化的、硫化而未补强的丁苯橡胶的强度都远低于天然橡胶。

SBR的耐磨性优于NR，将SBR、NR、BR（顺丁橡胶）都制成轮胎，在不同苛刻程度的路面跑车，测其磨耗速度，NR的磨耗量都大于SBR，而BR只有在高度苛刻路面上磨耗量才低于SBR。

SBR的抗湿滑性较好。抗湿滑性表明轮胎对湿路面的抓着性，在制成轮胎的情况下，SBR和充油SBR、NR、BR及SSBR比较，抗湿滑性指数越高，对湿路面的抓着力越大，更不易打滑。几种橡胶的抗湿滑性指数强弱顺序：SSBR>充油SBR>SBR>NR，IR>BR。

（四）丁苯橡胶的加工特点

SBR的综合加工性能次于NR，好于大多数合成橡胶。加工温度在120℃以上，易产生凝胶，为后加工带来困难；SSBR包辊性差，但炼胶生热性比ESBR小；ESBR挤出压延收缩率大，SSBR在这方面有比较大的改善；SBR的黏性比NR差。

三、顺丁橡胶

聚丁二烯由于聚合条件不同及所用的催化剂不同，可产生不同的聚合物。其中通用量较高的为顺式-1, 4-聚丁二烯，也称顺丁橡胶（cis-1, 4-Polybutadiene rubber, BR），是一种用量占第三位的通用橡胶。

（一）顺丁橡胶的结构

原料为丁二烯，现在主要使用的BR为溶聚型的。不同的催化剂，就可以合成结构不同的聚丁二烯。丁二烯聚合时可形成三种构型异构：顺式-1, 4-聚合、反式-1, 4-聚合和1, 2-聚合。1, 2-聚合还可有以下三种对映异构体，即无规、全同、间同。上述这些异构体的排列方式和比例不同，就产生了不同的聚丁二烯。

（二）顺丁橡胶的分类

BR按制造及构型的含量分为气相聚合（如：聚丁二烯）和溶液聚合。溶液聚合按照构型又分为高顺式（镍系、钴系、稀土化合物）、中顺式（钛系）、低顺式（锂系）、反式（钒系）等。

（三）顺丁橡胶性能

BR与NR、SBR同属碳链不饱和非极性橡胶，但BR分子链上无侧基，分子柔性特别好，再加上它是溶聚型的，这就决定了它具有链烯烃的反应性，与NR和SBR类似，且介于两者之间，耐老化性优于NR，老化以交联为主，后期变硬。BR的弹性在通用橡胶中是最好的，因为BR的大分子柔性好，滞后损失小，生热少。BR还具有低温性能好、耐磨性好、耐屈挠性能较好、撕裂强度低、不耐切割、抗湿滑性不好等特点。

（四）顺丁橡胶的加工

在配合方面，BR与NR、SBR有类似的配合原则。一般要配合补强剂，配10份白炭黑就能有效地提高它的抗刺穿性。

在加工方面，BR的加工性能不如ESBR。主要表现为在生胶贮存中，易发生冷流（因自重流淌）。开炼时易发生脱辊、起兜、破边等毛病，密炼时可发生打滑，表现为挂不上负荷，所以密炼的容量要比NR多10%~15%。它的黏着性差，结团性差，所以密炼可能发生压散的问题。挤出压延和炼胶一样对温度敏感，挤出压延性能不如NR，可通过与NR及SBR并用改善。

四、氯丁橡胶

氯丁橡胶（Chloroprene Rubber，CR）是2-氯-1,3-丁二烯CH_2=CCl—CH=CH_2的乳液聚合物。主要根据聚合时相对分子质量调节方式、用途、结晶速度分类。氯丁橡胶按照调节方式可以分为硫调型、非硫调型、混合调节型。按照结晶程度分为：无、微、低、中、高等。按照用途分为一般型（生产电线电缆、各种耐油、耐候、阻燃制品）和专用型（黏着剂等）。

（一）氯丁橡胶的分子结构

以2-氯-1,3-丁二烯结构来看，有四种键合方式包括，反式-1,4-聚合、顺式-1,4-聚合、1,2-聚合、3,4-聚合。

（二）氯丁橡胶的性能特点

1. 易结晶

CR易结晶，结晶性大于NR，CR的结晶是反式-1,4-聚合链。可以结晶的温度为-35~32℃，硫化胶为-5~21℃，100℃下结晶完全熔化。结晶度和熔点等参数取决于大分子的规整性，随聚合温度的降低，反式-1,4-聚合增多，规整性提高，结晶度升高，CR的非结晶部分T_g为-45℃。

2. 具有阻燃性

CR因含有氯原子而具有阻燃性，即不自燃，接触火焰时能燃烧，离火自熄。氧指数是衡量材料燃烧性能的指标，其定义是指试样在氮氧混合气体中维持蜡烛状燃烧时所需的最低氧气体积。CR的氧指数为38~41，氧指数达27的材料就是难燃材料，凡是含足够浓度的卤素的橡胶都有阻燃性。

（三）氯丁橡胶的加工和配合

CR不能用硫黄硫化系统硫化。硫调型的CR用ZnO、MgO硫化，常用量为ZnO 5份，

MgO 4份，MgO要用高活性、碘值在100以上的。非硫调型CR除ZnO 5份，MgO 4份外，还要配合如NA-22等硫脲类促进剂进行硫化，常用的增塑剂有芳油、磷酸酯、酯类、植物油、油膏等。硬脂酸可作润滑剂，用量2份以下，古马隆、松焦油、松香、酚醛树脂等可作增黏剂。

CR在加工方面有两个特别的问题。一是贮存不稳定，贮存中CR的大分子易由线型的交联变成网状的，变硬，进而失去了加工性。硫调型的可存放约10个月，非硫调型的可存放约40个月，所以使用CR应注意不要过期。二是CR加工时三种状态变化比NR三态温度低，炼胶易粘辊。

五、丁腈橡胶

丁腈橡胶（Nitrile Butadiene Rubber，NBR）是丁二烯CH_2=CH—CH=CH_2和丙烯腈CH_2=CH—CN（ACN）的共聚物，主要采用低温（5℃）乳液聚合。主要按丙烯腈含量及用途分类，还有因门尼黏度不同、是否污染等分为不同的牌号。

（一）丁腈橡胶的分类

丁腈橡胶中氢化丁腈、粉末丁腈、丁腈热塑性弹性体和特种丁腈等特种高性能品种发展比较快。

（二）丁腈橡胶的分子结构

丁二烯在分子链中主要为反式-1,4-聚合。丁二烯与丙烯腈是无规共聚的，NBR是非结晶橡胶。NBR的结构式如图5-5所示。

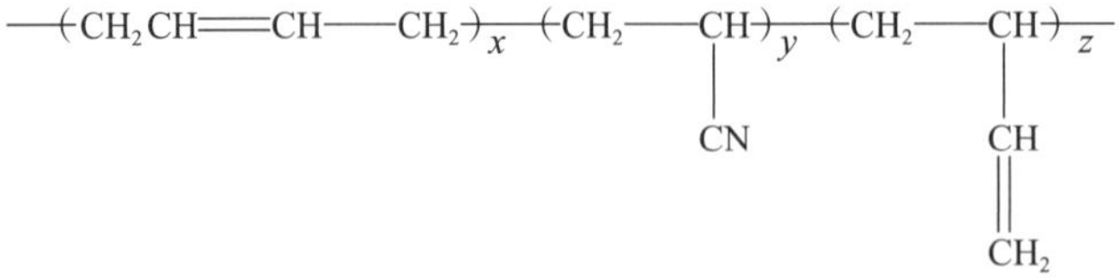

$$-(CH_2CH=CH-CH_2)_x-(CH_2-\underset{\underset{CN}{|}}{CH})_y-(CH_2-\underset{\underset{\underset{CH_2}{\|}}{CH}}{CH})_z-$$

图5-5 丁腈橡胶分子结构

NBR的极性来源于丙烯腈单元，ACN是一个强极性化合物，因为腈基—CN是电负性特别大的基团，因此，NBR就是一种强极性的聚合物。

（三）丁腈橡胶的性能与丙烯腈含量的关系

1. 丁腈橡胶的极性与丙烯腈含量

市售NBR的丙烯腈含量为15%～53%，随ACN含量增大，分子极性增大，分子间的作用力增大，内聚能密度增大，NBR性能变化如下：分子链柔性、弹性、耐低温性、黏着性、绝缘性都下降。而T_g、密度、模量、硬度、气密性、强度、耐磨性、加工生热性、压缩永久变形性、抗静电性、耐非极性油的能力都提高。

2. 丁腈橡胶不饱和度与丙烯腈含量

丙烯腈和丁二烯的相对分子质量分别为54和53，所以两者质量比近似的等于物质的量的比。ACN含量为15%时，大分子链上的丙烯腈/丁二烯的物质的量的比约为1/5.7；而当ACN含量为53%时，上述比例约为1/1，则不饱和度下降。所以随ACN的增加，NBR的耐热氧、臭氧、天候等老化性都会提高。一般的NBR的耐热老化性略比SBR好。

六、聚氨酯弹性体

聚氨酯弹性体（Polyurethane Elastomer），是一类在分子链中含有较多氨基甲酸酯基团（—NHCOO—）的弹性聚合物材料。从分子结构上看，聚氨酯是一种嵌段聚合物，一般由低聚物多元醇柔性长链构成软段，以二异氰酸酯及扩链剂构成硬段，硬段和软段相间，形成重复结构单元。除含有氨酯基团外，聚氨酯弹性体中还含有醚、酯或及脲基团。由于大量极性基团的存在，聚氨酯分子内及分子间可形成氢键，软段和硬段可形成微相区并产生微观相分离。即使是线型聚氨酯也可通过氢键而形成物理交联。这些结构特点使得聚氨酯弹性体具有优异的耐磨性和韧性，以"耐磨橡胶"著称。并且由于聚氨酯的原料种类多，可调节原料的品种及配比，制成不同性能范围的制品，加工方法多样，使得聚氨酯弹性体适合于许多应用领域。

（一）聚氨酯弹性体的分类

聚氨酯弹性体的品种繁多，若按低聚物多元醇原料分，聚氨酯弹性体可分为聚酯型、聚醚型、聚烯烃型、聚碳酸酯型等，聚醚型中根据具体品种又可分聚四氢呋喃型、聚氧化丙烯型等；根据所用二异氰酸酯的不同，可分为脂肪族和芳香族弹性体，又细分为TDI型、MDI型、IPDI型、NDI型等类型。常规聚氨酯弹性体以聚酯型/聚醚型、TDI型/MDI型为主。从制造工艺分，传统上把聚氨酯弹性体分为浇注型、热塑性、混炼型三大类，都可采用预聚法和一步法合成。

（二）聚氨酯弹性体的性能

聚氨酯弹性体具有优良的综合性能，模量介于一般橡胶和塑料之间，它具有以下的特性：较高的强度和弹性，可在较宽的硬度范围内（邵尔A10～邵尔D75）保持较高的弹性；在相同硬度下，比其他弹性体承载能力高。其耐磨性优异，是天然橡胶的5～10倍，耐氧性和耐臭氧性能优良、耐疲劳性好、耐冲击性好、低温柔顺性好。一般无需增塑剂便可制得所需的柔性材料，因而无增塑剂迁移带来的问题。普通聚氨酯弹性体不能在100℃以上使用，但若采用特殊的配方，可耐140℃高温。

（三）热塑性聚氨酯弹性体

热塑性聚氨酯弹性体，简称TPU，又称PU热塑胶。TPU按软段结构可分为聚酯型、聚醚型等。与其他热塑性塑料相似，TPU在室温下具有橡胶弹性或塑料特性，在高温下会熔融，变为黏流体并能按照热塑性塑料加工方式加工。TPU靠分子间的氢键形成物理交联，具有较高的机械强度。TPU与浇注型聚氨酯弹性体（CPU）的主要差别，在于加工成型方法的不同以及扩链剂品种的不同。TPU可由本体熔融法聚合或溶液法聚合。商品TPU通常是粒状，可采用热塑性塑料加工方法如挤出、注射、压延、吹塑、模压等方法，制成各种形状的制品或复合制品，其中以挤出成型和注射成型应用最多，约占70%以上。TPU还用于制造弹性纤维、合成革树脂、胶粘剂和涂料等。

七、乙丙橡胶

乙丙橡胶（Ethylene Propylene Rubber）是乙烯和丙烯的无规共聚物（EPM）或再有加少量的非共轭二烯为硫化点单体的三元无规共聚物（EPDM）溶聚产生的。乙丙橡胶属于碳链饱和非极性橡胶。

（一）乙丙橡胶的单体和分类

单体：乙烯$CH_2{=}CH_2$；丙烯$CH_3{-}CH{=}CH_2$。硫化点单体：亚乙基降冰片烯（ENB）；双环戊二烯（DCPD）；1,4-己二烯（HD）。

分类：主要按聚合单体分类，当然每类中还因乙烯和丙烯的比例不同、门尼黏度不同、是否充油、是否污染等而分有不同的牌号。主要有：二元乙丙橡胶、三元乙丙橡胶、茂金属催化乙丙橡胶等。

(二) 乙丙橡胶的性能

乙丙橡胶实质上是链烷烃。烷烃是非常稳定的，在常温下不与强氧化剂、强还原剂、强酸、强碱反应。只有在某种必要的条件下才发生取代、氧化、裂解和异构化反应。烷烃是非极性的且不易被极化。链烷烃在饱和性和非极性这两点上与烷烃本质相同。乙丙橡胶的性质主要就来源于它的饱和性和非极性。

耐老化性方面，乙丙橡胶被誉为不龟裂的橡胶，在通用橡胶中它的耐臭氧性能是最好的，其次是IIR（丁基橡胶），再次是CR。

耐化学药品性方面，这是因为它有特别好的稳定性，不易与其他物质反应，也不互溶。所以它耐强碱、动植物油、洗涤剂、醇、酮、甲酸、乙酸、某些酯、肼等介质。但在浓酸的长期作用下，其性能会下降。

电绝缘性方面，乙丙橡胶的体积电阻率为$10^{16}\Omega\cdot cm$，比NR及SBR要大1~2个数量级。特别是它在浸水后，绝缘性能仍保持良好。二元乙丙橡胶的电绝缘性比三元乙丙橡胶更好。

(三) 乙丙橡胶的配合性能

EPDM可用硫黄硫化体系、过氧化物、树脂、醌肟等硫化，用硫黄硫化体系时，硫黄用1~2份，促进剂应选用功能强的，用量也要大些才能达到适当的硫化速度，最好采用促进剂并用以避免喷霜。EPM只能用过氧化物硫化，一般用2~3份，为了避免或减少由于β断裂而引起的大分子断链，提高硫化效率，往往还配有像硫黄、三烯丙基异氰脲酸酯（TAIC）、三烯丙基氰脲酸酯（TAC）、链烯烃等助硫化剂。其中最常用的是硫黄0.3份左右，量多反而效果不好。乙丙橡胶没有自补强性，必须配补强剂，乙丙橡胶的特点是能容纳比较大量的补强填充剂。但是，它对炭黑的湿润性却不及二烯类橡胶。为提高分散性，可采用两段法或逆炼法密炼。可采用石油系的操作助剂，环烷油与它的相容性好，可多用。石蜡油和芳香油也可使用，用量应少些。防老剂可不用，耐高温使用时要配用防老剂。乙丙橡胶的黏着性相当差，有时要配用增黏剂。

八、乙烯-醋酸乙烯共聚树脂

乙烯-醋酸乙烯酯（Ethylene Vinyl Acetate Copolymer，EVA）是由乙烯和醋酸乙烯酯

共聚而制得的热塑性树脂，是典型的无规共聚物。在分子结构中引入了极性的醋酸酯基团所形成的短支链，打乱了原来的结晶状态，致使结晶度降低，同时还增加了聚合物链之间的距离，使得EVA比聚乙烯更富有柔软性和弹性。

EVA的生产可分别采用高压法、乳液法和溶液法，制取醋酸乙烯酯（VA）含量不同的EVA。随EVA中VA含量的增加，其结晶度呈线性下降，同时密度和对水蒸气的渗透性增加，刚性和维卡软化点下降，耐环境应力开裂性提高。EVA比聚乙烯具有更好的耐低温性能。EVA的性能与其VA含量和分子质量（或熔体流动速率）关系很大。当熔体流动速率一定，VA含量增高时，其弹性、断裂伸长率、柔软性、相容性、透明性等均有所提高。VA含量降低时，则性能接近于聚乙烯，结晶度提高，刚性增大，强度、硬度、耐磨性、耐热性及电绝缘性能提高。若VA含量一定，熔体流动速率增加时，则分子质量降低，软化点下降，加工性和表面光泽改善，但强度有所降低；反之，随着熔体流动速率降低则分子质量增大，冲击性能和耐应力开裂性能提高。EVA的热分解温度为250℃以上，成型加工应以此为限，也可观察有无乙酸气味和产品颜色变化加以判断。EVA对气体和湿气的渗透性比低密度聚乙烯（LDPE）还高，不宜作抗渗透材料。EVA的耐油、耐化学药品性比聚乙烯、聚氯乙烯差；VA含量的增大，这一倾向变得更明显。

可采用一般热塑性塑料的成型方法和设备来加工EVA，加工温度比LDPE低20~30℃。由于具有弹性，EVA可通过注射成型制成类似橡胶的制品而不必经过硫化等工艺。除此以外，还可通过真空成型、挤出、压延、吹塑、发泡成型等加工方法成型。EVA的用途很广，可用作收缩薄膜、重包装袋、可挠性电线、电缆护套，也常用于注塑和吹塑制品、热熔胶粘合剂、各种板材纸张涂层、泡沫制品等，还可作为其他树脂的改性剂、石油降凝剂等。

九、聚烯烃弹性体

聚烯烃弹性体（Polyolefin Elastomer，POE）塑料是采用茂金属催化的乙烯和辛烯实现原位聚合的热塑性弹性体。POE分两种，一种是乙烯和丁烯的高聚物；另一种是乙烯和辛烯的高聚物。POE分子结构与三元乙丙橡胶相似，根据制造方法可分为机械共混型和化学接枝型两种。机械共混型又可分为直接机械共混型和动态部分硫化共混型，呈不均匀的两相结构。物理交联区域显示热塑流动性（结晶硬段），使共混物兼有橡胶和塑料的双重性。由乙丙橡胶和聚烯烃树脂组成连续相与分散相微观呈现两相分离的聚合物掺混物，可以形成以橡胶为连续相、树脂为分散相或以橡胶为分散相、树脂为连续相或者两者都呈现出连续相的互穿网络结构。橡胶为连续相、树脂为分散相时，共混料性能近似硫化胶；树脂为连续相、橡胶为分散相时，共混胶料性能近于塑料，即性能随相态的变化而变化。在常温下呈橡胶弹性，具有密度小、弯曲大、低温抗冲击性能强、易加工、可重复使用等特点。

第五节　胶粘剂

一、胶粘剂分类

（一）按化学成分分

按化学成分可以分为无机胶粘剂、环氧树脂胶粘剂、三醛胶粘剂、聚氨酯胶粘剂、丙烯酸酯胶粘剂、改性酚醛胶粘剂、聚醋酸乙烯胶粘剂等。

（二）按使用方法分

按使用方法可分为热固型、热熔型、室温固化型、压敏型等。

（三）按应用对象分

按应用对象可分为结构型、非结构型或特种胶。

（四）按形态分

按形态可分为水溶型、水乳型、溶剂型以及各种固态型等。

二、胶粘剂的物性

（一）外观

胶粘剂的外观性状包括颜色、色泽应新鲜润泽；不应有沉淀、分层现象。

（二）黏度

一般所指的黏度为液体在流动时所产生的阻力，也就是在涂刷时所产生的阻力，用某种单位表示出来的数字就是黏度,单位是Pa·s(25℃)。

选择胶粘剂时,黏度为重要的考虑因素。对多孔材料,若使用的胶粘剂黏度太低,则大部分胶粘剂将渗入接着表面之下,此时就会产生欠胶现象;反之,若胶粘剂黏度太高的话,渗透力欠佳且干燥速度较慢,若干燥时间不够,往往会影响粘接效果。

(三)固成分

就是胶粘剂单位质量内所含溶质(不挥发物)之百分比。固成分=溶质/(溶质+溶剂)×100%。

三、胶粘剂的选择和使用

胶粘剂种类很多,但没有一种是万能的;另一方面,一种材料又有多种胶粘剂可以粘接。因此,需要进行选择,选择最优最适合的。在鞋靴生产中,应用粘合的工序很多,如合布、粘合衬里、主跟、包头、勾心、半托底、绷楦、中插底、外底、鞋跟、围条、鞋垫、标签等,其中,最重要、要求最高、影响最大的就是粘合外底。

(一)胶粘剂的选择

当前适合粘合外底的胶粘剂主要有三种——氯丁橡胶(CR)、改性氯丁橡胶(CCR)和聚氨酯胶(GCR)。然而,外底及鞋帮的材料则是多种多样的,有天然皮革、聚氯乙烯(PVC)人造革、聚氨酯(PU)人造革、尼龙(PA)以及各类织物、PVC鞋底、PU底、热塑橡胶(TPR)底、乙烯-醋酸乙烯(EVA)底、普通硫化橡胶(VR)底等。显然,不同帮、底材料的组合,应当选用不同的胶粘剂。

(二)胶粘剂的使用

涂胶前,需对要粘接的材料进行表面处理(只用于帮底粘合,一般部件如内底粘合等不需处理)。处理方式有两种,物理方法和化学方法。

1. 机械起毛

通常用砂轮或钢刷轮进行打磨,打磨深度0.1~0.5mm不等。一是为了清除材料表面污染物,二是使表面粗糙,增加粘合面积。TPR底、PVC底、PVC革等不用打磨处理。

2. 化学药物处理

用处理剂或底涂剂处理被粘合材料表面。

四、常用胶粘剂

(一) 溶剂型胶粘剂

溶剂型胶粘剂是一种全溶剂蒸发型材料。溶剂从粘接端面挥发或者被粘接物自身吸收而消失，形成粘接膜而发挥粘接力，是一种纯粹的物理可逆过程。固化速度可随环境的温度、湿度、粘接物的疏松程度、含水量以及粘接面的大小、加压方式的不同而变化。

热塑性的高分子物质能够溶解在恰当的溶剂中变成高分子溶液而取得流动性，在高分子溶液滋润被粘物外表之后，将溶剂蒸发掉就会发生一定的粘附力。很多高分子溶液能够当作胶粘剂来运用，最常遇到的溶剂型胶粘剂是修补自行车内胎用的橡胶溶液。很多胶粘剂是溶液型的。

溶剂型胶粘剂品种包括：①热固性树脂——酚醛、脲醛、环氧、聚异氰酸酯等。②热塑性树脂——醋酸乙烯酯、氯乙烯-醋酸乙烯、丙烯酸酯、纤维素、聚苯乙烯、醇酸树脂、饱和聚酯等。③橡胶——再生橡胶、丁苯橡胶、氯丁橡胶、氰基橡胶。④聚氨酯胶粘剂。

溶剂型胶粘剂使用天然橡胶为主体基料，尽管生胶具有良好的弹性、强度等性能，但也要加入各种配合剂，以满足各种用途的要求。主要添加的配合剂有：硫化剂、促进剂、防老剂、补强剂、塑解剂等。

溶剂型胶粘剂比水基胶粘剂价值高，通常用于制备比水基胶粘剂耐水性好，黏性大和初始强度高的粘接件。溶剂型胶粘剂也能润湿油面和某些塑料，而且比水基胶粘剂好得多。使用有机溶剂，所用的设备一定要有防爆装置，在处理和操作时，也要采取一些预防措施。此外，对于有溶剂挥发的操作间，必须注意通风排毒。

(二) 热熔性胶粘剂

热熔性胶粘剂在室温下是固体，有胶粒、胶棒、胶条、胶块等形状。加热到一定温度就熔融成黏稠的液体，冷却至室温后又变成了固体，并有很强的粘接作用。因此，人们把它称为热熔性胶粘剂，简称热熔胶。由于热熔胶具有粘合速度快、无毒无害、工艺简单以及粘合强度与柔韧性好等优点，因此，在制鞋方面获得广泛应用。

(三) 水性胶粘剂

水性胶粘剂是以天然高分子或合成高分子为粘料，以水为溶剂或分散剂，取代对环境有污染的有毒有机溶剂，而制备成的一种环境友好型胶粘剂。现有水基胶粘剂并非100%无溶剂的，可能含有有限的挥发性有机化合物作为其水性介质的助剂，以便控制黏度或流动性。优点主要是无毒害、无污染、不燃烧、使用安全、易实现清洁生产工艺等；缺点包括干燥速度慢、耐水性差、防冻性差等。

第六节 金属及其他辅件

鞋靴所用金属材料主要用于制作勾心、掌铁、钎扣、金属饰件和各种钉子等，用来提供连接、加固、支撑、防护、装饰等功能。

一、鞋钉类

1. 圆钉

圆钉钉帽为圆形、平头，钉尖为锥形，常用于钉内底、绷楦、钉盘条、钉鞋跟等工序上，起到临时或永久固定的作用。鞋业用圆钉的规格以长度命名，过去以英制表示，可分为三分钉（9.5mm）、四分钉（12.7mm）、寸钉（25.4mm）等规格。现在采用毫米制，根据长度区分为：8、10、12、14、16、19、26mm共7种规格。

2. 橡皮钉

橡皮钉，也称为沉头钉，钉杆比圆钉的粗壮，钉帽厚度上呈斜坡形。橡皮钉适用于钉合橡胶鞋跟和各种后跟铁，顶帽沉入橡胶鞋跟上的钉眼中，会产生较大的挤压作用，使鞋钉不易脱出。

3. 平头钉

平头钉钉帽较大，钉杆自钉帽向钉尖逐渐缩小，且呈四棱状；钉入皮革后，四条棱线产生较大的抗扭拨作用。钉尖较软，易弯曲折回，能与皮革材料比较牢固地结合。常用于皮底鞋钉鞋掌。长度规格有三种：13、16、19mm。13mm的钉后垫；16mm和19mm的钉掌面。

4. 螺钉

螺钉有木螺钉和鞋用螺钉两类。制鞋常用螺钉的规格长度为22mm，只用于钉皮鞋的胶跟。

5. 卡钉

卡钉呈U字形，打进被钉合部件的动作类似订书器。卡钉常用于钉合内底和帮脚，固定勾心、外底及胶掌和胶跟面等。卡钉长度为9～10mm、12～13mm不等，可根据需要进行选择。制作卡钉的钢丝有圆形和扁形两种。

6. 铜钉

铜钉，即用铜材制作的钉子，与圆钉相似，常用于高档皮鞋上钉合掌面。具有坚固连接掌面和装饰美化作用。保管时要注意防锈。

7. 运动鞋钉

运动鞋钉是指为了防止鞋底打滑，在鞋底上安装上的钉子，其钉尖从底面穿出，在跑、跳时，能牢固地抓住地面，有很好的稳定作用。还有专用鞋钉，如足球鞋钉、高尔夫鞋钉等。

二、勾心

勾心是使用在鞋底腰窝部位的、起支撑作用的部件，由冷轧钢条冲压而成，具有一定的硬度和弹性。一般把它安装在内底和半内底之间。过去在平跟鞋上，也有使用竹片或其他材料代替的；在中高跟鞋上，一般在勾心两端各有一个孔，这是固定勾心的铆钉眼。勾心的规格常用"号"来表示，号不同，长度也不同，见表5-1。

表5-1 勾心规格

品种	规格范围	小号	中号	大号
男鞋勾心	鞋号	245以下	250～255	260以上
	长度/mm	115	120	125
女鞋勾心	鞋号	225以下	230～235	240以上
	长度/mm	105	110	115

使用勾心时，还应当注意勾心的位置及其跷度，一般将勾心放置在内底分踵线上，前端距跖趾部位斜宽度线5～7mm，后端距底后跟端点25mm左右，靠前靠后都不好，勾心的跷度应当和楦底跷度一致。在勾心压型时应当压出跷度来，跷度不合适时，可用锤子敲砸，直到合适为止。

三、装配（饰）金属件

在装配鞋帮时，也常用到一些金属部件，起连接、加固、防护、装饰作用。

1. 鞋眼

鞋眼，又称气眼，是装在鞋带孔眼内的金属圈，用来保护鞋带孔在穿系鞋带时不被拉豁变形。鞋眼多为铝质和铜质，未安装前是一个圆形或六边形翻边的小圆筒。圆筒内径一般为3.5、4.5、5.0mm等；高度为5~7mm。

2. 鞋带勾环

鞋带勾环为钩子状，系鞋带时只需要左右勾挂，不用穿入鞋眼内。鞋带环为半圆形金属环，鞋带从环中穿过。另外还有速拉环、虎骨扣、抽心环等，都可被归为鞋带勾环类。鞋带勾环大多为铜质，也有尼龙、锌合金等材料。表面处理一般采用镀镍工艺，然后再静电喷涂，使镀层具有耐盐雾的功能，可防止氧化掉漆，使用寿命更长久。

3. 鞋钎

鞋钎是起连接作用的金属件。制鞋中多采用带钎针的鞋钎，被装配在各种袢带上。一般是用铝板、钢板或铜板冲压而成，表面镀铬、镍、锌、铜、金、银等，使其光亮生辉，提高鞋靴的档次。外形有长方形、圆形、椭圆形、三角形等。

4. 拉链

拉链是鞋上的一种闭合辅件，分为金属拉链和尼龙拉链。拉链是靠链齿啮合作用完成闭合的，它由链牙、拉头、上下止或锁紧件等组成。其中，链牙是关键部分，它直接决定拉链的侧拉强度。一般拉链有两片链带，每片链带上各自有一列链牙，两列链牙相互交错排列。拉头夹持两侧链牙，借助拉袢滑动，即可使两侧的链牙相互啮合或脱开。

5. 垫心材料

在外底和帮脚结合之前，对绷楦后的底面所进行的填齐补平处理，被称为垫底心或填底心。垫心材料很多，但是大多数都使用下脚料，以降低成本。

天然软木：质轻且软，富有弹性，具有不传热、不导电、不透水、不透气、耐摩擦、隔声等特点。使用时，可以不加面革包边，以显示软木的自然花纹；也可以用面革包边，以增加牢度。

软木片：用软木屑加入适量的粘合剂经过搅拌后压制成型的材料，材质软、厚薄均匀，加工方便。厚度规格为2~10mm。

发泡塑料：现在常用该材料代替软木或软木片，可以制成不同软硬程度的多种厚度的垫心材料。

生产注塑鞋时，可以不用垫底心。生产成型胶底时，在需要垫底心的部位相应加厚些，即可弥补四周帮脚造成的缺陷，使外底平整、圆滑、饱满。

第七节　包装材料

成品鞋靴的包装非常重要，不仅可以保持产品的完整和清洁，还方便运输和保管。

一、内包装

指对每双鞋靴进行的个别包装。常用的材料有以下几种。

（一）透明塑料袋

将鞋靴置入袋内，封住口，可保持鞋靴光洁。袋面上一般印有商标、型号、厂家等标识。

（二）鞋盒

一般是单双鞋装。盒子表面可以印有商标、说明、型号、厂家信息等标识。

（三）鞋内撑

在鞋靴内放置的支撑物，可以防止鞋靴在运输保管过程中受挤压变形。内撑可以是软纸团，也可以是由硬纸、塑料、木头等材料制成的鞋撑子，鞋撑子式样有气包式、瓦顶式、支撑式等。

（四）鞋盒内衬垫材料

高档鞋靴不能直接将鞋靴装入鞋靴盒内，盒内应有衬垫物品，可以用棉纸、丝绒、发泡聚苯乙烯等片材把两只鞋隔开并衬垫在鞋靴周围，防止鞋靴之间以及与其他附件互相摩擦。

二、外包装

外包装是将若干内包装产品集中装置在一个大的包装箱内的包装，又称大包装。主要是方便运输和储存。包装箱主要是瓦楞纸箱，也有少量木箱。箱体大小应根据物流和仓储的实际情况制订。装箱法有单码、配码之分。水运时，箱内应加衬防潮纸，必要时要添加防潮剂。纸箱的主要材质为瓦楞纸板。瓦楞纸板是由面纸、里纸、芯纸和瓦楞纸粘合而成。根据包装的要求，瓦楞纸板可以加工成单层瓦楞纸板，也可加工成三层、五层、七层瓦楞纸板。单层瓦楞纸板一般用作产品包装的贴衬保护层或纸箱内部的卡格、垫板等，起着防止产品在搬动和运输过程中的震动或冲撞的作用，三层和五层瓦楞纸板是制作瓦楞纸箱的规定材料。

（一）瓦楞纸板的楞型

不同形状波纹的瓦楞，粘合成的瓦楞纸板的功能也有所不同。目前国际上通用的瓦楞类型有四种：A型楞、B型楞、C型楞和E型楞。A型楞制成的瓦楞纸板，富有一定的弹性，因此具有较好的缓冲性；C型楞弹性较A型楞次之，但挺度和抗冲击性优于A型楞；B型楞排列密度大，制成的瓦楞纸板表面较为平整，承压力高，适用于印刷；E型楞由于薄而密，具有更好的刚性和强度。

制式鞋靴的纸箱的瓦楞楞高要求：A型4.5～5.0mm；C型3.5～4.0mm；B型2.5～3.0mm。军用纸箱瓦楞纸板分为单层瓦楞纸板和双层瓦楞纸板两类。按其物理机械性能，每类瓦楞纸板又可分为五种，每个品种设定一、二两个等级，具体等级指标要求参照GJB 1110A—1999中的规定。

（二）军用包装纸盒

制式鞋靴的纸盒分为很多品种，一些较老的产品均采用白板纸或涂布白板纸作为原料，基本结构为天盖地模式。随着时代的发展，一些产品开始使用铜版纸和工业纸板，鞋盒的结构也逐渐被摇盖式所替代。现在的制式鞋靴鞋盒大部分改成摇盖式瓦楞纸板盒。

第六章 鞋帮加工

鞋帮装配是指将经过裁断和加工整型处理的鞋帮零部件,通过特定的工艺方法连接组合在一起,形成完整帮套的过程。

第一节 皮革部位利用

鞋帮部件由于在成鞋中所处的位置不同,它们的外形结构、使用性能及质量要求也就各不相同。同样,由于天然皮革各部位存在着质量差异,以及主纤维束方向、各种伤残、外观质量的影响,在裁断时,应注意鞋帮部件的使用性能与天然皮革部位质量的相匹配。

一、皮革部位划分

皮革的部位划分见图6-1。

1. 背臀部位

此部位纤维组织紧密,表面细致,占全张皮革的面积最大,是质量最好的部位。

2. 肩颈部位

其纤维组织较背臀部位略松,表面粗糙,皱纹较多,厚度不匀,它占全张皮革的较大面积,也属皮革的重要部位,不可忽视。

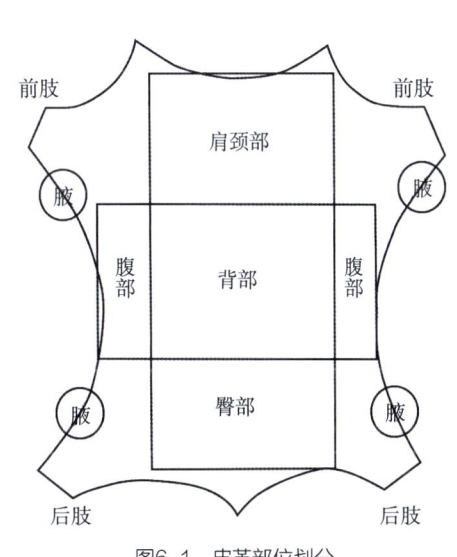

图6-1 皮革部位划分

3. 腹肷部位

腹肷部位是动物肋骨与胯骨之间的部分,腹肷部位组织松软、较薄、物理强度较差。

4. 四肢部位

四肢部位纤维组织疏松、很薄、面积小,是全张皮的次要部位,一般不保留,大牲畜只保留可供使用的少部分。

二、皮革部位与鞋靴部件的关系

1. 各部位力学性能

皮革各部位的力学性能有着明显差异,纤维组织的紧密程度也有很大不同,部位划分见图6-2。

(1)Ⅰ类部位为背臀部,是纤维组织最紧密、抗张强度最大的部位。这是各类皮革的共同特点,适合于下裁前帮等主要部件。

(2)Ⅱ类部位为肩颈部,抗张强度仅次于或等于Ⅰ部位。一般适合于下裁后帮、包跟、靴筒等稍次部件。

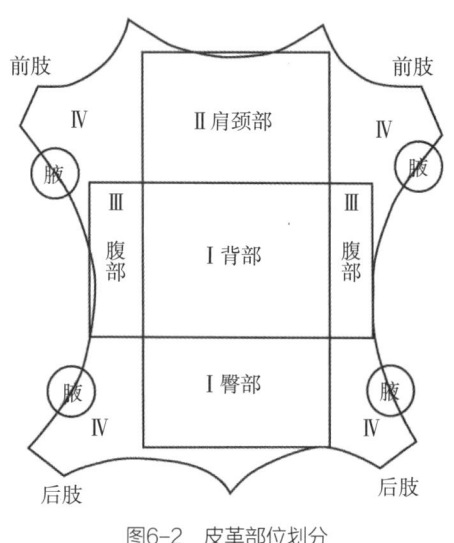

图6-2 皮革部位划分

(3)Ⅲ类部位为腹部,抗张强度仅次于或相当于Ⅱ类部位。适合于下裁后帮、鞋舌、护口皮等次要部件。

(4)Ⅳ类部位为肢肷部位,抗张强度仅次于Ⅲ类部位。适合于下裁暗鞋舌、鞋垫等次要部件。

2. 下裁要求

以男式三接头鞋鞋帮为例,将各部件在工艺和穿用中的受力情况进行分析。

(1)包头 包头是前帮小趾端点以前的帮面部件,位于鞋的前端并与中帮缝合。在绷帮时该部件要经受纵横拉紧操作,要求其抗张强力大,延伸性小。包头皮的粒面要细致、光滑,因为在穿用中不受曲折的影响并且有内包头支撑,选材可在Ⅱ类(肩颈)部位。

(2)中帮 中帮位于鞋帮的中部并与后帮缝合。绷帮时该部件所受的拉力几乎与包头相同,且中帮在穿用时横向曲折幅度最大,为此,应选用最好的Ⅰ类(背臀)部位或皮质接近背臀部位的肩背部位下裁。因为此部位的皮质紧密,抗张强度最大,延伸性小,在穿用时不易起皱褶和断裂。成鞋后它位于脚的前部（跖趾部位），在穿用中会受到非常频繁的曲折、伸长和摩擦等。

前帮部件下裁见图6-3。

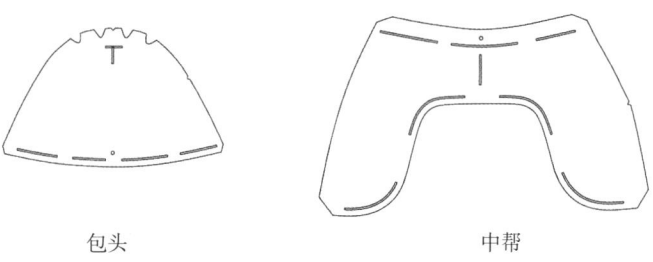

图6-3　前帮部件下裁

（3）后帮　后帮是包裹脚跟部位部件的总称，位于脚的跗、踝、跟部。绷帮时承受纵向拉伸，穿用时易受磕碰磨损，因此，要求下裁在Ⅱ类（肩颈）部位。高帮鞋的后帮上口和装鞋眼部位在绷帮加工中承受的拉伸和穿用中承受的磕碰磨损程度较小，可使用较次的腹肷部位。包跟在工艺加工中横向拉伸受力虽较前、后帮小，但在穿用中经受的摩擦磕碰较为严

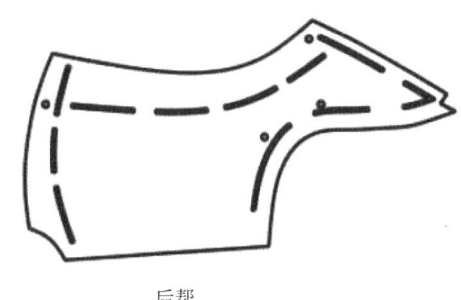

图6-4　后帮部件下裁

重。尤其是军用产品，在作战和训练中，包跟内侧磨损尤为严重，因此需要在皮革的Ⅱ类部位下裁。后帮部件下裁见图6-4。

（4）鞋舌　鞋舌是跗骨部位形状像舌头的部件，位于耳扇、口门处，它的主要作用是防止灰尘或其他杂物进入鞋子。受工艺影响而变形的可能性较小。在穿用中纵向承受拉伸，因此，皮质要求应柔软，可使用皮革的Ⅳ类（肢肷）部位。

（5）后条皮　后条皮位于后帮的合缝处，起加固作用，增加后缝牢度。后缝在绷帮时受拉力较大，用Ⅱ类部位下裁，皮革不能太差，否则起不到补强作用。

三、皮革纤维走向

由于皮革各部件的纤维组织结构不同，因此，皮革各部位的延伸方向各异。如背臀部和腹肷部纤维束方向与脊椎线平行；其余部位向外延伸与脊椎线构成45°角，皮革的主纤

维束方向与延伸方向相同时,伸长率小,抗张力强,见图6-5。

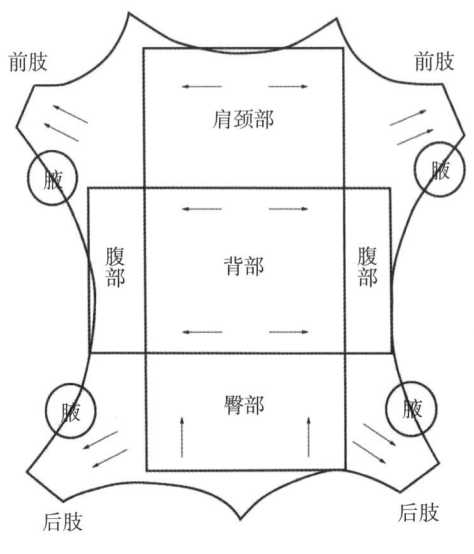

图6-5 皮革延伸方向

鞋的各部件在工艺加工过程和穿用中要经受一定的张力,如果部件下裁不恰当,在绷帮过程中就会出现部件歪斜现象,甚至无法进行加工。因此,鞋的各部件根据工艺和穿用要求,必须在一定的方向上选裁伸长率最小的皮革部件,以保证鞋的外观造型,见图6-6。

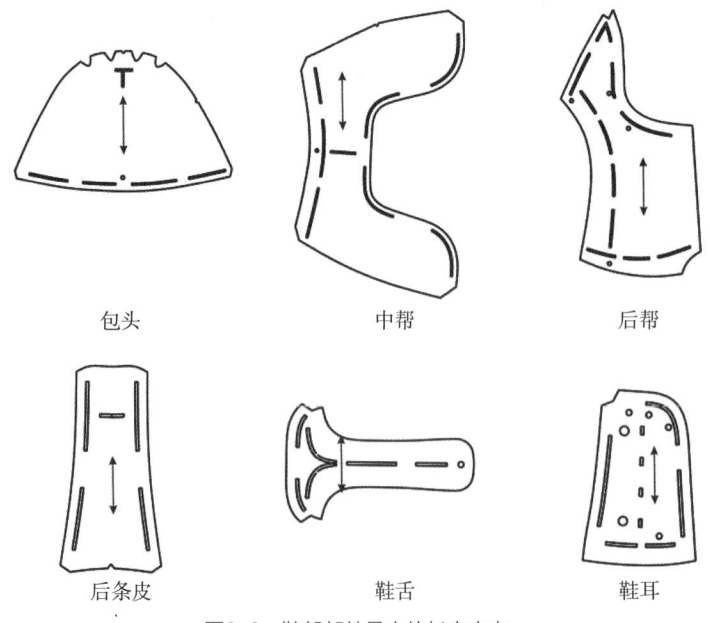

图6-6 鞋帮部件最小伸长率方向

在保证皮革质量的前提下，部件的下裁方向允许有一定的角度变化。

四、合理利用伤残

合理利用伤残，可以提高皮革使用率，降低产品成本。天然皮革伤残种类虽然较多，但从使用角度看，可将它们归纳为三类。

（1）表伤　只伤及表面，未伤及实质；只影响外观，不影响坚牢度的伤残，如色花、虱叮、鞭花、血管、亮疗等。可用于帮部件被覆盖部位或次要部位，如接帮处、折边处、前帮里翼、后帮里怀、鞋舌等。

（2）轻伤　面积较小，深度不超过革厚1/4的伤残，如较轻微的血管线、裂面、鞭花等。民用鞋应根据企业标准规定，军用鞋应执行规范标准。一般不影响质量的轻缺陷面革，可以适当利用于鞋帮的隐蔽处，如中帮内侧的帮脚处，还可用于被覆盖鞋帮部件。

（3）重伤　面积大，深度超过革厚的1/4的伤残，可用于被覆盖在下面的鞋部件，如有外包跟的后跟处。但在鞋帮显露部位和加工边缘均不可使用，如接帮处、绷帮放量处、折边等都不可使用。

在鞋的帮脚处，有几种伤残不能使用，如疮疤皮，因疮疤处皮质僵硬，在砂磨帮脚时砂不出绒毛。又如有管皱的皮质太松软，砂出的绒毛太长。类似这种性质的缺陷，都直接影响胶粘强度，必须避免利用在胶粘鞋的帮脚上。

第二节　鞋面革裁断

一、裁断方法

常用的裁断方法有两种：一种是手工划裁，另一种是机器裁断。机器裁断分为传统下裁机器和智能化裁断设备。智能化裁断为导入电子样板，在电脑上排版，然后机器自动裁断。

手工划裁是将样板放在材料上，沿着样板周边用笔或粉袋，划出部件形状的线条，然后用剪刀或裁刀按线条裁断。也可将面革全部画满帮部件轮廓线后，再统一裁剪。全部划完再裁剪的方法有利于样板套划、全面策划灵活的利用伤残，也有利于对套划中不当之处予以修改纠正，见图6-7。

机器裁断是运用刀模通过裁断机直接从材料上裁断部件的方法，称为机裁帮料，又称机器裁断。此方法技术水平要求高，适用于大批量产品的生产，见图6-8。

随着制鞋科技的进步，现在出现了全新的智能化裁断设备，见图6-9。

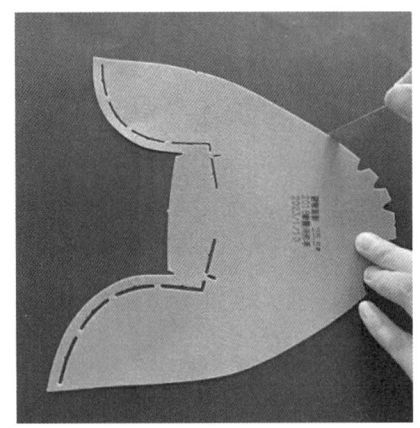
图6-7　手工划裁

图6-8　机器裁断

图6-9　智能化设备裁断

以上三种方法各有特点。手工裁断选料精细，原材料利用率高，但速度慢，效率低，小批量生产和造型复杂的产品较多使用；机器裁断能减轻劳动强度，裁断出来的帮部件较规则，生产效率高，对大批量生产更为有利，但要求操作人员技术熟练；智能化设备裁断能节约人工，生产效率更高，特别适合大规模生产。

二、互套方法

互套方法是指把各个鞋帮部件严密有秩序的排列起来，充分提高皮革的利用率。互套方法主要有三种：平行互套法、斜形互套法和人字形互套法。

（一）平行互套法

指帮部件排列的纵向与脊椎线平行，各帮部件间纵向互相平行。采用平行互套法裁断符合帮部件使用性能，裁断后的余料边缘整齐，有利于套裁其他帮部件，见图6-10。

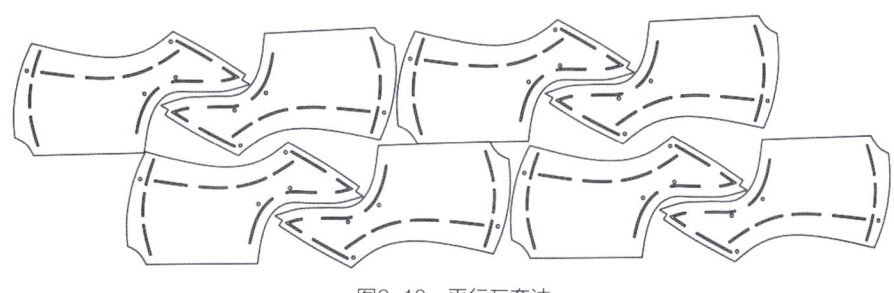

图6-10　平行互套法

（二）斜形互套法

指部件与部件平行，部件纵向与革脊椎线成20°~50°。斜形互套的特点是：排列严密，符合部件性能要求。由于左右脚帮部件是同步排列，容易使成双鞋左右对称，纤维粗细、色泽、颜色、绒毛、强力等基本一致。常用于前帮部件套裁，见图6-11。

（三）人字形互套法

指部件纵向与皮革脊椎线成30°角。此方法适合造型简单或在制作中受拉力较小的部件，见图6-12。

在生产中选择套裁方法时，要根据原材料种类和鞋帮部件形状进行选择，以能套裁严密、节约原料、符合技术要求为标准。必要时，也可以同时使用几种方法或把不同鞋号的鞋帮部件排列在一起套裁。但不论如何排列，裁出的鞋帮部件的颜色、花纹都应确保在同双鞋中基本一致。

以上互套方法同样适用于人造革和纺织材料。

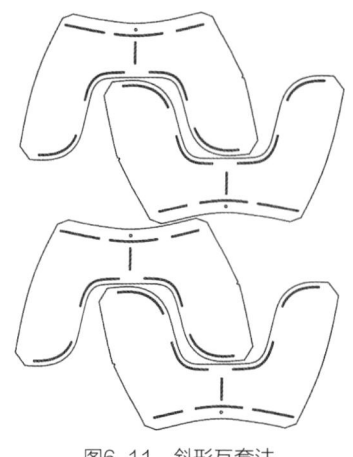 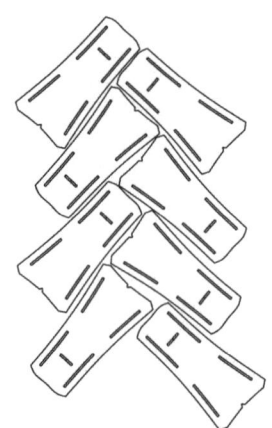

图6-11 斜形互套法　　　　图6-12 人字形互套法

三、合理套裁

皮革的部位优劣和纤维方向的延伸都具有一定规律性,但是皮革上伤残缺陷的轻重和面积大小却各不相同。

由于鞋帮部件样板形状各异、块数的多少和面积的大小也不一样。为了寻求合理套裁方法,在下裁之前,将所划品种的全套样板放在工作台上试排,进行分析研究,找出部件之间的套裁规律,要用最适宜的方法套裁,以达到优质低耗的目的。互套示例见图6-13。

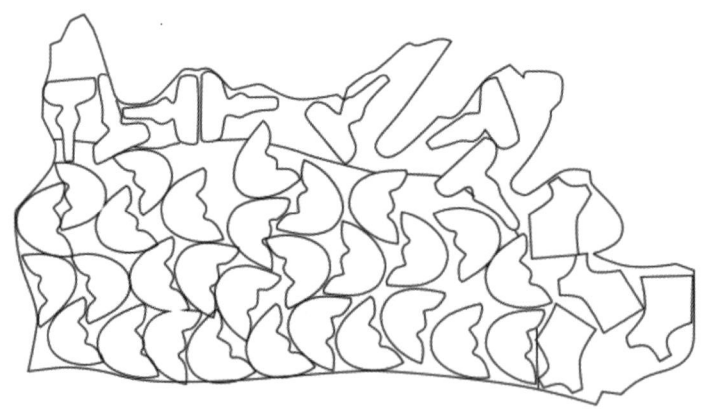

图6-13 牛面革互套示例图

(一)先主后次

鞋帮部件有主、次之分,所谓主,是指鞋帮的主要部件,如前帮、前帮盖、三接头鞋的中帮等。这些部件在皮鞋上的受力大,要求皮革具有坚韧耐曲折性,应在皮革最好的背臀部位裁取。又如外包跟、包跟皮、鞋舌等，它们受力小，属于次要部件，应在皮革的腹部裁取。为此，划裁时应先划主要部件，后划次要部件，目的是合理用料。但同一双鞋帮部件要在面革的邻近部位划裁，这样能使粒面、色泽相称，互配成双。

（二）先大后小

鞋帮号码有大有小，同双鞋帮上的部件有大块、小块之分，划裁时，先划裁大号和大块的帮部件，后划裁小的。

由于天然皮革上分布着不同程度的伤残缺陷，划裁时还要考虑到部件的延伸方向性，在一张皮革上划裁大号和大块的料，难度就大，划裁小块料则较容易。因此，先划裁大尺码和大块部件有利于避让伤残缺陷，选划时有回旋余地。如果当大部件检验时有质量问题，还可改划小块料使用。如果当大块部件划好后，部件之间有空隙，可在空隙中划取次要小件，做到物尽其用，提高皮革的利用率，节约原材料。

（三）主次搭配

划裁时，若遇有皮革好坏悬殊，可采用好、坏两张同类皮革搭配使用，在好皮上尽量多裁主件，在次皮上多裁次件。同时，应注意粒面粗细、色泽、厚薄等必须基本对称一致。

四、皮革裁断

（一）核实面积

领到材料后，首先核实材料尺寸是否与实际相符，以便于测算消耗定额。

（二）熟悉样板

鞋的帮面款式千变万化，部件形状各异，块数多少不一，无统一模式。所以在划裁之前应先核对样板，掌握样板的结构，分清主要部件和次要部件。

（三）标记伤残

每张皮革的伤残部位和轻重程度是不相同的，为了保证裁断工作顺利进行，在划裁前还要用笔圈点出皮革上的伤残，以避免或减少伤残缺陷误用于主要部件上。在圈点伤残缺陷时力求圈划范围正确，既不要扩大，也不要缩小，以免影响产品质量，对不可利用的伤残更应做出明显的标记，以防误裁。

（四）选择下裁方法

根据工厂实际情况选择合适的下裁方法，不论是手工下裁还是机器裁断，裁断时在部件的主要边口上，不允许有缺边少角等现象。在帮脚处或部件镶接处能被压盖掉的边口上，允许有适量亏缺。

（五）下裁要求

1. 牛面革

牛面革以半片皮为主，同一双鞋的相同部件应在皮革的相同部位或邻近处下裁，这样可使同一双鞋部件的皮革厚薄、粒面粗细和色泽基本相同。

2. 猪面革

猪面革一般是整张的，从头到尾有一条脊椎线，为此，在下裁猪面革时要注意对称性，须将同双相同的部件，以革的脊椎线为界，在两侧对称下裁，从而使同一双鞋相同部件的粒面粗细、色泽、绒毛长短、纤维延伸方向等保持对称一致。但要注意猪面革的腹部毛孔很稀、粒面较粗、皮质疏松。在下裁时应适当搭配，较差的皮质不能使用。

3. 羊面革

羊面革与猪面革一样，从头到尾有一条脊椎线。羊面革在下裁时，主要考虑皮革的出材率，要求以脊椎线为界，两侧对称下裁，使同一双鞋粒面粗细、抗张力、延伸性等都接近一致。

（六）编号

编号分为两类：一类是加工编号，供生产制作时使用，包括产品代号、顺序号、尺码等内容，一般被印在帮脚或接帮等隐蔽处；另一类是销售编号，与加工编号类似，但它是印在鞋帮里怀上口的鞋里上的。

因为鞋的尺码有大有小，而且各品种的部件多少不一，为了使下道工序加工方便，防止出差错，有利于成双配套。因此，要求每一双鞋的各个帮部件须写上或盖上顺序号和尺码。印写号码的位置应在各部件的帮脚隐蔽处。印写号码的字迹不要太大，要端正清晰，以保证在制作过程中不发生错乱。

（七）检验

将裁断好的帮部件，按部件形状归类点数，按印写的序号顺次排列，然后按质量要求加以检验。

1. 检验方法

一般以目测和手感为主，必要时可用量具测量。

2. 检验内容

要求色泽深浅、粒面粗细和绒毛长短成双对称，镶接处皮质彼此要接近；厚薄软硬配对成双，厚度不足者，需加贴衬料；各部件的延伸方向符合穿用要求；伤残利用合理恰当，缺边短角的要与样板核对。

五、天然毛皮裁断

（一）核实面积

每张毛皮所标的尺码是否与实际相符，应事先进行核对。

（二）标记伤残

每张毛皮的伤残部位和轻重程度不同，为保证划裁顺利进行，在划裁前将每张毛皮的伤残都做出明显的标记，可采用彩色粉笔标在毛皮板上。

（三）划样和漏印

毛皮的裁断也是采用先划后裁，套划方法有两种：一种是样板在毛皮板上直接套划；另一种是以漏划板在毛皮皮板上漏划。后一种互套严密，也能提高套划的工效，但采用此方法要求毛皮的质量要高，伤残过多的皮不适合采用漏划。划裁时皮板向上，用部件样板按顺毛方向划裁。

（四）下裁及整理

一般使用手工下裁，裁断刀具有剪刀和割皮刀两种。在裁断时要按漏印和划印的中间剪裁，只剪皮板而不剪毛绒，剪下的部件应符合样板。

毛皮里革可以拼接使用，把小料拼接起来，节约毛皮。拼接时要注意毛绒方向、绒毛长短、颜色、皮板薄厚等要与原件接近一致。拼好的部件用缝皮机缝好，并用样板校对相符。

第三节　其他材料裁断

在裁断帮料中，除天然皮革的裁断外，还有合成革、纺织材料等非天然皮革材料的裁断。这些材料的裁断方法，有些与天然皮革的裁断方法相同，有些则相差较大。

一、合成革裁断

合成革表面光滑、无伤残缺陷，但底基具有延伸性。合成革纵向与横向的纤维强度不同，划裁时应按工艺要求，同一双鞋部件的延伸性必须对称一致，帮部件纵向与合成革纵向一致，排列紧凑。

为了提高划裁速度，可将若干部件样板放在纸板上，按工艺要求互套排列，连接成一体，相邻样板之间的空隙用刻刀雕空，从而制成"套板"。

标画时将套板放在合成革的正面或反面，用笔在空隙处标画。这样每划一次就得到较多的部件，减少划裁时往返拿样板的时间，提高划裁速度，还可节省材料。

如果使用机械裁断，还可采用多层重叠进行，提高裁断效率，见图6-14。

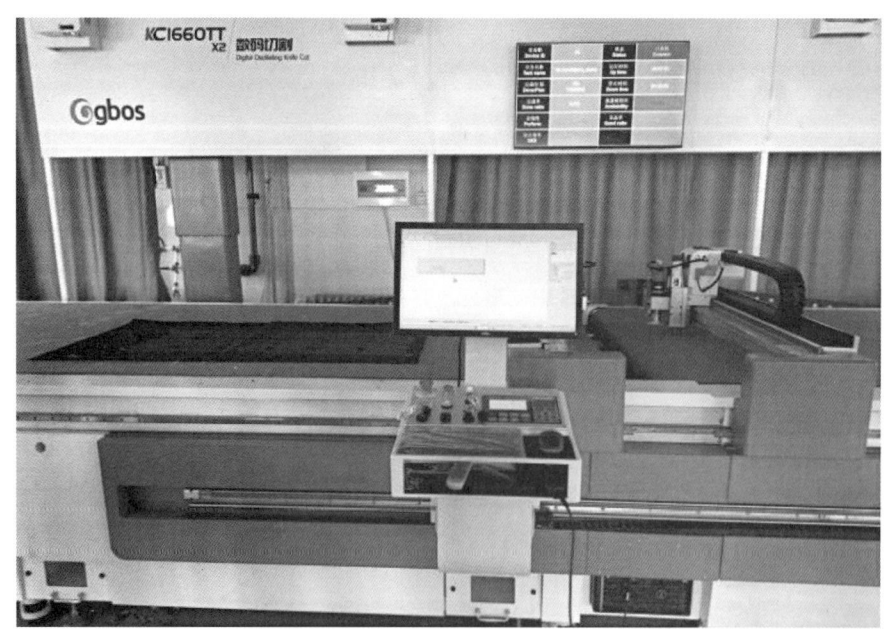

图6-14　智能化设备裁断

二、织物裁断

纺织材料的裁断不同于皮革,它可以多层重叠下裁。目前大型生产企业采用的设备有两种:一种是用电剪裁断;另一种是用刀具在冲切机上进行裁断。不论使用哪种工具设备下裁,其下裁的程序基本相同。

(一)裁断准备

织物材料在裁断前要进行织物的分类和布层叠合的准备工作。

1. 织物的分类

有色织物由于经过染整加工,在幅宽和色相上有一定的差别。为了使成批产品色相一致,需要在下裁前将不同色相织物进行分类。如果织物材料表面平坦,伤残缺陷极少,即可用套板套划,这样可减少边料,节约织物材料。套划要求与合成革基本相同。对不同的幅宽也要进行挑选分类,使之与既定的套板宽度相适应。

2. 织物的叠层

由于织物材料是采用多层下裁的方法,裁断前根据织物的厚度和设备能力,将织物铺叠成所需要的层数,叠层方法及要求如下:

(1)尽量选择幅宽相同的铺叠。幅宽不一致时,应把窄的铺在上面,以免下裁的部件缺边少角,或甩的边料不能利用。

(2)铺叠时以 边对齐,铺叠层数的总厚度不要超过电剪压脚与底板间的高度。

(3)在条件允许的情况下,铺叠的长度尽可能的长些,以便于操作,减少端头和铺叠次数。

(二)裁断方法

织物裁断一般采用先划后裁的方法。划,即是在铺叠好的顶层织物上划出部件的轮廓形状。划样分两种模式:一种是用样板在铺好的织物顶层上一只只套划;另一种是用样板互套排列组合制成套板后漏划。

划样时鞋帮面件、里件的纵向都要沿织物材料的经向排列,这是因为织物的经向延伸率小,符合制鞋工艺和穿用的要求。先划大件后划小件,以便充分利用布边或空隙插裁小件。套划时先划同一号码的部件,然后再划另一号码的部件,保证互套规律、降低损耗量。

制作的套板应与不同宽度的织物相适应。套板要小于所划裁织物幅宽的5mm，比如，织物幅宽80cm，要使用79.5cm宽的套板。

用电剪下裁时，推力要平稳。刀口对准划线或漏印的正中，拐角转弯要放慢。裁出的部件刀口要垂直、整齐、上下层均符合样板，见图6-15。

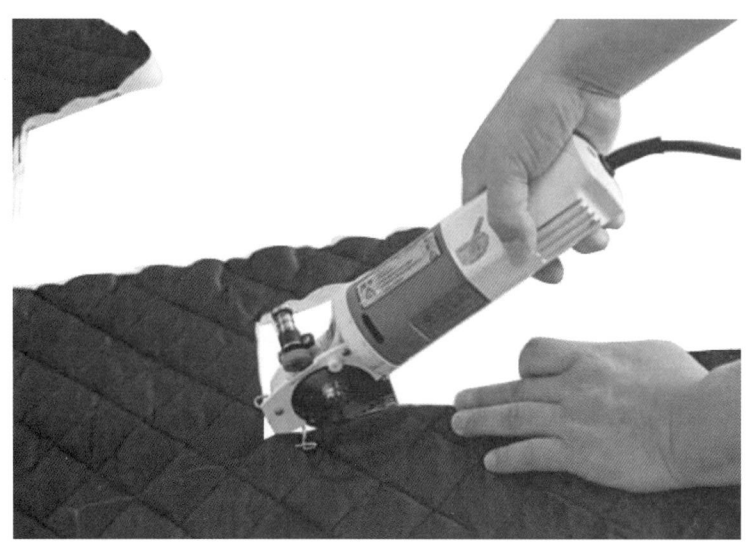

图6-15 电剪下裁操作示意

将裁断的部件按规定的数量捆扎，标明货号，写上尺码和双数。

三、毛毡、毛毯材料的裁断

毛毡是用各种羊毛、牛毛经过一系列加工而制成的。根据鞋部件的用途、厚度分为不同的规格。毛毡的外观要求平坦、没有毛疙瘩、厚度均匀、不松弛等。毛毡是一种无纺型的材料，纵横的延伸性基本近似。

毛毯是用动物毛或合成纤维经梳毛，纺成粗纱，织成布后在滚绒机上滚绒成毯。因此，在划裁时主要考虑排料紧凑、空隙要小。为了进一步提高利用率，在不影响内在质量的情况下，部件也可采用拼接使用。

由于毛毡、毛毯的面积和形状基本是固定的，可采用多层重叠，使用电剪或刀模进行裁断。电剪裁断重叠层数可达6~8层；机器裁断重叠层数最多为4层。重叠层数过多，裁断时上面的一层因压力的作用会产生拥起，造成裁断后的上下部件大小不一样。

第四节 鞋帮部件片边

片边是指将各种鞋帮部件的缝接、外露边沿部位,根据技术规定片成不同厚度的斜坡形。使部件的连接处和接茬处平伏、美观,避免因部件缝接部位过厚而影响缝纫操作或导致穿用磨脚等缺陷的产生。

一、片边的类型

(一)折边部位

在制帮过程中,一般正面革的外露部位都要折边处理,以增加美观度。正面革的片边在革的肉面进行,经过折边和缝合后不降低鞋的坚牢度。反面革则不具备折边的工艺条件。

折边部位的片边宽度一般应为折边宽度的一倍以上,例如,折边要求4.5mm,片边宽度就应为9~10mm,中间保留厚度为0.50~0.55mm,边缘留厚0.1mm。面革过厚、过硬的,还可适当增加片边宽度,以保证折边后平整无棱。包头部位片边见图6-16。

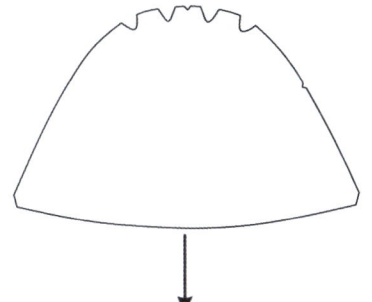

片宽:(11.0±1.0)mm
留厚:中间厚度0.5~0.6mm
片至边沿无厚度

图6-16 包头部位片边

(二)压茬部位

部件与部件相互重叠相接的部位称作压茬部位。相互重叠的宽度叫压茬量。

无论何种结构的鞋帮,均不分是正面革和反面革,不论是上压部件还是被压部件,其压茬部位都需要片边,避免产生硬棱磨脚。

帮部件所处位置的不同,片边的要求也有所不同。正面革片边,上压部件是在革的肉面,片边宽度3~5mm。而被压部件,其肉面和粒面都要片,肉面片边宽度大于压茬量1mm,边缘保留0.2~0.3mm;粒面片边宽度小于压茬量3mm以上,只轻轻片(刮)掉皮青,目的是便于粘合,片边量若大于压茬量会造成片茬外露,影响鞋的美观。粒面层的表层可用砂布砂磨,也可不进行处理。压茬部位的片边见图6-17。

绒面革虽具备粘合能力,但为了接茬处平整也需片边。绒面革被压部件的片边也是在革的肉面,但绒面革的肉面是其正面,所以片边宽度应小于压茬宽度,如压茬宽度为

8~9mm，片边宽度就应为5~6mm，边沿片留厚度0.4~0.6mm，刷胶时要注意防止超过压茬量。如果绒面革用于被压茬的片边也同正面革一样，等于或大于压茬宽度，就会造成片边外露而影响美观。绒面革上压部件一般不进行片边操作。

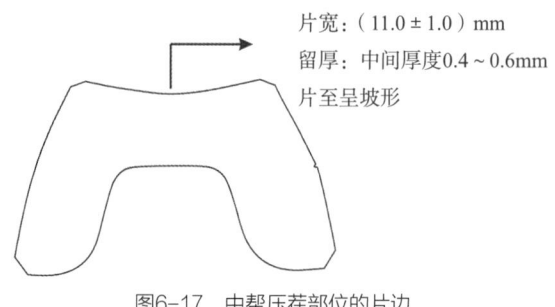

图6-17 中帮压茬部位的片边

（三）切割部位

鞋帮所有外露不折边的部位都要切割整齐，也称拉茬。拉茬部位的片边，应保留一定量的厚度。

1. 鞋舌

以三接头鞋为例：鞋舌周边片宽8~10mm，边缘留厚0.5~0.8mm。片边的目的是防止磨脚，便于衔接，因此，比中帮连接部位的片边宽度略大些，为9~11mm，见图6-18。

2. 后帮合缝处

合缝后要经过敲平，承受一定的工艺性影响，所以面革片宽为4.5~5mm，边缘留厚男鞋为0.9~1.0mm，女鞋为0.8~0.9mm；里革片宽5~6mm，边缘留厚0.5mm，见图6-19。

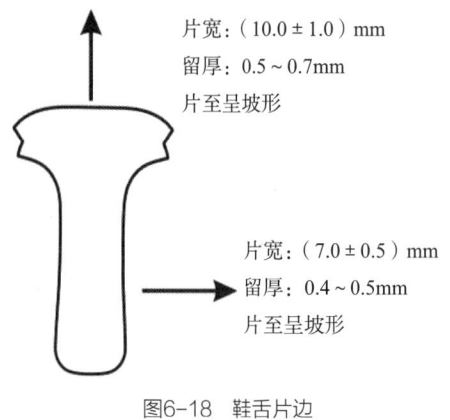

图6-18 鞋舌片边

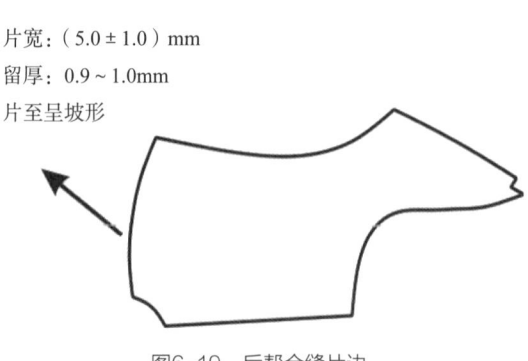

图6-19 后帮合缝片边

3. 沿口边

边缘采用沿口工艺的片边宽度为3~5mm，边沿留厚为：沿窄口0.6~0.9mm；沿宽口1.0~1.2mm。沿口皮的厚度一般为：窄口0.3~0.4mm；宽口0.5~0.7mm。

4. 胶粘搭接处

鞋里部件的搭接处有很多不是缝合，而是粘合的。这种搭接的切割边也要片边，片宽8~10mm；边缘留厚0.3~0.4mm；搭接量为8~10mm。

二、片边的方法

片边有手工片边和机器片边两种方法。

（一）手工片边

要准确地掌握好刀与被片部件的角度，按部件的不同规格要求灵活掌握操作。片边前先熟悉工艺规程和技术标准。片小部件或片拐弯部件不要硬拉，以免鞋帮部件破裂或变形。

（二）机器片边

操作前按各部件的规定厚度、宽度调整好机器的压脚、挡板、圆刀、送料砂轮的高低，调好前后位置和倾斜角度等。先用废料边角试片一至二次，符合规定要求后，再进行正式操作，见图6-20。

在操作过程中经常检验成品质量，防止由于刀刃磨损或送料轮、压脚、圆刀刃口三者的位置松动而影响产品质量。

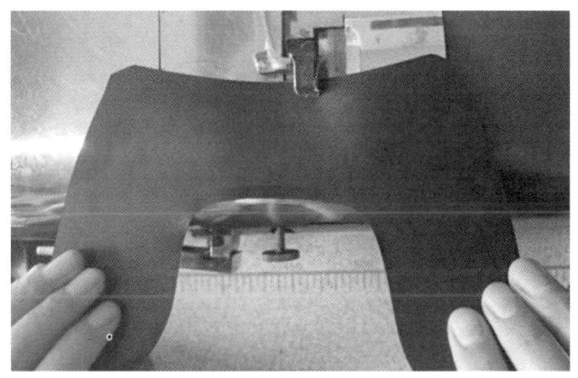

图6-20 机器片边

第五节　帮面部件折边

折边是指将部件的边沿折回一定宽度并且粘牢压平的操作。部件经过折边后可以得到一个光滑、丰满、整齐的边沿,增加了部件轮廓造型的美观性。

折边要求部件边沿圆滑、平整、均匀、无包、无棱,符合制作样板轮廓。

一、折边的类型

按照部件边沿轮廓线的特征,折边可分为五种基本类型。

(一) 直线型

直线型折边是指在部件边沿轮廓线呈直线时或接近于直线时的折边操作,见图6-21。由于外轮廓线的长度与折回线长度基本一致,折边时可直接进行,而不用打剪口或捏褶。

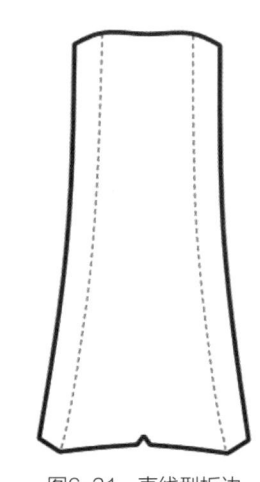

图6-21　直线型折边

(二) 凹线型

凹线型折边是指在部件边沿轮廓线呈凹弧时的折边操作,见图6-22。由于外轮廓线的长度小于折回线长度,折边时应打剪口以弥补外轮廓线长度,使得折边后部件平伏。打剪口时要注意剪口的深度和密度。如果凹弧半径较小,剪口应当加深加

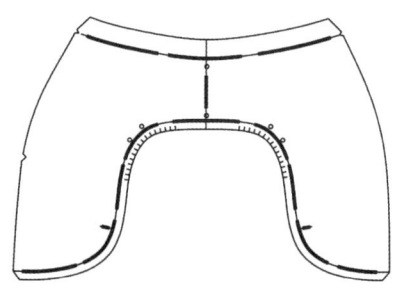

图6-22　凹线型折边

密;如果凹弧半径较大,剪口应当变浅变稀。也就是说掌握弯大疏浅,弯小密深的原则。

打剪口的深度一般取折边量的2/5 ~ 3/5;剪口的间距一般为1.5 ~ 2.5mm。每个剪口都要打在圆弧半径上,不能偏斜,剪口深度不能超过第一道缝线,否则帮面上也会看到剪口,影响成鞋的外观质量和耐用。

(三) 凸线型

凸线型折边是指在部件边沿轮廓线呈凸线型时的折边操作,见图6-23。由于外轮廓

线的长度大于折回线的长度，折边时应当通过捏褶以减少外轮廓线长度，使得折边后边沿整齐。捏褶是边折边边挤捏出一个个小褶。捏褶时应注意褶子的大小要均匀一致，疏密适当，不能出现硬棱、死角，要圆滑平整。

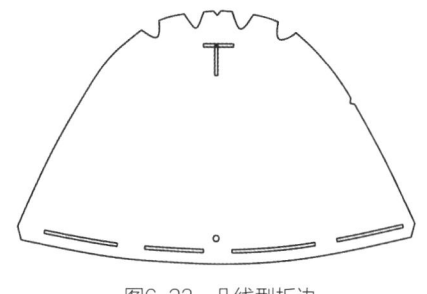

图6-23 凸线型折边

（四）尖角型

尖角型折边是凸线型折边的特殊类型。当部件边沿轮廓线成尖角形状时的折边操作称作尖角型折边，见图6-24。

折尖角型边时，先在角的顺手一侧打一个斜角，斜角的大小在尖角的1/2左右，要打到角的顶点。然后折回斜角一侧边沿，而后再折回另一侧边沿，当角的两侧都折完后，再将多余的部分齐根剪掉。

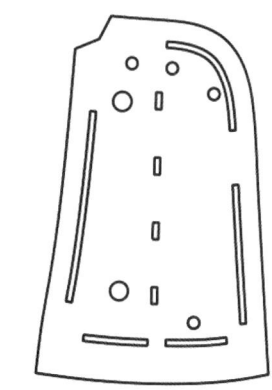

图6-24 尖角型折边

（五）凹角型

凹角型折边是凹线型折边的特殊类型。当部件边沿轮廓线成凹角形状时的折边操作叫作凹角型折边，见图6-25。

折凹角型边时，要先在凹角处打一剪口，剪口深度距制作样板0.2mm，不要打得太深，然后再进行折边。凹角型折边时，在凹角处的部件边沿会由于片削变得很薄，而且没有折边量弥补，

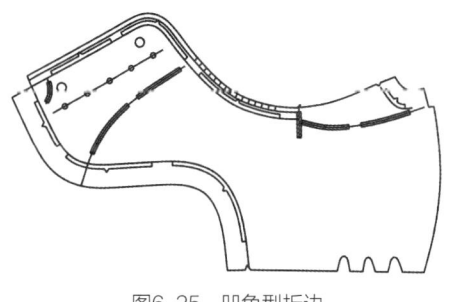

图6-25 凹角型折边

形成一个缺料的小三角区。为加固部件的强度及缝合线的平整，对缺料的小三角区应当贴衬补强。

以上五种折边的类型是折边的基本类型，在不同帮部件的加工过程中应根据具体部件形状进行折边操作。

（六）加衬带型

加衬带型折边是指在部件折边时需要补强的位置加贴衬带增加强度的折边操作。

第六章 鞋帮加工

二、折边方法

折边的方法有手工折边和机器折边两种。

（一）手工折边

折边工具：有帮工专用短把小榔头、垫板、拨锥、铁夹子、剪刀或拉皮刀、打花孔用的各种小冲子和汽油胶。

折边操作流程：刷胶→固定样板→打剪口→折边→标规矩点→剪齐→打花孔。

先在折边部位刷汽油胶，风干后备用。然后把制作样板固定在帮部件正面上，四周边沿对齐，留出折边量，用铁夹子夹住或用胶粘均可。再按照折边类型的要求，在需要打剪口的部位打上剪口。然后，把固好样板的帮部件翻转过来，样板在下面，折边部件肉面朝上。折边一般是自右向左逆时针方向进行，左手拇指侧压住帮部件，食指及中指掀起折边量，并按制作样板轮廓按倒，右手握榔头把，用锤头轻敲折边部位，边折边捶，顺序进行。

使用榔头时要注意锤头表面要光滑，边沿无锐棱。敲砸时，锤面略倾斜，接触点控制在锤面中心到边沿之间。部件受力点应控制在距边1.5~2.0mm以内的部位，受力过大会造成边缘不圆滑不丰满。边缘有不圆滑流畅的部位可用锤头边推擦修整。折边完成后，需要打花孔的部位再进行打孔。折边时的垫板可以用片石或塑料板，打孔时下面一定要垫塑料板。在凸线型折边时，为了使皱褶均匀细致，应当用针锥或挑针把皱褶拨匀后再敲砸。

在遇到压茬部位折边时，上压部件的折边量应包住下压部件，只是下压部件被包裹部位应当适当片薄些，上压件该部位折边量适当加大，以保证折边后的效果。

在合缝时遇到折边要挑开两侧折边，合缝后再将该部位边沿折好。

（二）机器折边

机器折边有专用折边机，见图6-26。

使用折边机折边时，折边量的大小可以控制，而不需使用制作样板。折边机使用热熔胶，有自动喷胶装置，边喷胶边折边粘合，遇到凹弧时还有自动打剪口装置，需要补强时也

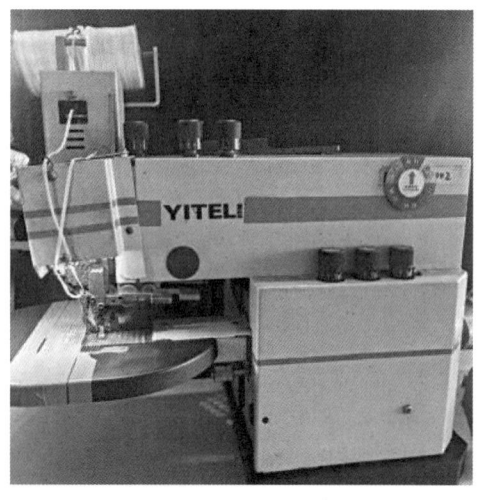

图6-26 折边机

能自动把补强衬带嵌入到折边部位内。对于直线型折边和轮廓线弯曲变化较简单的，使用折边机可大大提高折边效率，但对于凹弧的弧度较小时，折边效果并不理想。手工折边目前还是主要的折边方法。

为了提高手工折边的效率，也常应用一些辅助工具。例如，将普通缝纫机压脚改装成折回压脚后，也可用来折边。刷胶方法同手工折边，部件通过折回压脚后，依然靠缝纫机的牙子送料，只是针杆改装成锤头，折边部位通过压脚后依靠针杆上下运动敲砸，达到粘合目的。再如使用喇叭口形状的模具，还可以进行两侧折边。

第六节　鞋帮部件镶接

一、鞋面部件的镶接

镶接是指缝制前将帮部件按加工技术要求临时性粘接的过程。部件镶接后，有了相对稳定的位置，便于缝合操作。镶接与缝制工序，有时是穿插进行的，镶接好一部分后进行缝制，然后再与另一部分镶接。随着缝制技术水平的提高，有些部件的镶接过程被逐渐取代。部件的镶接，要按照划样时标出的规矩点进行，上压部件压住规矩点的一半，既不跑样，又能显现出镶接位置。

镶接时也需要刷胶，上下两部件都要刷胶，风干后备用。按照帮部件所呈现的镶接状态，可以分为平镶和跷镶两大类型。

（一）平镶

平镶是指部件镶接后呈现平面状态的操作过程。例如女浅口鞋两腰部位的前后帮镶接、后包跟与后帮的镶接等，进行平镶的部位大多是楦面较平坦的部位，见图6-27。

图6-27　浅口鞋腰部平镶

（二）跷镶

跷镶是指部件镶接后呈现曲跷状态的操作过程。跷镶时虽然也是按照规矩点进行镶接。但由于帮样板上有跷度存在，所以不太容易操作。例如三接头鞋包头与中帮的镶接

（图6-28）、中帮与后帮的镶接都属于跷镶。部件经过跷镶后，才能接近于楦体造型，才能使鞋帮符楦。所以有跷镶的部位一定要把跷度镶出来。在设计帮样时，跷度已经过适当处理，镶接时只要严格按照规矩点镶接即可。有跷镶的部位都是凸凹不平的曲面，因此，在平面工作台上进行跷镶很棘手，为此可以制作一些马鞍型曲面的胎具，方便跷镶操作。

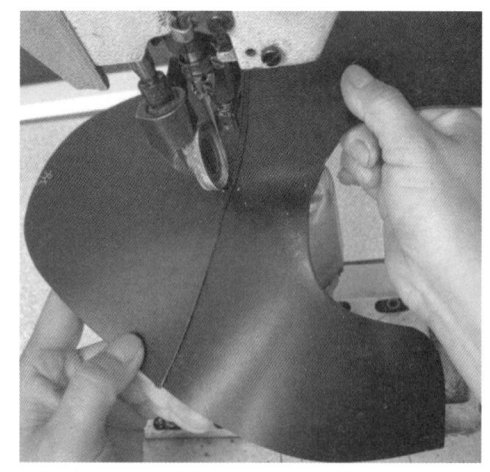

图6-28 包头与中帮的跷镶

二、鞋里部件的镶接

鞋里部件的镶接大多是平镶法，操作相对简单。虽然鞋帮面与鞋里部件相似，但要求不同。鞋里与鞋面间进行镶接，可分为套式镶里与组合式镶里两种方法。

（一）套式镶里

套式镶里是指将鞋里各部件镶接成一个完整的鞋帮形状——套里，然后再将套里整体装配在鞋帮面套样上，在鞋口边沿进行缝合后就构成了一双鞋帮。在制作女浅口鞋、封闭式高腰鞋和靴子时大多采用套式镶里结构。

（二）组合式镶里

组合式镶里是指按鞋帮的前后帮分别镶前帮里和后帮里，然后前后帮的里和面再组合成一双鞋帮。组合式镶里在生产一般耳式鞋、舌式鞋时经常采用。例如男式三接头鞋的鞋里便采用组合里结构。

镶里又称作粘里，粘里与贴衬里不是一回事。粘里是鞋里与鞋面部位的镶接，可以增加鞋的卫生性、保暖性，而贴衬里是衬里布直接贴在帮面上，提高鞋帮的强度和使用性能。镶里是临时性粘接，要选用汽油胶，而贴衬里是固定性粘合。

鞋里镶接时一般不用标出规矩点，但镶接量较固定，一般采用4~6mm。镶里时必须照顾到鞋帮面，因地制宜进行调整。镶里时要注意中线位置取正，鞋口等冲边部位留出2~3mm冲边量，最后修整底口时，鞋里要缩进帮面6~7mm。

第七节 鞋帮部件的装饰加工

根据款式结构的加工工艺要求,在鞋帮组装缝合的前后,对鞋帮进行凿、抽条、编、冲、镶、嵌、装等装饰加工。

一、凿

凿是指用凿子凿孔。制帮用的凿子统称为花眼冲,又称打眼锥、狗牙锥等。因为不仅穿皮条需要凿孔,还有帮面敲花,打气眼,装鞋眼,钎带打眼以及制作部件边口花牙等都需要凿。在制鞋过程中,凿有多种方式,传统方式有以下三种。

(一)钥刀冲

将所需的花眼冲固定在裁断刀模上,连裁带凿。

(二)机器敲

运用缝纫机,在针杆上装一凿冲,随机头的转动循序凿孔。

(三)手工凿

手工凿孔时一只手握住凿柄,无名指及小指抵住样板作靠山,保持凿体垂直,另一只手用榔头适度敲砸,边捻动凿柄,边移动凿位。敲砸不要用力过猛,以免凿子陷入垫板,影响捻动移位速度。垫板材料不宜太软,以保证凿出的孔眼光洁规范。

用裁断钥刀或手工凿眼时应使用塑料垫板;缝纫机凿孔则采用硬纸板衬垫。

近年来随着科技的不断进步,电子产品不断应用于制鞋行业,皮革冲孔操作也出现了数码设备。数码冲孔机不仅效率高、冲孔规整,而且能做手工之不能,特别适合大面积和孔眼密集的产品。帮面凿孔见图6-29。

图6-29 帮面凿孔

二、抽条

抽条产品一般要求帮面厚度0.8~1.2mm，抽条厚0.6mm左右，见图6-30。另外，前帮盖抽条的花式也很多。这类产品全以花眼冲凿孔，抽条都经过对折，帮面厚度与不抽条的产品相同。抽条的步骤如下。

图6-30 抽条

（一）制作工具

抽条的工具是引针，有发夹、竹针和缝绒线用的衣针等。用竹针做引针时，针头要光滑，劈开针尾粘进皮条，下端刷天然胶水待粘接。针头宽不得超过凿眼宽度，以防损伤洞眼；针长以方便为准。

（二）选条

由于皮革有粒面粗细和色差等区别，在抽条之前，必须将所需要的皮条按双选择与帮面配妥。

（三）抽条

抽条的松紧必须自始至终均匀一致，以平服为准，切忌忽松忽紧等现象，以避免孔眼口皮革纤维起毛，影响外观。

三、编

把皮条交叉组织起来称为编织。编织图案和种类有很多，如六角形、芦席形、辫子形等。前两者通常要用专门的框架，四边钉上小钉，绷上皮条，然后以手工方法一根根编织。根据图案不同这类皮条经折边后的宽度也不同：六角形一般为4~7mm；芦席形一般为3~4mm。

原料以羊正面革为例，厚度0.6mm，如直接作鞋帮，承受张力的部件中间需加衬带增强。如用于受力较小的装饰部件，则可不加衬带。皮料略厚或使用牛皮等均可。粒面略粗或稍有虫叮均无妨，但必须有光泽。

四、冲

将鞋帮边口多余的里皮冲掉,称为冲里边。冲里边应根据不同品种和工艺要求进行操作,有的品种可将多余的鞋里全部冲掉,有的就需要在后帮上口保留部分鞋里,便于绷帮时钉后帮上口定位钉,以保持后帮上口自然整齐,避免工艺性损伤。

冲里边可分机器冲和手工冲两种。

(一)机器冲里边

缝纫机带刀冲里边。在压脚轮的前端装有竖立条形的小刀,随着缝纫机的转动,条形小刀就上下倾斜滑动。向前缝纫时,多余的鞋里边即被切除。

(二)手工冲里边

手工冲里边使用的刀具有两种:一是剪刀,二是冲里刀。

1. 剪刀冲

操作时帮里向上,右手使动剪刀,在底线的左外侧距线0.8~1.0mm处剪一小口,用手捏住余边,中指及无名指压住帮件。剪刀口张成V形状,刀头略向上翘一点,靠近线脚向前冲边。左手随即变换按压位置,依次循序操作。注意剪刀口张开幅度,冲剪力道要掌握适当,不能忽大忽小,否则容易冲伤帮件边口粒面或冲断底线,见图6-31。

2. 冲里刀冲

冲里刀是冲切鞋里边的专用刀。操作时,右手握住刀柄,左手按住帮件边口,在底线的

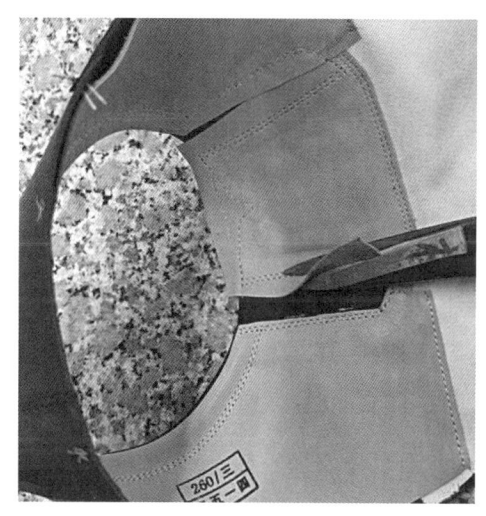

图6-31 剪刀冲

右外侧,距线与上述相同,刀口前端同样要略向上翘一点,刀底紧靠底线,平稳地向左前方推进。推进时,左手随之向前移位,变换按压帮件位置。使用冲边刀冲里边速度快、工效高、质量好,但还存在不足之处,对弯弧小或内尖角处的冲里边,往往还需要用剪刀进行补冲死角。

不论用哪种工具,冲边质量都是一样的,即,边口要光洁整齐,距缝线留边一致,不能冲伤帮件边口或冲断缝线。

五、镶

镶指的是镶色，就是把一双鞋帮上两种或两种以上不同颜色的皮革和不同材料的部件镶接起来，组合成一个整体鞋帮的过程，称为镶色工艺，见图6-32。这种工艺在制帮加工过程中与部件和部件之间的镶接无太大区别，只要位置不搞错，同双对称一致即可。

图6-32　镶色

六、嵌

嵌指的是嵌线，就是用与帮面同色或异色材料，折成单面光边的皮条，嵌在裸边或折边部件边口上的工艺。

嵌线属于装饰性工艺，多用于花式女皮鞋帮面上，以增加其外观美感。其操作要求精细。

嵌线方法有两种，一种是粘贴嵌线（又称拉嵌线）；另一种是机缝嵌线。现将操作方法叙述如下。

（一）粘贴嵌线

将部件粒面向上，嵌线置于部件边口下露出1mm，自左向右粘贴，在部件边口将嵌线按压粘住。

嵌线粘贴至凹弯处时，需在嵌线皮上打剪口，剪口的深度和密度，应根据凹弯弧度的大小来决定。嵌线粘贴至外凸圆角处时，其外凸圆角越小，嵌线越易起角，可在嵌线上剪上三角缺口，这样可消除嵌线凹凸不平等情况。嵌线粘贴至尖角时，需在部件夹角右侧端点的嵌线上打一剪口。剪口不得过深或过浅，过深，夹角端点嵌线易断；过浅，尖角处的嵌线就不成尖角形，影响外观。

粘贴嵌线时，露出边口要均匀一致。露出过宽，压缝后嵌线显得很粗；一般情况下露出宜窄，嵌线条显得细条美观，待嵌好后随即用榔头捶压平整。

（二）机缝嵌线

在两个部件的中间缝上一条嵌线，称为机缝中嵌线。

机缝中嵌线的皮条，一般先以大面积皮革按规定厚度要求片平，再裁成5mm宽的条子，然后在皮条肉面涂刷天然胶水，晾干待用。

操作时，将皮条在部件嵌线处以粒面对合，边口对齐，距边0.8~1.0mm，像缝沿口皮一样先缝一道线，缝完后，再将皮条以肉面对合，边口对齐，像折边一样将其折齐敲平。再将另一侧部件粒面与已缝好皮条部件的粒面对合，边口对齐捏牢，在底线的左侧距线0.5mm处再缝一道线。缝线必须整齐，线距宽窄要一致，否则嵌线会粗细不均匀。最后，将两侧部件展开整平后，嵌线就显露中间了。

七、装

在鞋帮上安装各种形状的装饰件称为装。有些装饰件同时具有很强的功能性，故又称为功能性装饰件，如鞋眼，鞋钎、结花、拉链、松紧布等。

（一）装鞋眼

鞋眼不仅能保护鞋耳上的鞋眼孔洞不被拉长或拉坏，而且便于将鞋带穿入。鞋眼有明鞋眼和暗鞋眼两种。装在鞋耳粒面上的称为明鞋眼，装在鞋耳里革粒面上的称为暗鞋眼。暗鞋眼的形状一般都是圆形的，常用明鞋眼的形状有椭圆形、圆形、六角形等。

鞋眼的圆孔直径是其主要规格。为了使鞋眼能起到保护作用，鞋眼必须安装牢固，鞋眼的外径应与鞋耳上的孔径相符。一般要求鞋耳上的孔径略小于鞋眼外径，这样鞋眼套入鞋耳孔眼不易转动和脱落，再经过翻边分花，鞋眼的抗拉力就更强。

1. 装明鞋眼

装明鞋眼有手工操作和机械操作两种。

（1）手工操作

将鞋耳粒面向上，下衬垫板，手握花眼冲对准鞋眼标志点，用榔头敲砸花眼冲，把帮面与帮里凿通。将鞋眼套入孔眼内，再将帮里向上、帮面向下放在垫板上，用分花冲放正在鞋眼脚上，用榔头敲凿，使鞋眼脚向周边翻卷，用榔头轻轻将鞋眼捶平。鞋眼分花有明脚和暗脚两种：套鞋眼时，连同帮面与帮里贯通套上，经分花后，鞋眼脚翻卷在帮里孔眼周边，称其为明脚；套鞋眼时，先将帮面与帮里揭开，鞋眼从帮面的粒面向孔眼内套入，在帮面的肉面上将鞋眼分花敲平后，再将帮里对准各孔眼位置粘合，使鞋眼脚藏于面与里之间，称其为暗脚。

（2）机械操作

冲鞋眼机是由电动机在接通电源后，带动送料的圆盘，推动鞋眼以单行排列，自上而下进行输送鞋眼和回脚（开花）装置的共同运动来完成装钉鞋眼工作。冲眼装置由机架下右边的踏脚板来控制，回脚装置在摆放鞋帮的弯头下面，与装鞋眼及开鞋眼在一条垂直线上。压住鞋帮的压脚上下，是由机架左下方的踏脚板来控制。

操作时，首先根据鞋帮尺码的大小，调整好鞋眼之间的距离，然后，左脚启动，使压帮的压脚抬起，将鞋帮耳件放在弯头上，鞋耳边靠紧挡板。再用右脚启动，让电动机带动打眼装置。装置完毕后，将右脚抬起，左脚踏下脚板，将鞋帮取出，依次循环操作。

2. 装暗鞋眼

暗鞋眼装在帮里粒面孔眼内，其操作方法与暗脚基本相同。

鞋眼脚展开时，使用榔头的力度要恰当，不能忽轻忽重。过轻鞋眼脚会凹凸不平，过重鞋眼被敲变形或脱漆等缺陷，影响外观。

（二）装鞋钎

鞋钎的作用是系紧袢带缚牢脚背，同时也起装饰作用，见图6-33。鞋钎的形状有多种多样，按结构可分为有针钎和无针钎两种。装鞋钎需要有鞋钎皮。

操作时，先在鞋钎皮宽向居中凿孔，鞋钎皮宽度不超过鞋钎内宽。用刻刀割出或用专用花冲凿出容纳钎针的孔，然后将鞋钎皮穿入鞋钎内，使鞋钎针落在鞋钎皮孔的中

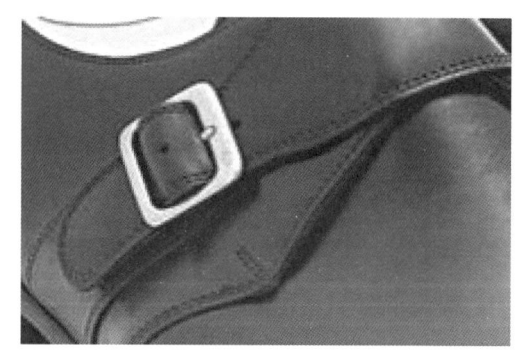

图6-33　鞋钎和袢带

间，以钎针在孔内上下扳动活络为准，肉面对合粘牢。如果鞋钎皮是插入帮面与帮里之间的，就需要将鞋钎皮头片出斜坡形，以免凹凸不平。在斜坡形处涂刷胶水，待干后插入帮面与帮里之间，用榔头轻轻捶牢。同双鞋必须保持一致。锤鞋钎皮时，切勿捶到鞋钎上，以防鞋钎的边口硌坏帮面。

（三）装铆钉

铆钉在鞋帮上起加固结合的作用，防止在绷帮和出楦以及穿用过程中将鞋帮拉坏。铆钉一般用于口门两侧，以军鞋和劳动防护鞋较为常见。铆钉是由子扣和母扣两件组成，子扣为凸形，母扣为凹形。

铆钉一般采用机器装钉,也可用手工,方法基本一样。

操作时,首先在前后帮缝接处的尖角端点部位冲凿孔眼(不要冲断缝线),然后将铆钉子扣从帮里向帮外嵌入孔眼内,再把母扣扣在子扣的顶上,用机器或专用工具压合,使子扣前端在母扣盖里变形膨胀,将帮面帮里牢固地结合在一起。

(四)装拉链

鞋用拉链开合方便,运用自如。拉链齿分尼龙和金属两种。拉链的长短和齿号是其主要规格,鞋用拉链一般为大号、粗齿。装拉链分装明拉链和装暗拉链两种。

1. 装明拉链

在鞋帮表面明显露出拉链齿的,称明拉链,见图6-34。

操作时,先在部件边口反面和拉链正面的织物两侧边口上涂刷胶水,待晾干后,拉链刷胶面朝上平放于片石上,将帮件粘贴在拉链织物边口上,另一面按同样方法进行粘贴。粘贴时,边口要整齐,中间宽度以拉链头上下拉动畅通为准。将上口拉链织物的余量,按帮件边口向内折叠粘住,在拉链下面一边粘贴一块长条形的衬皮,防止拉动拉链时,轧坏袜子和轧痛脚。

2. 装暗拉链

在鞋帮表面不明显露出拉链齿的称为暗拉链。

装暗拉链的操作方法与装明拉链基本相同。不同的是在粘贴时,要求帮件两侧边口,以拉链锁口并拢粘住即可。

图6-34 明拉链

(五)装松紧布

松紧口鞋穿脱不用解系且调节自如,低腰和高腰皮鞋均可使用。装松紧布时,先将松紧布的粘贴边口片成斜坡形,以免起硬棱角。在帮件粘贴松紧布的部位及松紧布上刷胶,将帮件按松紧布样板粘贴,同双宽窄要一致。由于松紧布的弹性较大,需要在松紧布下面,齐帮件边口粘贴衬带,防止在绷帮时拉伸变形。待出楦后,再将衬带剪掉,见图6-35。

图6-35 松紧口鞋

（六）装装饰件

在鞋帮上起装饰美观作用的部件，称为装饰件。装饰件一般可分为金属件和非金属件两类。金属件安装一般采用铆钉或用皮条过渡连接，非金属件的安装一般采用缝纫机和手工缝钉。

1. 装金属装饰件

金属装饰件分有脚（指其反面两端或中间有固定用的脚）和无脚（如链条型）两种。

有脚装饰件的安装，先将帮面用花眼冲按标志点进行凿孔，然后，将装饰件的脚从正面向孔洞内嵌入，再将帮面反过来，把脚分开或折回后，压平。

无脚装饰件的安装，其两端需要借助皮条穿连，肉面对合粘牢，然后片成斜坡形，刷胶待用。按帮面上的标志点，用刻刀或花眼冲将帮面凿通。用镊子夹住皮条头，将其塞进帮面与帮里之间，两侧皮条进出要一致，使链条型的装饰件留有绷楦余量，再用榔头将穿皮条洞周围捶平，最后缝住皮条。

2. 装非金属装饰件

非金属装饰件皮制居多，俗称花结，一般是先由案板工按样板加工成型后，再由缝帮工按帮面上的标志点将花结直接缝合。也有成帮后，将装饰件与帮面同样按标志点用缝衣针手工缝合。两种安装质量要求相同，必须端正牢固。

第八节　鞋帮装配

鞋帮装配是指利用不同的工艺手段，将鞋帮部件、辅件连接在一起，装配成整体鞋帮的过程。

根据鞋帮材料和款式的不同，鞋帮装配方法也不尽相同，目前鞋帮装配的主要方法是机械法。机械装配法又可分为三种类型：一是利用制鞋缝纫机缝制装配鞋帮，现在的缝纫机设备——电脑缝纫机自动化程度高，操作省力，可自动打倒针、自动断线等；稳定性好，线迹整齐、美观；二是利用铆、钉、扣等方法装配鞋帮；三是利用温度、压力等方法把鞋帮部件装配在一起，如人造革、合成革材料可采用这种方法连接部件或在鞋面上压装饰线、花纹等图案。

上述三种装配方法,既可单独使用,也可根据鞋款的需要混合使用。其中缝纫是鞋帮装配的主要手段。

一、缝纫针、线的性能及质量要求

鞋帮缝纫是利用针、线、缝纫机等工具设备和材料,将鞋帮部件缝接成整体的鞋帮,缝纫机是制鞋生产的主要设备,缝纫针、线是缝制鞋帮的主要辅助材料。

(一)缝纫机针

缝纫鞋帮机针按针尖形状可分两种类型:一种是扁形针尖,这种类型针尖适合于皮革材料的缝纫;另一种是圆锥形针尖,针尖部位形成一个圆锥体,这种类型针尖适合于缝纫纺织材料。

机针的质量要求:机针孔、针槽内各部位不许有毛刺,机针尖部位不许带钩,机针杆要直。

(二)缝纫线

缝纫线在缝制鞋帮中,一是起连接部件作用,二是以美化和装饰鞋帮为主要功能,即装饰功能。缝纫线的种类繁多,用途广泛,主要品种有:丝线、锦纶线、涤纶线、棉线、棉腊光线、苎麻线等。一般缝纫线也可简称为线。

(三)针码

针码是指缝纫材料上两针之间的距离。针码大小是由鞋帮式样和鞋帮结构造型以及材料厚度、机针和缝纫线粗细变化而决定的。

二、鞋帮部件的缝纫形式与方法

鞋帮缝纫形式有多种,从鞋帮零部件的连接到组装成品鞋帮,在缝纫操作方法上可分为六大类型。

1. 接缝

一个帮部件的边沿压在另一个帮部件的边沿上,在重叠部位由面上直接缝线,称为接缝。接缝是常用的一种缝纫方法,见图6-36。

2. 平缝

平缝是指对单层帮部件进行缝纫。平缝从操作上又可分为平面装饰缝和平面对接缝两种。

图6-36 接缝工艺

（1）平面装饰缝 平面装饰缝主要用于美化装饰鞋帮。这种美化装饰适用于任何款式的鞋帮和任何帮面材料。装饰缝纫还可与凿花孔工艺和装饰件及装饰彩带等组成图案，装饰帮面。

装饰缝可根据需要选择缝纫线，可以用细线缝，也可用粗线缝；可用单线缝构成图案，也可用并线、离线构成图案；还可完全用缝线绣成图案，线的颜色可以根据需要来选择。可用双针机或三针机缝纫图案，还可电脑刺绣图案。

平面装饰缝要求针、线的选配一定要合适，不能出现针粗线细的现象，缝纫针码大小可根据需要确定，装饰缝要求缝线针码均匀，曲线圆滑流畅。不允许有跳线、断线、翻线等现象，见图6-37。

（2）平面对接缝 平面对接缝是指部件之间平着对齐并交叉缝合。这种缝纫工艺用一般缝纫机缝纫的很少，多采用曲线对缝机缝纫。这种工艺以前多用于鞋里的接缝。平面对接缝工艺省料，接头处平服，但不能单独使用，需要借助于补强部件，如在帮部件平缝处的上面或下面，放上或衬垫上一个补强的部件，这样可防止对接处撕裂。

平缝工艺可用对缝机缝纫，这种机器缝纫出的部件接头处平服牢固。只要在缝纫时不出现跳线、断线，针码均匀即可。平面对接缝的对接面一定要严整，以保证缝合质量，见图6-38。

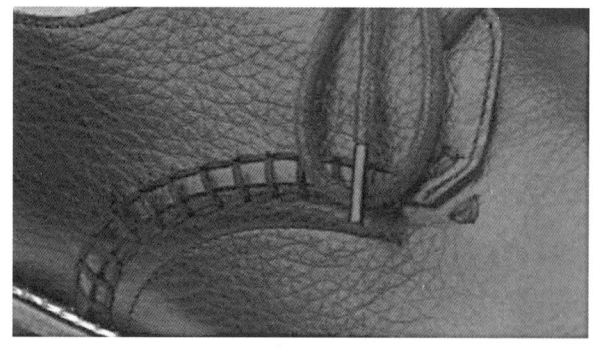

图6-37 平面装饰缝

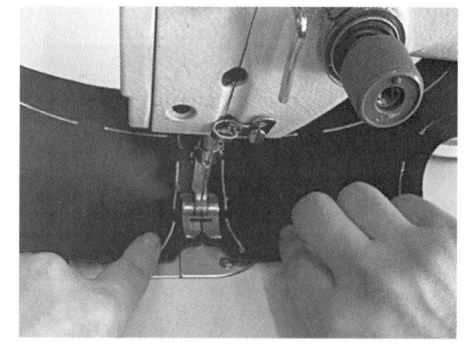

图6-38 用曲线对缝机平缝

3. 剖缝

剖缝是将两个被缝部件正面重叠、边缘对齐后进行缝合，对翻开不压线，这种缝法是缝纫工艺中经常使用的一种缝纫方法，也有人称为合缝法，它可适用于鞋帮装配中的任何一个部位。剖缝工艺缝线距边一般为1.0~1.5mm，起止针处需回针3~4针，并且不允许有跳线、断线现象发生。采用单线缝合时，往往牢度不够，需辅以其他补强方法，见图6-39。

图6-39 剖缝工艺

4. 压缝

压缝是将两个被缝部件正面重叠、边缘对齐后进行缝合、对翻开，把补强部件缝合在部件连接处。也可以说是在剖缝的基础上，经敲平后缝工序，再加上补强部件进行缝制。压缝工艺又可分为面压缝和里压缝两种情况：补强部件压在剖缝处的帮面上，再沿边缘缝线，称为面压缝，如缝后条皮；里压缝则是将补强部件放在剖缝处的鞋帮肉面上，再沿帮面剖缝处的两侧缝两道线，如合后缝。压缝法的操作比较复杂，但缝合后也更牢固，见图6-40。

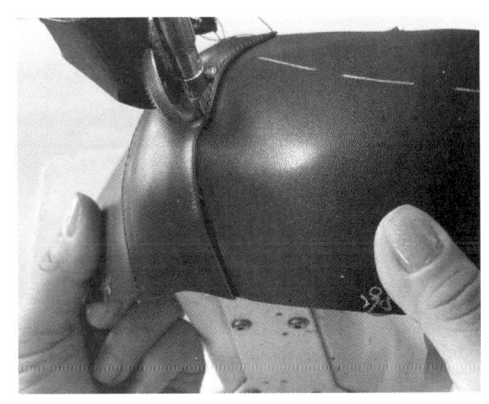

图6-40 压缝工艺缝后条皮

5. 翻缝

翻缝工艺也是制帮中常用的缝纫工艺，按操作方法可分为两种类型。

（1）压翻缝　压翻缝的缝纫方法也有两种：一是将一个帮部件边沿压在另一帮部件的边沿上，然后将被压部件翻转，压住上压部件，再进行缝线。如鞋帮后缝上口处的小保险皮等，见图6-41。

另一种是将一个帮部件的边沿压在另一个帮部件上，再用上压部件包住被压部件边缘后进行缝线。如鞋帮后缝、大保险皮、后条皮的上口边等，见图6-42。

（2）合翻缝　合翻缝是将两个被缝帮部件边缘对齐或错位进行缝合，后将一个部件翻转到另一个帮部件的另外一侧再进行缝线。这种工艺主要用于鞋帮部件边口部位，见图6-43。

图6-41 保险皮的压翻缝

图6-42 先压缝后翻转的后条皮缝合

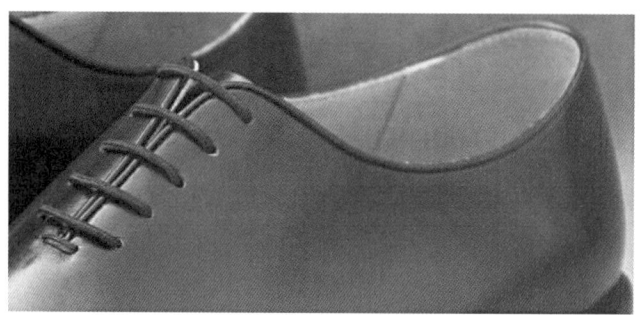
图6-43 合翻缝鞋口

6. 包缝

包缝是指将一个帮部件包在另一帮部件的边沿上，在包边部件上进行缝纫的过程。包缝工艺可分为三种方法：一是先将一个帮部件的边沿包粘在另一个帮部件的边沿上，然后用一般缝纫机缝纫即可；二是先将两部件边沿进行压茬缝纫，再将上压部件包住被压部件边沿，然后在上压部件上缝第二道缝线，这种缝法是两次机缝完成的；三是用专用包缝机缝纫一次完成，不必粘包帮部件的边沿，不需两次缝纫。这种工艺适用鞋帮的任何部位，具有缝纫速度快，劳动强度低，还可节省原材料等优点。常见于普通民用鞋和劳保鞋，但不适用于高档皮鞋。

三、缝帮常见的缝线排列组合模式

缝纫线边距是指缝纫线距帮部件边缘的距离（宽度），简称边距。缝纫线与缝纫线之间的距离叫缝纫线间距，简称线距。

一般在鞋帮缝纫中，缝线的排列组合都是根据鞋的款式造型来决定缝线排列组合的。常见缝线排列组合有下列几种模式。

（一）一道线

一道线，又称单线，这种缝线可用于鞋帮部件的接缝、边口缝纫和装饰缝纫等，任何一个部位都可采用单线缝纫。还可采用不同方法，不同粗细缝线进行缝纫。

（二）两道线

两道线，又称双线，有以下两种组合模式：一是并线，即线距一般在0.8~1.2mm的两条缝线；二是离线，即线距一般在3~4mm的两条缝线。上述两种模式可使用单针机缝两次，也可用双针机一次完成。双针机线距均匀规整且两道缝线是针码错位缝纫。两种缝线模式均可同时采用粗线，或同时采用细线，也可采用一粗一细两种缝线同时缝纫，见图6-44。

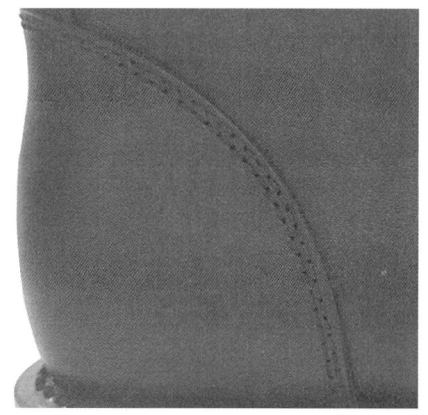

图6-44　两道线缝纫模式

（三）三道线

三道线有四种组合模式：一是一二两道是并线，二三两道是离线；二是三道缝线全是并线；三是三道缝线全是离线；四是一二两道是离线，二三道是并线。上述四种缝线模式可全用细线缝纫，也可全用粗线缝纫，还可粗细线混用，单色线与彩色线混用。缝纫时可用单针机缝三次；也可用双针机、单针机各缝一次完成；还可用三针机一次缝纫完成，见图6-45。

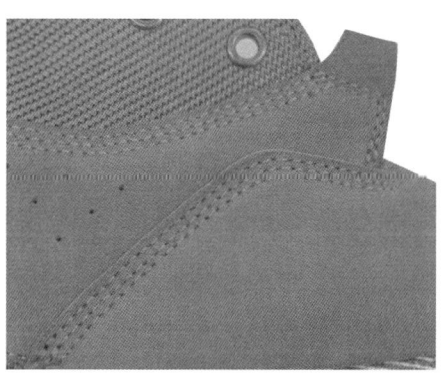

图6-45　三道线缝纫模式

（四）四道线

四道线有三种组合模式：一是一二两道是并线，二三两道是离线，三四两道是并线（图6-46）；二是四道缝线全是并线；三是四道缝线全是离线。上述三种缝法可都用粗线或细线缝纫，也可粗细线与彩色线混用。缝纫时可用单针机缝四次，也可用双针机缝两次完成。

图6-46　四道线"并、离、并"缝纫模式

四、缝帮工艺要求

缝帮的目的是鞋帮组合装配，是帮面构成的主要手段，也是装饰鞋帮、美化帮面的重要方法，缝帮的质量直接影响皮鞋结构的牢固性、定型的持久性。

缝帮的形式变化较多，归纳起来，都是由基础结构形式排列组合而成，常见的缝帮基本结构形式可以分为以下五大类型。

（一）剖缝

剖缝线边距1.0~1.5mm，剖缝帮部件的边距以上面帮部件边缘为准。原因是剖缝部件边缘是根据需要可以对齐合缝，也可错位合缝。剖缝是一道缝线，为防止两头开线，需要在起止针处回2~3针。剖缝要求严格，不允许有跳线、断线、针码不均匀和上下线不合适等现象。剖缝还应注意沿口皮的缝纫，缝沿口皮时，遇见帮部件有凸弧部位合缝时，应将沿口皮适当放松，防止折沿口后帮部件边沿不平伏。如遇见帮部件有凹弧部位合缝时，应将沿口皮适当拉紧，防止折沿口后，鞋帮沿口皮出现褶皱不平伏现象。在操作时左手拿沿口皮，右手拿帮部件，这样不遮挡视线，也便于操作。沿口皮必须在皮革上倾斜45°角裁剪，只有这样才能保证缝制出的沿口光滑圆顺。

（二）接缝

压缝缝线边距为0.8~1.5mm。并线线距0.8~1.2mm，细线多采用0.8mm，粗线则采用1.2mm。离线线距3.0~4.0mm，鞋帮后缝的加衬压缝线距为男鞋3.5~4.0mm，女鞋3.0~3.5mm。这些数据都是根据帮部件边缘厚度和鞋帮结构造型选定，不同的部位，有不同的缝线距离，如内耳式三接头鞋中帮与后帮的接缝，第一道线距边1.2mm；第二道线与第一道线成并线，线距0.8mm；第三道线与第二道线为离线，线距3.0mm。

（三）鞋口边线

鞋口缝线边距为0.8~2.5mm。鞋口边线多为单线，也有并线缝纫。鞋口缝线边距根据需要可达到10.0mm以上。女鞋帮一般窄些，男鞋帮缝线边距宽些，这都是根据鞋帮最后整体造型决定的。

（四）缝保险皮

保险皮一般两侧各缝线一道，距边1.0~1.5mm。

（五）缝包口线

包口线一般是缝一道缝，包口缝线距口条边缘0.8~1.5mm。特殊需要包口宽边的有缝并线的。包口窄边的缝两道线，一道在口条皮上，一道在口条下面帮部件上缝纫。

五、鞋帮装配实例

以校尉男常服皮鞋为例。成鞋式样见图6-47。

（一）鞋帮材料

1. 鞋面材料

鞋面材料为铬鞣中小黄牛黑色正鞋面革。鞋面部件包括包头、中帮、后帮、鞋舌、后条皮和鞋耳，见图6-48。

2. 鞋里材料

鞋里采用皮、布、革组合结构，即前帮里为白色帆布；后帮里与鞋舌里为牛皮；包跟里为超细纤维合成革，见图6-49。

3. 辅料

辅料有针、线、胶、补强衬布等。

图6-47 校尉男常服皮鞋

图6-48 常服皮鞋鞋面部件　　图6-49 常服皮鞋鞋里部件

（二）工艺流程与操作方法

缝帮前各项准备工作（画线、片边、折边等）做好后，缝帮主要包括缝接包头等15道工序，具体工艺流程见图6-50。

1. 工艺流程

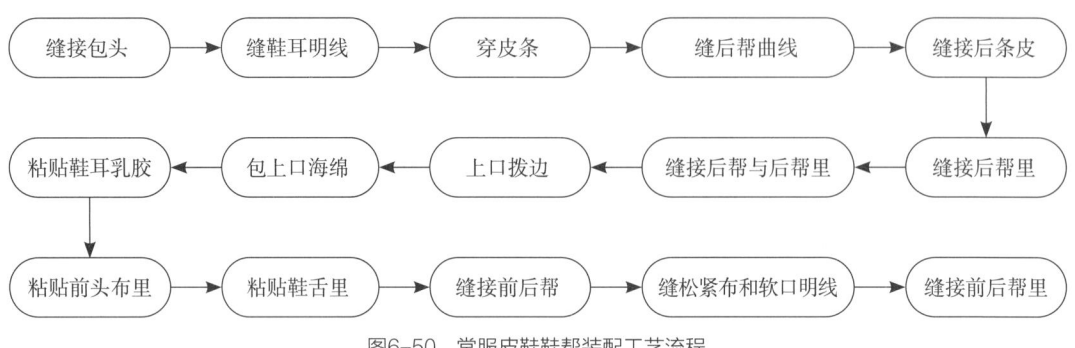

图6-50 常服皮鞋鞋帮装配工艺流程

2. 操作方法

（1）缝接包头　包头压中帮缝线两道，第一道线距边1.0~1.5mm，第二道线距边3.0~3.5mm，针码密度（10±0.5）针/20mm，见图6-51。

（2）缝鞋耳明线　距中缝1.0mm两侧各缝线一道，第一个鞋眼正中为缝线折回处，针码密度（10±0.5）针/20mm，见图6-52。

（3）穿皮条　将皮条平行穿入鞋眼，两侧余荐留长12.0~15.0mm，见图6-53。

（4）缝后帮曲线　后帮后缝处曲线机平缝一道，距边2.5~3.0mm，针码密度（6±1）针/20mm，见图6-54。

（5）缝接后条皮　后条皮居中压在后缝上，两侧各缝线一道，距边1.0~1.5mm，针码密度（10±0.5）针/20mm，见图6-55。

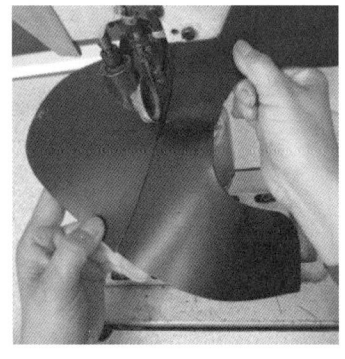
图6-51 缝接包头

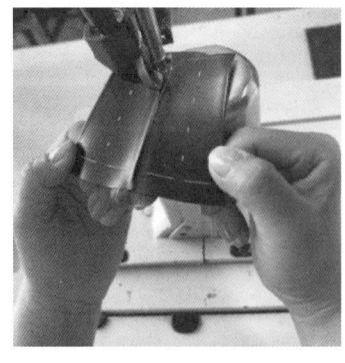
图6-52 缝鞋耳明线

图6-53 穿皮条

（6）缝接后帮里　后帮里压后跟里缝线一道，距边1.5～2.0mm，针码密度（10±0.5）针/20mm，见图6-56。

（7）缝接后帮与后帮里　后帮与后帮里上口暗缝一道，距边1.5～2.0mm，针码密度（9±0.5）针/20mm，见图6-57。

（8）上口拨边　橡筋处折边时要包紧橡筋，翻缝处鞋里上口距边1.5～2.0mm向皮革肉面拨倒，用榔头敲平粘合，见图6-58。

（9）包上口海绵　用后帮里包裹后帮软口，要求饱满平顺，用榔头推压平整。上口里应低于后帮上口面1.5～2.0mm。见图6-59。

（10）粘贴鞋耳乳胶　鞋耳乳胶与鞋耳对应部位刷胶，居中粘牢，见图6-60。

（11）粘贴前头布里　布里底口缩进鞋面2～3mm，中心对正，粘牢，见图6-61。

（12）粘贴鞋舌里　鞋舌里与鞋耳对应部位刷胶，上口留余茬2～3mm，两侧甩匀粘牢，见图6-62。

（13）缝接前后帮　中帮压后帮缝线两道，第一道线距边1.0～1.5mm，第二道线距边3.0～3.5mm，针码密度（10±0.5）针/20mm，见图6-63。

（14）缝松紧布和软口明线　松紧布两侧和软口下沿缝线两道，两鞋耳与鞋舌上口缝线

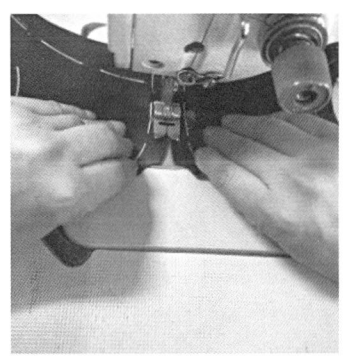
图6-54　缝后帮曲线

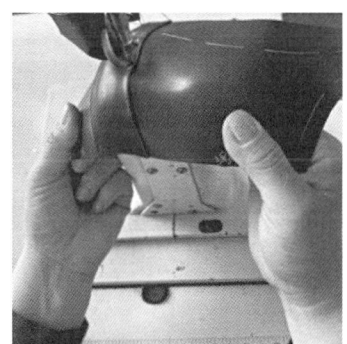
图6-55　缝接后条皮

图6-56　缝接后帮里

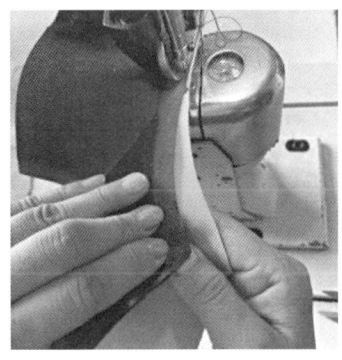
图6-57　缝接后帮与后帮里

图6-58　上口拨边

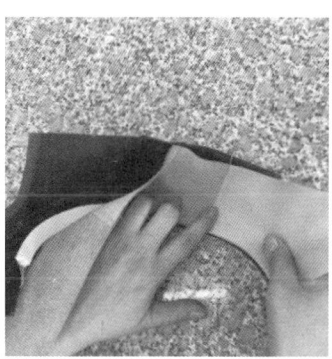
图6-59　包上口海绵

一道，松紧布接口处重线一道。后条皮两侧软口下沿处第一道缝线距上口（15±1.5）mm，松紧布处第一道线距边（10±1.5）mm，软口下沿和松紧布处并线间距1mm，鞋耳与鞋舌缝线距边1mm。针码密度（10±0.5）针/20mm，见图6-64。

（15）缝接前后帮里　后帮皮里压前帮布里缝线一道，上口缝至皮革边沿，打回针，距边1.5~2.0mm，针码密度（9±0.5）针/20mm。线头挑入面里之间，见图6-65。

3. 成帮

成帮效果见图6-66。

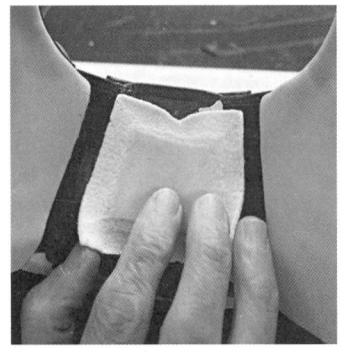
图6-60　粘贴鞋耳乳胶

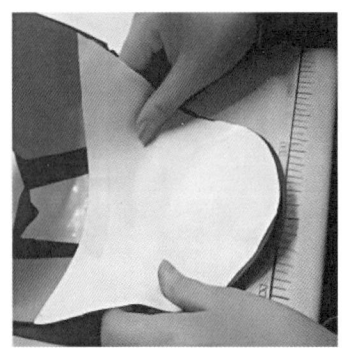
图6-61　粘贴前头布里

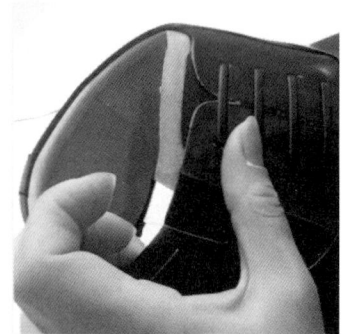
图6-62　粘贴鞋舌里

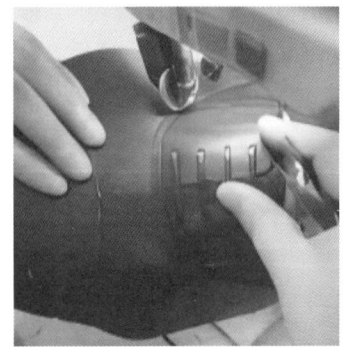
图6-63　缝接前后帮

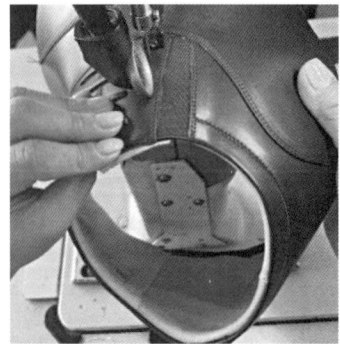
图6-64　缝松紧布和软口明线

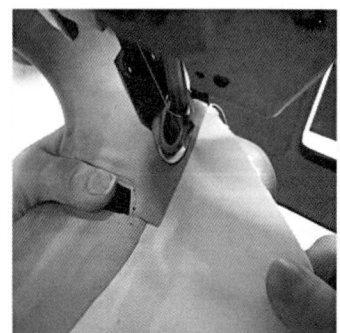
图6-65　缝接前后帮里

图6-66　常服皮鞋成帮

第七章
鞋底部件加工

鞋底部件的加工整型，是按照不同的帮底结合成型方式、鞋底部件不同的形状和尺寸要求所进行的整型加工，制造成具有规定形状、弧度、厚度、坡度及特有形态的各种鞋底部件，使这些部件达到规格化、标准化、系列化、组装化加工的要求，以便于鞋靴各部件总装组合的装配化生产，提高鞋靴的生产效率和产品质量。

第一节　底部件的裁断

鞋底部件的裁断与帮料裁断大同小异，且鞋底部件形状与鞋帮部件形状相比相对简单，鞋底材料较厚，大多数企业都采用机器裁断。裁断后的鞋底部件经过加工整型转入下道工序。

一、套裁方式

根据部件的形状，在整张底料上灵活有规律地排列套裁，是提高底料利用率的重要措施。其套裁方法与帮料套裁相似，但不如帮面革大小部位互相穿插、组合互套那样灵活，因为底部件要求差异大，但单一部件套裁的形式却基本类似。套裁方式有以下几种。

1. 直向平行套裁法

部件的每行每列排列近似于一条直线，行与行又是平行的，称为直向平行套裁法（图7-1）。为了减少部件之间的空隙，第一只底与第二只底，侧面接续套裁时，都采用前后端调向的方法使用料的宽度相等。

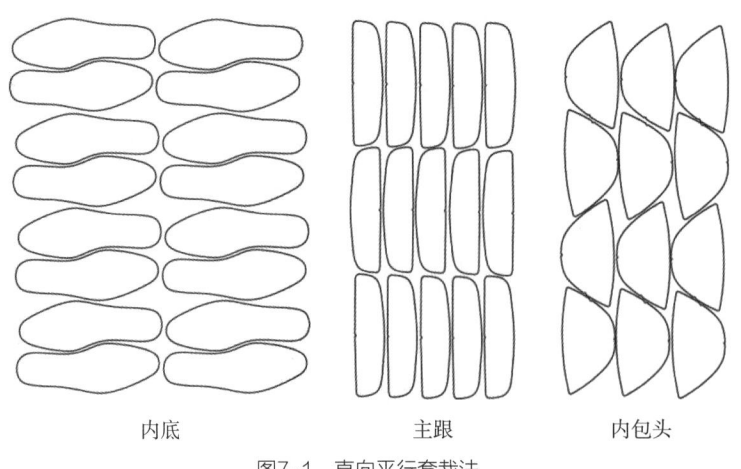

内底　　　　　主跟　　　　　内包头

图7-1　直向平行套裁法

2. 斜向平行套裁法

部件的排列行与行是平行的，近似于一条直线，但每一列不是垂直并列，而是斜向排列（图7-2）。

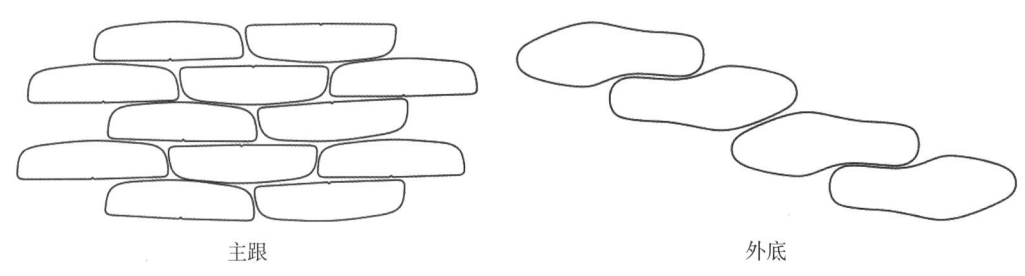

主跟　　　　　　　　　　外底

图7-2　斜向平行套裁法

3. 人字形套裁法

部件与部件呈人字形排列套裁（图7-3）。这种套裁法裁内包头时常常使用。在个别情况下，外底也可采用人字形互套法。

二、裁断要求

1. 互套严密

部件之间插紧套严，互套不乱，部件间隙耗料降到最低限度。

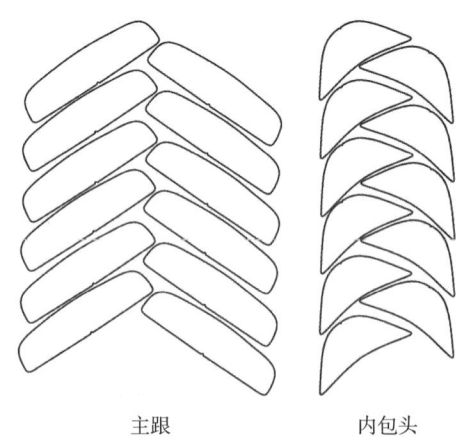

主跟　　　内包头

图7-3　人字形套裁法

2. 规格符合要求

部件规格标准符合工艺要求，外底要求外观粒面（皮革）、色泽、材质基本一致；不得过薄或过厚，以免浪费材料和工时。做到物尽其用，避免优料低用。

3. 伤残利用合理

合理利用材料伤残缺陷，提高材料利用率。

4. 裁断规整

部件裁断规整，配比符合生产通知单，尺码编号标记清晰准确。

三、裁断机械设备

鞋底部件材料裁断和帮料裁断所用的机械裁断设备基本相同，只是底料裁断一般采用重型裁断机，主要用来裁断外底、内底、半内底、主跟和内包头等，内包头下裁见图7-4。

外底、内底、主跟和包头片材使用刀模在重型龙门裁断机上进行冲裁，也可在电脑切割机上进行线切割（图7-5）。用线切割裁切底料精确、节省材料和刀模、减轻噪声。

裁断鞋底部件前一定要考虑被裁底部件的强力和内阻与裁断机的压力是否适应。

图7-4 内包头下裁

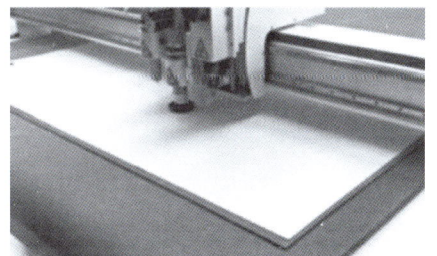

图7-5 电脑切割机线切割底料

第二节 底部件的片削

鞋底部件经过裁断后，要经加工整型后再进行装配。鞋底部件加工整型的方法根据要求不同而有所区别，主要是对底部件进行片匀（或通片、平皮）、片薄、片坡以及剖割等加工。

鞋底部件片削加工的类型分为通片、片坡和特殊片削三种类型。

一、通片

将一块底料全部片成均匀厚度的操作称为通片，也称片匀或平皮。一般情况下，通片有材料通片、部件通片两种形式。

（一）材料通片

材料通片就是先将整块材料通片后再进行部件裁断。如将裁断沿条用的底料整块通片后再冲条，沿条的厚度则均匀一致。但材料的面积不宜过大。

（二）部件通片

部件通片即先裁成部件，然后再逐个将部件进行通片，使每一种部件的厚度规格一致，达到部件标准化要求。如皮外底、皮内底等，很多都是在裁断后进行通片的。

二、片边

将鞋底部件边缘片成斜坡状，使其边缘变薄的操作称片边、片坡或片茬。

片边的目的有两个：一是由于造型和工艺的需要，对底部件的型体尺寸有特殊的要求，比如组合式外底腰窝部位的片薄加工，要求造型美观、结构严谨。又如主跟和内包头的片边，要求中下部留厚坚硬、边缘片薄而具有弹性、平整无棱；二是鞋底部件拼接组装的平滑与圆整，如半内底从前端与内底的组合部位，由后跟部向前从两层材料变到一层，必须按部件的规格要求进行片坡加工。半内底片坡见图7-6。

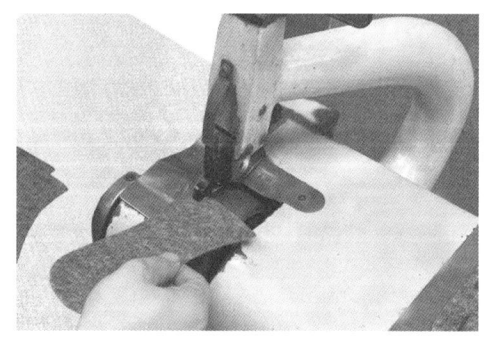

图7-6　半内底片坡

三、片削加工设备

由于鞋底部件的材料都比较厚重和坚硬，因而鞋底部件的片削加工需要较重型的机械设备。底料片削加工的机器设备主要分为圆刀片削机和直刀片剖机两种类型。

（一）圆刀片削机

圆刀片削机是用来片削底料部件边缘的设备，其片削刀具为高速旋转的圆形刀。加工原理和机器构造与帮料片边机相同，只是机体大于帮料片边机，片削力也强于前者。圆刀机主要用来片削主跟、内包头等部件的边沿，也可用于外底和半内底部件的片坡。

（二）直刀片剖机

直刀片剖机也称平刀刨皮机。直刀片剖机的工作原理是：机器上的模辊（或胎具）与光辊夹持鞋底部件，并由送料辊推向固定不动的平刀，将露于型辊之外的部分剖成上下两层，形成通过式片削。主要用于将大块底革或鞋底部件剖削成规定的厚度，若更换各自不同的专用型辊，也可用于中底斜面片坡、内底、外底、主跟、内包头片边等。直刀片剖机有几种底部件专用机型。

1. 外底片剖机

外底片剖机可根据外底结构和造型的需要，从外底跖趾斜宽线之后至鞋后跟相连接的部位，加工成逐渐变薄、变窄的斜坡形状，以便符合鞋腰部厚度变化的需要和与鞋的跟口线相配合的结构需要。如女式皮鞋压跟式外底由跖趾斜宽线后约15mm处开始逐渐变薄，至跟口处的厚度约1.5mm，再由跟口线以后的底舌长20mm的一段片薄至0.5mm，以利于同鞋跟压实为一体；又如，女式皮鞋卷跟式外底的斜坡，比压跟式外底的斜坡长，跟口线处约为1.5mm厚，跟口卷曲起点以下约为1mm厚，若需压入跟面时，其压入部分的厚度约为0.5mm。这些尺寸的变化应该是逐渐变薄的斜坡形，而不应该成阶梯形，都必须在外底片剖机上进行加工。

2. 鞋底斜坡片剖机

鞋底斜坡片剖机的工艺流程：鞋底整齐码放在机器进口→将最下层的一片鞋底推入模辊和送料辊之间→外底进入模辊的型腔中→鞋底需片削部位转动至固定的片刀刃口部→高出模辊外径表面的鞋底厚度被刀刃削去→片削后变成斜坡形状的外底落入收集箱中→片下的废屑随之排出。

3. 通用型直刀片剖机

通用型直刀片剖机是用光滑的轴辊替代专用模辊的机型。这种机型不必使用专用模辊，可以借助胎具来完成削平、匀厚、片边和片坡加工。具有方便、灵活、多用途优点。所谓胎具，即部件形状的阴模托板。除片削、刨除的部位高出托板之外，需保留的厚度部位按标准在托板上挖进去，可以非常方便地设计制造出来。

由于在片削时外底与胎具是一同被送入片剖机中，每片一只外底，胎具就要承受一次机器的辊压。因此，制作胎具的材料必须具有良好的成型稳定性（耐压、强度高、延伸性小），以免影响片剖质量。胎具一般都使用红钢板纸或优质耐压的底革制成。

将底部件的胎具反扣在底部件的粒面上，正好将底部件扣入胎具的槽中，让底部件需片削加工的地方高出胎具平面，连同胎具和底部件一道送入片剖机的两辊之间，经下送料辊将其送入平刀的刀口部位，由固定不动的平刀刃口将露出胎具表面的部分片削掉，得到底部件的加工成品。

第三节　底部件整型加工

底部件的整型加工是成型前的必要工序。裁断后的底部件在规格、形体、尺寸等方面还不完全符合产品的技术要求和工艺要求，必须进一步的加工整型。

一、内包头整型

内包头又分为片削式和印置式两种，它们的工艺流程和加工方法也各不相同。

（一）片削式内包头

1. 工艺流程

片削式内包头工艺流程相对简单，只有下料和片削坡茬两道工序。

2. 要求

所使用的机器是专门的底料片削机，片削宽度大于帮面部件的坡茬宽度。一般片削帮面部件的机型不能用于片削内包头。

（二）印置式内包头

印置热熔内包头的优点是工艺简单、节约原料、生产效率高、工艺质量好。

印置式内包头所使用的设备是内包头印置机，其印置过程是自动进行的。

1. 前帮入模

将前帮面背面向上置于内包头模板内确定印置位置。不同的内包头形状和尺寸有不同的模板，前帮入模前要核对模板规格。

2. 夹紧前帮

前帮入模后，模板即被向上推动将前帮夹紧。

3. 印置热熔胶

经加热后处于熔融状态的热熔胶在印胶转子上不断旋转，当前帮被推进转子的表面时，便是印置内包头的过程（图7-7）。印胶厚度范围可根据内包头设计厚度进行调节。

4. 粘合衬里

内包头印好后前帮迅速退出。在热熔胶尚未冷却时将前帮衬里趁热粘合（图7-8）。

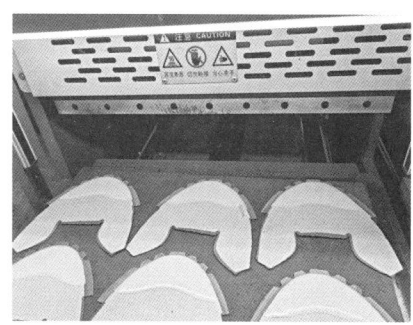

图7-7　印置包头

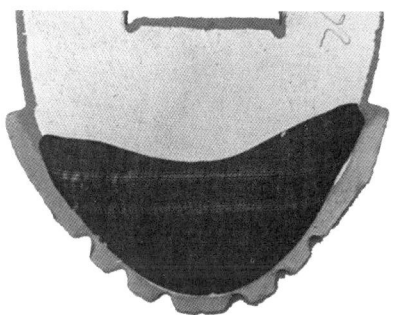

图7-8　粘合衬里

二、主跟整型

主跟整型主要为片削式。

1. 工艺流程

片削式主跟的工艺流程与内包头一样，只有两道工序：下料和片坡茬。

2. 要求

由于坡茬的片削面积大，所以一般不用圆刀，而采用自动片主跟机的模辊式平刀片削。主跟的形状和尺寸预先在圆柱形模辊表面的型腔中加工好，片削时将主跟放进模腔，并随着模辊的旋转把凸起部分削去。整个过程的送料，片削都是自动进行的。片削式主跟的形状和尺寸随鞋的产品种类、款式和功能而定。

三、内底整型

（一）组合内底

内底部件及结构见图7-9。

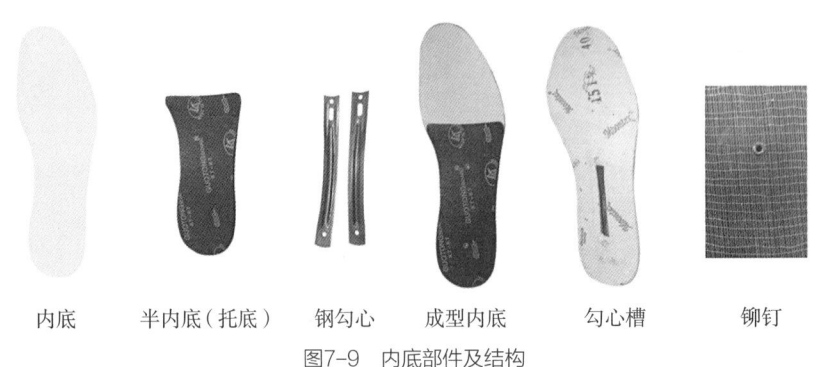

内底　　半内底（托底）　　钢勾心　　成型内底　　勾心槽　　铆钉

图7-9　内底部件及结构

工艺流程及要求如下。

1. 内底和半内底下裁

下裁与主跟、内包头基本相同。不同鞋部件的形状、大小和质量要求也各不相同。

2. 铣削勾心槽

勾心槽是用来放置勾心的。铣削勾心槽的目的是掩饰因勾心凸起而造成内底外观的缺陷。勾心槽位于内底分踵线上。勾心槽的长度和宽度应根据勾心尺寸确定。勾心槽分为透槽和半透槽两种，透槽即直接穿透内底的槽孔，半透槽的深度约为内底厚度的一半。透槽是用装有勾心槽刀的内底刀模冲裁而成；半透槽是用自动内底铣槽机铣削出来的。

3. 半内底坡茬片削

半内底是内底的补强件，也称托底。半内底长度比内底短，即内底后踵至第四跖趾处的长度。两者粘合要牢固，第四跖趾部位要以坡茬状相连，以求平滑过渡，连贯自然，显现整体效果。半内底坡茬宽度为30.0~40.0mm，坡茬边缘厚度为0.2~0.5mm。坡茬的片削是在半内底片茬机上进行的。片削的工作原理是模辊片削，即半内底的形状和尺寸在模辊上刻成凹槽状，片削时将内底置入槽中，与模辊同时旋转中由固定直刀片削成坡茬形。

4. 铆接钢勾心

用铆钉把钢勾心铆接在内底或半内底上是组合内底普遍采用的结构，优点是固定牢固、穿着可靠。钢勾心是标准配件，铆钉为空心的。铆接钢勾心所使用的设备是铆勾心机。

5. 刷胶

内底和半内底是用胶粘剂连接在一起的,其连接强度与胶粘剂成分、粘合面粗糙度、粘合压力有关。粘合时半内底在内底下面盖住勾心。

6. 烘干活化胶膜

在内底和半内底刷胶后对胶膜进行烘干活化,可增加胶膜分子链的热运动,有利于分子间的渗透和扩散,从而提高粘合强度。利用远红外加热方法,采用烘干箱和烘干通道活化,不仅速度快、活化均匀,而且可自动排出有害气体。

7. 贴合内底和半内底

在内底和半内底的胶膜烘干活化后,应迅速用手工将两者对准定位并贴合在一起,当内底压型时再加压粘合。

8. 内底压型

内底的粘合压型是在模具的型腔中通过高压进行的,所使用的设备是内底压型机。在压型时,由于内底压型模具的压力达300kN,使内底、半内底、勾心三者牢固粘合在一起而形成一个整体。压型后的内底形状和尺寸必须与鞋楦底盘的形状和尺寸相一致。

9. 削边倒棱

就是把内底的边缘由直边削成斜边,与鞋楦底盘边缘的曲面形成连贯无凸棱的整体,其作用是让帮脚在内底边成型时达到光滑平整、浑然一体的效果。削边倒棱所使用的设备是内底削边机。削边倒棱时刀头是沿着内底边缘曲线运动的,因此,内底边缘必须与楦底边缘相贴附。

(二)其他内底

1. 注射式内底

注射式内底与组合式内底的外形和性能基本相同,但结构不同。注塑式内底的结构由内底、勾心、塑料夹层构成。制作时将内底后踵至第四跖趾部位从厚度中间剖开,然后放在模具型腔中注聚氯乙烯于剖开的夹层中,使其硬而坚挺。

2. 包覆式内底

包覆式内底,即包边内底。凉鞋、拖鞋等产品的内底多裸露在外,为使其具有美观效果,将内底边缘用皮条或其他带状材料包裹起来,即为包覆式内底。根据产品的结构和功能不同,可全包也可局部包边。除包边外其他工艺与组合式内底相同外,成型和未成型的内底均可包边。包边采用粘合方法,全包所用设备是内底包边机,送料、涂胶、粘合、熨平、包边剪切等过程均可自动完成。

3. 铲槽式内底

铲槽式内底专用于插皮条凉鞋产品。容纳插条帮脚的槽宽、槽深及槽的数量，与插条的尺寸和数量有关，可根据产品结构确定。铲槽所用的设备是铲槽机，利用往复运动的铲刀，在内底背面的边缘加工出沟槽。除铲槽操作外其他工艺与组合内底相同。

第四节　组合鞋底整型

组合外底常用于皮鞋工艺中。因为组合外底的种类较多，变化也很快，工艺流程也就不尽相同，在加工时应根据具体结构和材料的具体设计要求调整工艺流程，使其更具合理性。组合外底工艺流程及要求如下。

一、下料

组合外底材料主要是皮底和仿皮底，均为片状材料。首先要用刀模在裁断机上冲裁出外底部件。可使用龙门裁断机或平面裁断机，冲裁力为200~250kN。

二、外底厚度片削

外底片状材料的厚度存在不均匀性和厚度误差时，将影响外底边缘形状、沟槽、片削、磨削等工序的加工精度和生产效率，所以应对外底的厚度进行片削，使外底厚度达到设计要求。外底片削所使用的设备是外底削平机。片削时按工艺要求将外底厚度调整好，送料、传递、铣削等动作都是自动进行的。

三、外底边沿整型

根据款式对鞋面和外底整体造型的要求，可把外底边沿设计成直边、斜边、单圆弧边、双圆弧边等形状，使鞋的整体外形更美观。外底边沿加工整型就是既要把底边加工成所要求的形状，又要使外底边轮廓尺寸更准确，以提高外底和鞋帮的装配质量。所使用的设备是外底铣边机。底边的形状是按照铣刀的槽形加工的，底边轮廓是按模板仿形的，所以加工尺寸很准确。

四、底舌坡茬片削

女鞋压跟式外底和卷跟式外底的底舌部位，都是由厚变薄的坡茬状。压跟式外底在与帮脚和内底粘合时，底舌逐渐由腰窝至跟部变薄为0.5mm左右，以利于同鞋跟跟面的弧形面相吻合。卷跟式外底在与帮脚和内底粘合至鞋跟跟口上边棱线时，则与帮脚和内底分离，底舌向下同鞋跟内侧的跟口面相粘合为一体。凡外底与鞋跟相组合和衔接的部位，都必须同鞋跟相关表面形状和尺寸相同，以求连贯一致。底舌坡茬的片削是在外底坡茬片削机上进行的。片削时只需将外底成摞码放在工作台上，机器便自动地将外底送至模辊的型腔，由固定刀片片削成坡茬状。

五、铣槽

根据鞋靴结构和造型的需要，有的外底的边沿加工成与帮脚粘合更合理的形状，如向内凹进的槽形边缘，向外倾斜的坡状边缘等。向内凹进的沟槽可以容纳帮脚的凸起宽边，使外底与帮脚吻合得更平整，向内倾斜的坡状边缘，使外底与帮脚粘合后底边变薄更显秀气美观，同时还保持了外底的强度性能。外底边沟槽加工所使用的设备是外底铣槽机，铣刀的形状和所处的状态，决定了沟槽和坡状边缘的形状和尺寸，通过更换刀具和调整铣削状态，便可加工出不同槽形和斜边的外底。铣槽外底的剖面形状如图7-10所示。

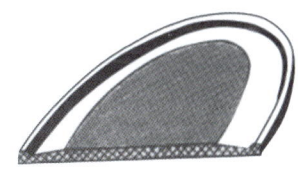 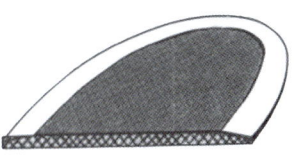

（a）槽状边缘的外底　　　（b）坡状边缘的外底

图7-10　铣槽外底的剖面形状

六、磨光

外底磨光，是对底面进行打光修饰的工艺方法。对于用天然皮革制成的外底，由于其表面略欠平整，光泽深浅也欠均匀，对鞋的外观质量有很大影响，对底面进行抛光处理，不仅使底面平整、光泽一致，而且具有华贵的质感。对于用橡塑材料制成的仿皮底，磨光同样可以提高外观质量。底面有花纹的外底抛光后，使纹面与纹底光泽反差增大，纹理更清晰；底面无花纹的外底抛光后，表面可呈现真皮感。磨光所使用的设备是外底磨光机。磨光是在传送带和砂布带共同组成的磨光机构中自动磨光的。

七、开槽和装饰

根据鞋靴结构和造型的工艺要求，线缝工艺的外底，有的要进行开槽处理，将线迹藏于底面的槽内；有的要加工成不同的槽形，以便于与帮脚结合；有的要对压条边缘进行修饰加工；有的要在底面烫出或压出不同的花纹，以求美观。对于开槽的选择，有向内开槽的，有向外开槽的，有槽中带弧的。对于装饰的选择，有在底面边缘压花的，有在压条上压花的；有冷压的，也有热压的；有深色的，也有浅色的等。所使用的机器是外底开槽和装饰机，由两套功能不同的机构可以互换，分别进行开槽或装饰的加工。开槽和装饰的外底截面见图7-11。

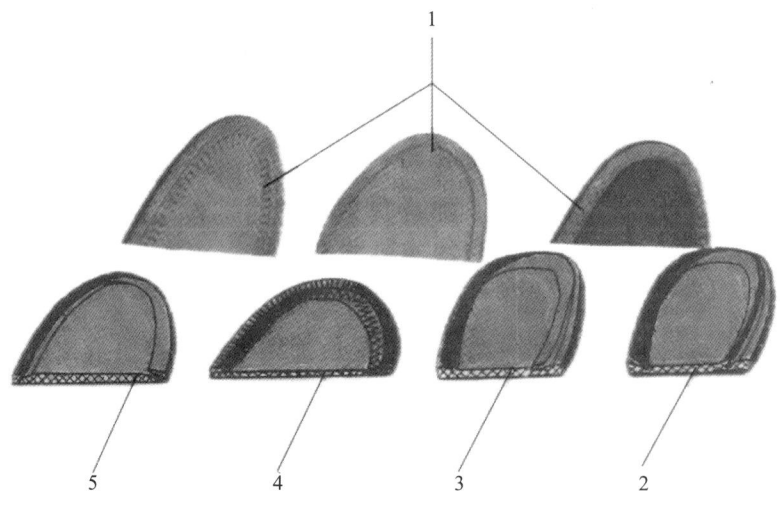

1—装饰花纹的底边　2—边缘凸起的外底　3—向外开槽的外底
4—压条内侧开槽的外底　5—向内开槽的外底
图7-11　开槽和装饰的外底截面形状

八、底边喷色

当外底边沿被铣削或磨削成不同形状后，还不能同鞋帮装配，因为底边的色调尚未被处理成与鞋帮和鞋跟相协调的颜色。底边喷色工艺，就是对外底边缘进行喷色和烘干的过程。喷色工艺比刷色工艺更均匀一致。喷色所使用的设备是回转式外底喷色机。喷色时，是将外底成摞码齐并夹紧在回转工作台上，再经过喷色、烘干、卸活等过程即完成底边上色。这种喷色工艺的优点是生产效率高、底边色泽均匀、色边整齐、质量容易控制。

九、钉后跟

外底部件的结构，有的是带跟的，有的是不带跟的。带跟的外底，是外底加工后用钉子钉上后跟，或用胶粘上后跟，成为完整的外底；不带跟的外底，是外底加工后在装配线上先装底后钉跟，如压跟外底和卷跟外底。钉后跟所使用的设备是钉跟机。

第五节　成型鞋垫加工制作

成型鞋垫是指通过纺织布料与不同材料或多种材料组合，用模压、灌注或其他发泡工艺完成鞋垫的制作。作为鞋内的活动鞋垫使用，可以方便取出。按配发功能分为主垫和备用鞋垫两种，主垫出厂时直接装在鞋内；备用鞋垫一般用于更换或调整号型大小使用，用PE袋、环保纸袋包装，根据材料使用特性分为真空包装和密封包装，放在鞋盒内随鞋同时出厂。

成型鞋垫的制作工艺与材料相关，如主体材料为EVA/PE类发泡材料，采用模压冷定型工艺；主体材料为高密度泡棉/再生泡棉/海绵等，一般采用模压热定型工艺；主体材料为聚氨酯材料，采用灌注发泡工艺。

一、模压成型鞋垫

EVA类成型鞋垫是指除纺织面料外，主体材料为EVA的这一类鞋垫。EVA材料的优点是材质轻、不吸水、速干、防潮、隔热、回弹好；缺点是不透气（可以通过打孔解决）、压缩变形率较差（高强度使用，容易踩扁）。这类鞋垫的制作工艺为模压冷定型工艺（简称：冷压）。

聚氨酯类发泡材料成型鞋垫是指纺织面料外，主体材料为聚氨酯类发泡材料的鞋垫。聚氨酯类发泡材料的优点是透气吸汗，长时间穿着不捂脚，压缩变形率好；缺点是吸水后不能速干。这类鞋垫的制作工艺为模压热定型工艺（简称：热压）。

模压成型鞋垫加工工艺流程及要求如下。

（一）材料贴合

根据需求准备好纺织面料（网眼布、绒布或毛毡），再准备好EVA片材／泡棉片材（考虑到模压成型的效果，厚度按成品要求加1~2mm，一般是1.4m宽，2m长），将二者用胶水贴合起来。复合时特别注意布料的正反面，一般正面为止滑面，反面与主体材料贴合。剥离强度要求大于5N／mm或主体材料破损。

（二）材料切片

将贴合好的复合材料，根据模具大小，按尺码要求，切割成一片片长方形备用，一般采用锯台锯料更快。切割时需注意布料的纹路，在长的方向为横纹（更好的止滑性），见图7-12。

图7-12 材料切片

（三）材料斜剖

如果成型鞋垫的前掌／后跟的厚度相差超过2mm（含2mm），用前后同一厚度的材料模压，前掌（薄的一头）会因为压缩比太高而硬度加大，影响脚感，这时候材料需要进行斜剖，用斜剖机将多余的材料削去，见图7-13。

但在日常操作时常常会将这种需要斜剖的复合材料加厚，即成品厚度前后相加再加1~2mm，用面料进行双面贴合，再从中间斜剖成两双使用。

图7-13 材料斜剖

举例：成品鞋垫前掌厚度2.5mm，后跟厚度5.5mm，则复合材料厚度为2.5＋5.5＋2.0＝10（mm），斜剖成前掌3.5mm，后跟6.5mm。

（四）模压成型

1. EVA鞋垫的冷压工艺

将切好的材料放入热风循环烤箱进行烤料，一般设定烤料的温度为145～160℃，烤料时间为100～400s。具体时间需要根据EVA材料的物性要求，原材料的厚度来决定，要求材料完全烤熟烤透，用手捏似刚出锅的面点一样。

模具装在冷定型机台上，需打开冷循环水，保持模具温度比室温低10℃或更低。

将烤好的材料快速放到模具内，并打开合模开关，模具合模保压。要求合模压力不低于25吨，压力越高成品的成型效果越好。保压时间根据EVA材料物性和厚度不同，设定在80～200s，保压时间越长成品效果越好，但相对应产能就更低，见图7-14。

图7-14 冷压烤料

2. 泡棉鞋垫的热压工艺

将成型鞋垫的模具装在热定型机台上，设定上模温度160～180℃，下模温度140～160℃。将裁好的复合材料放在模具中合模，合模压力大于15吨，保压时间为80～150s。模具温度和保压时间需要根据不同的泡棉进行测试。根据泡棉材料的特性，推荐采用低温长时间，成型效果更好，见图7-15。

模具的保压时间太短，成型的形状达不到模具设定的效果；但保压时间并非越长越好，时间太长，材料会被高温烧坏，粉化。成型时特别注意模口是否会烧糊。

图7-15 热压

（五）裁断

成型好的鞋垫带有很大的废边，需要用刀模进行裁切去除。刀模即鞋垫的外轮廓，后跟到中腰与模口一致，前掌与楦头前掌一致。

裁断使用液压裁断机，先根据材料加刀模总体的高度调整好裁断机压合高度，再根据成品厚度调整裁断压力。裁断的冲板一般使用尼龙板，使用寿命长。

因EVA材料在模压完成后还可能出现收缩或反弹的情况。所有EVA类的鞋垫需要在模压后放置24h以上再裁断，48h以上最稳定。

裁断时将鞋垫半成品正面朝下（冲板方向），将刀模对齐鞋垫后跟模具，前掌摆正，保证内外侧宽度一致，双手操作启动开关裁断。裁断完成的鞋垫要检查是否会有余边，或者削边的情况，如有上述情况，需要调整刀模匹配鞋垫的模口后再操作。

为避免材料色差或硬度误差，裁断后的鞋垫尽可能配双包装，见图7-16。

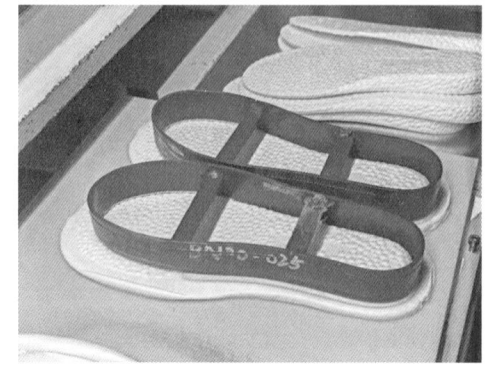

图7-16　裁断

（六）印标

裁断好的鞋垫根据需要在指定位置印上号码，一般采用转印机加热转印标的方式。

转印标的制作就是用丝网印刷，将号码图案预先印在离型薄膜表面，先印油墨最后印一层胶水。

转印时将转印机的转印头加温，一般设定在170~190℃，将转印标放在鞋垫上，用加热的转印头压转印机，保压时间为0.4~0.7s，号码标粘在鞋垫上，离型纸分离，见图7-17。

（七）品检包装

品检时需检验鞋垫长度、厚度、硬度、粘合牢度、表面清洁度、面料是否有抽纱、同一双是否有色差等情况。

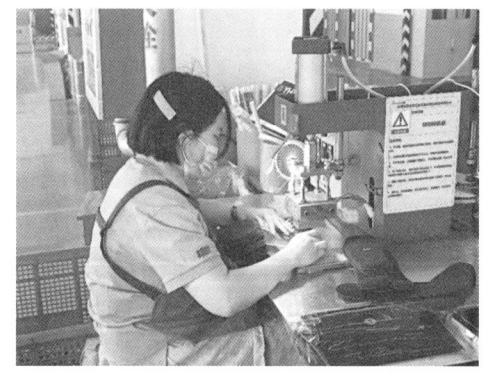

图7-17　印标

包装分为散包（10双一袋），真空包装，密封包装。散包适用于主垫的包装，左右脚各10只，用PE打成一包发给鞋厂装配塞鞋。真空包装适用于泡棉类的鞋垫、需防水防潮的鞋垫，需使用专用的真空包装机，真空袋进行抽真空包装；包装完成需放置4h以上，查看是否有漏气再装箱，见图7-18。密封包装适用于

图7-18　真空包装

大多数需要干燥保存的鞋垫。

包装时特别注意：泡棉类、灌注类的鞋垫，在存放和运输时需要避免阳光照射。最好是使用不透光的黑色包装袋包装，以防止老化变色或粉化。

二、灌注鞋垫的工艺

灌注鞋垫一般指除面料外，主体材料采用聚氨酯（PU）原料的鞋垫，所以这类鞋垫又称为PU鞋垫。ETPU颗粒加聚氨酯胶水的鞋垫也是采用灌注工艺，只是聚氨酯原料不一样。

PU鞋垫的优点在于柔软、脚感舒适、环保、耐压缩性好（适合于长时间、剧烈运动）；缺点在于密度大、成品重、不透气（可打孔部分解决）。

（一）材料贴合

根据标准需求准备好纺织面料（网眼布、绒布或毛毡），在面料的背面贴上一层PU膜。PU膜的作用在于隔绝聚氨酯原料渗透到布料上，同时作为布料与聚氨酯原料中间的粘合层。

（二）材料切片

将贴合好的复合材料，根据模具大小，按尺码要求，切割成一片片长方形备用，一般采用锯台锯料更快。切割时需注意布料的纹路，在长的方向为横纹（更好的止滑性）。

（三）灌注成型

1. 模具加温

将灌注模具在流水线的循环模盘上按尺码分类摆放。将流水线上的烤箱打开，开启流水线转动，模具循环加热，室温在10℃以下时一般需要加热30min以上，一般都需要加温到40～60℃，根据聚氨酯原料的成型条件决定。

2. 挂布

将面料按尺码挂在模具的上表面，带膜面向着底模方向。挂布时要保证布料平整不打皱，见图7-19。

3. 灌注原料

聚氨酯原料由A组聚酯多元醇和B组异氰酸酯组成，同时还包括发泡剂、催化剂、色膏及其他助剂，AB料分别装在两个储料罐内，并保持一直搅拌状态，根据原料物料要求，需要适当对储料罐加温。灌注时A料和B料经料管流到搅拌枪头，按设定的比例高速混合成聚氨酯，见图7-20。

图7-19　挂布　　　　　　　　　　　　图7-20　灌注原料

4. 关模

聚氨酯原料灌注到模具后，需要15s内马上关上模具，并锁上模具把手。

5. 模内发泡

聚氨酯在封闭的模具内进行化学发泡，由液体变为固体。时间需要3～5min，时间更久，成型更好。

6. 开模

开打模具把手，并取出鞋垫。刚成型的鞋垫，还不是最稳定的状态，需要静置继续发泡。一般采用挂钩将鞋垫垂直悬挂起来，有利于鞋垫保持更好的形状。

7. 品检

成型好的鞋垫需要检查是否有大的气泡，缺料或过多溢料的情况。

（四）裁断或修边

成型好的鞋垫带有很大的废边，可以用两种工艺去掉余边。

（1）用刀模进行裁切去除，刀模即鞋垫的外轮廓一致，见图7-21。

（2）用修边机进行修边去除。

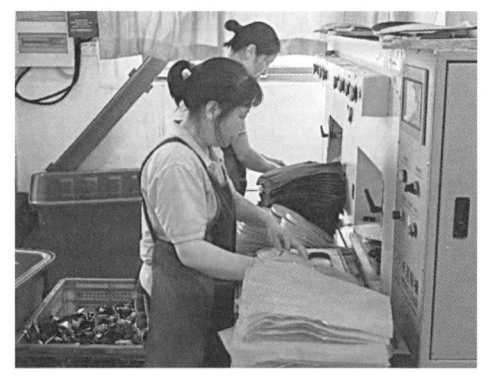

图7-21　裁断

（五）品检包装

同上述模压鞋垫工序操作方式相同。

第六节　成型鞋底加工制作

成型鞋底是指使用某种材料通过模具成型的整体式鞋底。成型鞋底种类较多，鞋靴上常见的有橡胶成型鞋底和聚氨酯成型鞋底等。

一、橡胶鞋底

（一）工艺流程及要求

1. 生胶切块

由于生胶原料的体积较大而且很重，在进入塑炼工序之前，必须经过切块加工，使其成为适合塑炼的小胶块。为了有利于切块和塑炼加工，在切块前，需对大块生胶进行加热软化处理。加热软化处理的温度为50~60℃，时间在24h以上。生胶切块所使用的设备是单刀液压切胶机，切割力约为90kN。

2. 生胶塑炼

生胶塑炼的目的是提高可塑度，以满足在混炼工序中与各种配合剂均匀混合和分散的要求，便于压延和成型，提高胶料在模具中受高压成型时的流动性。塑炼所使用的设备是开放式炼胶机。在塑炼时，有一对光滑而坚硬的辊筒以不同速度相对旋转，当生胶块放进两个辊筒之间时即被卷入其间隙中，使生胶块受到挤压、拉伸和剪切的机械力作用以及升温和摩擦力产生的化学作用，生胶的弹性迅速减小，可塑性增加，从而达到塑炼的目的，见图7-22。两个辊筒的直径和长度决定了装胶重量，如450mm直径的辊筒一次塑炼重量40~50kg，时间15~20min。

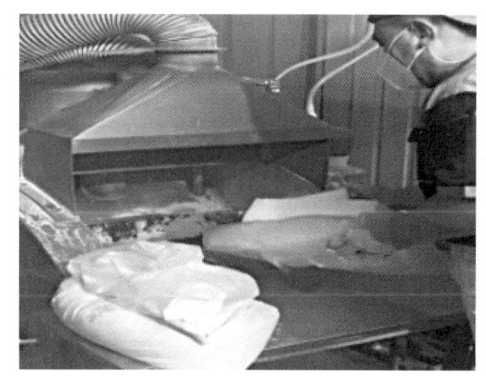

图7-22　生胶塑炼

生胶塑炼也可在密闭式炼胶机上进行，而且塑炼质量好，生产效率高，污染小，适用大中型企业使用。

3. 胶料混炼

胶料混炼，是将各种配合剂按配方规定的程序均匀地混入到塑炼胶中的炼制过程。混炼胶的质量决定了成型外底的质量。混炼所使用的设备也是开放式炼胶机。混炼时加料顺序要严格按照配方要求进行，防止发生分散不均、脱辊、过炼、焦烧现象。辊距大小与填料有关，一般为4~8mm。混炼过程时间不宜过长，防止发生过炼现象。

4. 压延出片

将混炼后的胶料填入模具型腔之前，还需压延成片和裁切成型，也就是以规定的片状形式入模硫化成型。成型外底部件，连帮成型模压鞋、硫化鞋的花纹底料等胶料，均需压延成片和裁切成型，压延成片的设备是压延机。不同鞋产品的胶料厚度、尺寸精度、花纹形状等各不相同。模压成型外底和连帮模压鞋所使用的胶片厚度没有严格的要求，也可以在开放式炼胶机上压片而无需压延机。对于全胶鞋、布胶鞋、帆布鞋等硫化鞋产品所使用的胶片厚度、花纹清晰度、密度等技术指标，都有严格的要求。因为是无模硫化工艺，胶片的质量直接影响鞋的外观质量，所以必须使用压延机加工胶片。压延机加工的胶片表面平整光滑、厚度尺寸均匀一致、胶料密度好而无气泡、花型纹路清晰尺寸准确（图7-23）。

图7-23　压延出片

5. 裁片成型

模压成型外底所使用的胶片，在入模成型之前要裁片成型，使胶片形状与底模形状大体相似，以方便入模和利于硫化成型。裁片成型所使用的设备是龙门裁断机或平面裁断机，冲裁力为200~250kN（图7-24）。对于全胶鞋、布胶鞋、帆布鞋等硫化鞋产品所使用的胶片，也需要裁片成型，所使用的设备是联动生产线。

6. 模压硫化成型

模压硫化成型外底是在模具的型腔中进行的，所使用的设备是平板硫化机（图7-25）。在模压成型时，首先将模具置于机器的加热平板上，使模具的温度达到胶料的硫化温度，然后将裁切的胶片称量后放进模腔，并闭合模具，再施以足够的锁模力。在高温高压条件下胶料充满型腔，从而消除了气泡，增加了外底的致密性，并产生硫化过程的化学反应，使塑性胶料成为模腔形状的弹性体。鞋用平板硫化机的压力有250kN，1000kN等，硫化条件与胶料配方有关，一般硫化温度为130~150℃、硫化时间为10~15min。

图7-24 裁片成型

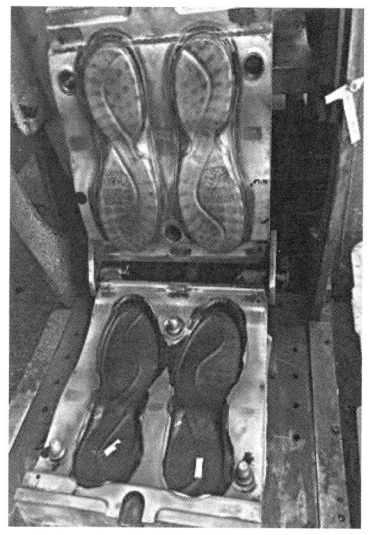

图7-25 模压硫化成型

7. 整饰

整饰的内容主要有清除外底边棱余胶、去污、喷色、抛光等。清除边棱余胶的设备是外底修边机，见图7-26。

在高温高压条件下硫化成型的模压外底，具有外形美观、花纹清晰、耐磨、耐屈挠性好、强度高、耐热、防水等特点。采用模压成型法还可以生产海绵橡胶外底、聚氯乙烯泡沫外底、仿皮革底材等产品，主要用于胶粘工艺制作皮鞋、旅游鞋、运动鞋、布鞋等。

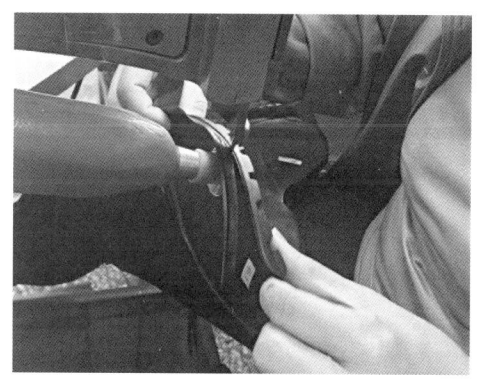

图7-26 外底修边

（二）橡胶成型底配方设计要点

模压橡胶外底，尤其是军用鞋靴使用的橡胶外底，必须达到优良的物理性能指标要求，包括硬度、耐磨、耐撕裂、拉伸强度、断裂伸长率等，一些场合用的鞋靴还需要橡胶外底具备防滑性能、电性能、耐溶剂性能、耐高低温性能等；军靴还要有良好的防老化、不易变色喷霜等要求。从工艺角度说橡胶成型底还要具备良好的常温粘合性（或在较低温度下活化粘合）和稳定合理的收缩率。

军鞋用橡胶外底配方设计要点：①主体橡胶材料一般采用天然橡胶，并用丁苯橡胶、顺丁橡胶，改善鞋底的耐磨性能。其他特殊性能要求，可以根据情况进行调整。比如耐油类橡胶底可以加入丁腈橡胶；有阻燃、耐酸碱和耐海水腐蚀等要求时，使用氯丁橡胶；绝缘类鞋底尽量不使用天然橡胶。②硫化体系：平板硫化工艺橡胶配方常用促进剂DM为主促进剂，并配合促进剂D、M或TMTD，可以实现较为快速的硫化过程，且鞋底的定伸强度、拉伸强度和硬度较好。③为了提高模压鞋底的抗撕裂性能，应采用高结构炭黑、白炭黑（进行偶联处理），尤其是使用顺丁橡胶和丁苯橡胶的配方。④配方中适当减少硬脂酸及油类软化剂用量，少用蜡类，采用防喷霜、防老剂，以利于提高鞋底与鞋帮的粘合性能。

二、浇注聚氨酯外底

（一）工艺流程

浇注聚氨酯外底工艺流程：分别计量A组聚酯多元醇与B组异氰酸酯→A、B料进入混合仓→浇注入模腔→固化成型→脱模→整饰→定型。

（二）要求

聚氨酯（PU）材料具有较好的流动性，可以在常态下浇注入模具的型腔成型，再经固化而定型为外底。聚氨酯材料具有耐磨、耐酸、耐碱、耐低温、耐曲挠的优异性能，废弃后可自动降解，有利于环保。浇注聚氨酯原材料的构成是：聚酯多元醇、异氰酸酯和催化剂，此外还包括发泡剂、均泡剂、扩链剂等一些助剂。这些原材料经均匀混合和化学反应后即可使用，无需经过通用橡胶设备进行加工。聚氨酯浇注主要设备见图7-27。

图7-27 聚氨酯浇注主要设备

1. 分别计量

A组聚酯多元醇和B组异氰酸酯分别装于两个储料罐，简称A料罐和B料罐。储料罐由罐体、搅拌器、加热和温控器等组成。A料和B料经合理配比，分别由计量泵计量并经管道进入浇注头混合后而成为聚氨酯。

2. A、B料混合

A料和B料配比的准确性和均匀性决定了聚氨酯外底的质量。计量泵的压力和流量决定了配料的准确性，浇注头的运转精度决定了配料的均匀性。由于聚氨酯的生成是A料和B料及催化剂等原料化学反应的过程，所以压力、流量、温度、控制精度等因素都十分重要。

3. 浇注

浇注头在混合聚氨酯的同时将其浇注入模具的型腔。在浇注头螺旋搅拌头的高速旋转中，聚氨酯经漏料斗进入型腔的浇注量，必须随模具号码大小的变化而增减。浇注头控制系统的切换速度、精度、灵敏度决定了浇注量的准确性。浇注系统多为微型计算机控制，能准确控制不同号码外底的浇注量，见图7-28。

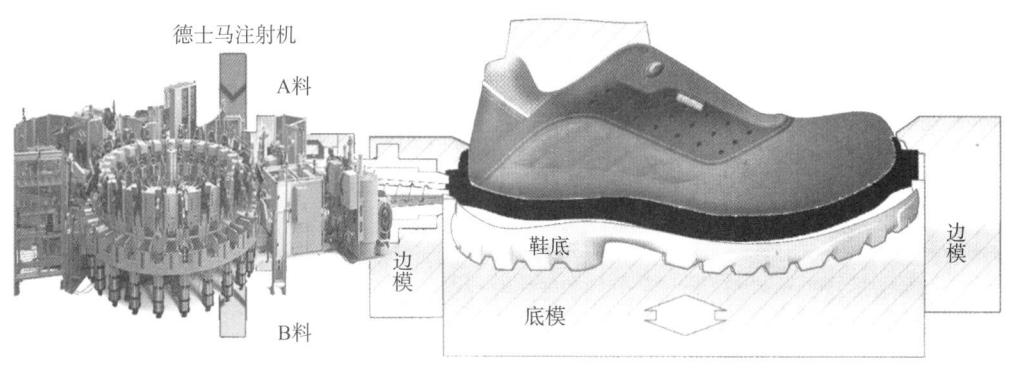

图7-28 聚氨酯浇注系统

4. 固化成型

浇注聚氨酯之前，模具必须经过加热并涂上脱模剂，型腔温度为45～55℃。型腔温度是聚氨酯在模具中化学反应的关键因素。模具由上、下模两部分组成，材料注入下模后，合上模开始固化成型，时间为3～5min。成型产品见图7-29。

图7-29 聚氨酯成型产品

5. 脱模

聚氨酯外底脱模后，模具即进入下一个浇注循环。脱模后的模具型腔必须及时清理并喷涂脱模剂，避免造成外底脱模不良和由此造成的质量缺陷。

6. 整饰和定型

聚氨酯外底脱模后应进行外观整饰和表面处理。外底脱模后的24min内，材料的化学反应尚未停止，硬度和抗拉强度等物理性能尚不稳定，应通过自然时效处理使其充分定型后再包装入库。

（三）浇注聚氨酯外底配方设计要点

聚氨酯外底的主要应用来自一些特殊环境的高要求以及需求透明和高强度的领域，所以设计此类配方时需要考虑到制品的很多特性：耐黄变性能、高撕裂强度、防滑性能、耐磨性能、低硬度等性能。

浇注聚氨酯外底配方设计要点：①选择脂肪族体系的异氰酸酯作为主体材料，有效地解决制品的黄变问题，同时提高制品的回弹性能；②选用综合性能较优、价格较合理的聚四氰呋喃醚作为主体，有效地解决制品撕裂强度低、不耐低温等问题；③选择合适的抑制剂控制反应速度，能够保证反应的平稳进行；④加工过程中选择合适的催化剂，能够让反应更彻底，进而使制品的性能做到极致。

第七节 复合鞋底加工制作

复合成型鞋底是指用两种或两种以上预制成型的鞋底组件复合在一起的鞋底。鞋底的复合一般采用胶粘工艺。就目前看，适合复合鞋底的材料并不多，最常见的就是橡胶/EVA复合鞋底，其工艺流程、操作方法及要求如下。

一、制备组件

分别制备出EVA中底和橡胶外底。

（一）EVA中底预处理流程及操作方法

1. 滚砂

EVA中底在经过发泡成型之后，其表层会有离型剂、脱模剂等化学品残留，为了提高鞋底的清洁度和后序加工，将鞋底倒入自动滚砂机内，通过自动滚砂的方式，去除其表面杂质（图7-30）。

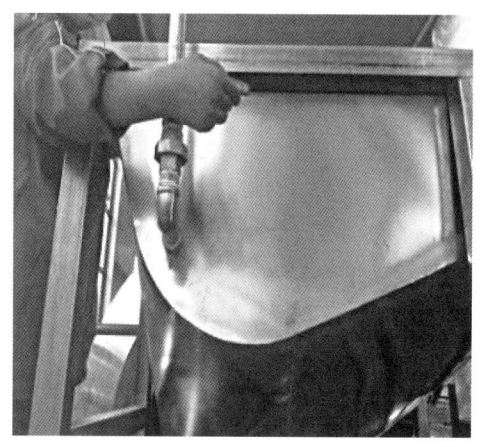

图7-30 自动滚砂

2. 泡药水和清洗

泡药水的目的是使其能够更充分地与处理剂发生作用。所采用的是酸性药水，EVA中底的表面在经过浸泡之后带有H^+，在粘合过程中会与胶水发生化学反应，从而使鞋底粘合的更加牢固。在水洗过程中，将鞋底的粘合面朝下，以便充分地与液体接触。水洗后直接通过烘道，烘道温度设定为：第一节（50±5）℃；第二节夏季（33±5）℃；冬季（38±5）℃，见图7-31。

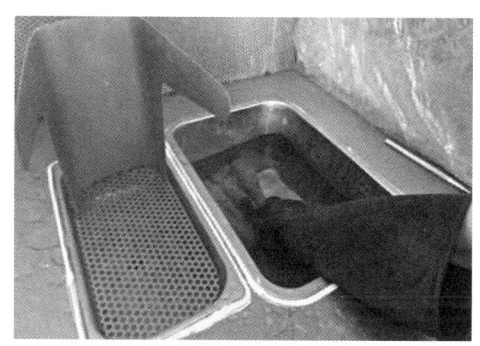

图7-31 泡药水和清洗

3. 紫外照射

紫外（UV）照射可以引发聚合反应使鞋底的极性增加，增强黏度及附着力，使鞋底更容易粘着。如果未经照射、照射不充分或照射过期，则拉力值很低，可以很容易用手拉开。UV照射后的鞋底必须在两天内进行粘合，否则会失效，需要重新照射。因此，照射完成后需要立即盖上日期章，方便追踪确认。在实际操作过程中，如果照射能量过高，或者重复多次UV照射，会使鞋底出现收缩变形等品质问题。因此，一定要确保照射能量的稳定，且尽量避免重复照射，一般上面灯管能量设定70%~85%，下面灯管能量设定45%~55%。能量表探头向下测量的数值为下灯管能量，探头向上测量的数值为上灯管能量。测量能量时分左、中、右三个测量点，根据测量的能量强度可在标准范围内调试烘道转速，见图7-32。

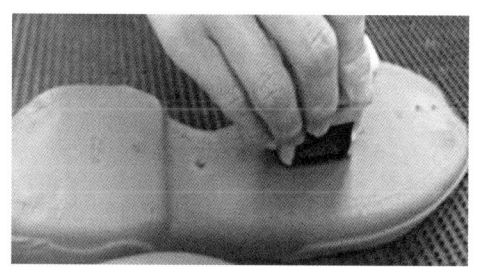

图7-32 UV照射

4. 包装

为了使加工的流程更加方便快捷，提高生产效率，将鞋底根据型体和号码大小按规定数量摆放上架，左右脚要分开摆放，不要叠压。在标签上写好型体、号码、数量和日期。

（二）橡胶外底预处理流程及操作方法

1. 清洗

橡胶外底清洗可通过酸碱作用进一步清理其表面化学物质及打粗后的碎屑和粉尘，以便能够更充分地与处理剂发生作用。浸渍酸水温度设定为（60±5）℃；中和酸温度设定为（40±3）℃。烘箱温度设定为（40±3）℃，见图7-33。

图7-33　水洗摆底

2. 包装

为了使加工的流程更加方便快捷，提高生产效率，将鞋底根据型体和号码大小按规定数量摆放上架，左右脚要分开摆放，不要叠压。在标签上写好型体、号码、数量和日期。

二、鞋底组合

两种鞋底组件经过预处理后，就可以进入组合阶段了，组合流程见图7-34。

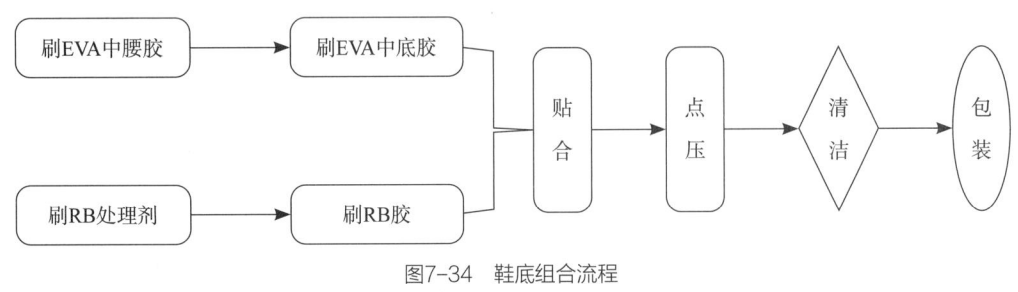

图7-34　鞋底组合流程

（一）鞋底组合操作方法

1. 刷胶

（1）中底刷胶　有附件的需分两次刷。

①粘贴附件。左手取中底，右手拿刷子蘸适量胶水，顺着中腰两侧粘合面平刷即可（粘贴腰部支撑板），然后放入烘箱。烘箱温度设定为50~55℃。

②粘贴附件后。左手取中底，右手拿刷子蘸适量胶水，先刷左侧边缘，距离前尖1cm处开刷沿左侧贴合线刷至中腰位置，然后再反手刷前尖位置；刷中腰时，平刷整个侧面即可，沿后跟边缘线刷至后跟，顺时针旋转鞋底，同时拖动刷子，由后跟沿粘合线刷至另一侧中腰位置，平刷侧面再沿边缘线刷至前尖；最后平刷整个底部，刷好后放置流水线上，每格一只，不可叠压。

（2）外底刷胶 外底刷胶前需先刷处理剂。

①刷处理剂。左手取外底，前尖朝上，右手拿刷处理剂的夹布蘸适量处理剂，先刷前尖部位，由左侧前尖边缘刷至后跟，注意中腰凸起处要刷至粘合线；用夹布内侧，先刷后跟边缘，然后刷中腰位置，再刷前掌边缘，最后平刷底部，刷好后要反方向放置流水线上，每格一只，不可叠压。

②刷胶粘剂。先由中腰距离边缘约5mm刷至前尖位置，然后倾斜刷子向边墙打胶；刷中腰时，不可超过粘合线1mm，刷后跟部位时由一侧中腰位置沿后跟边缘刷至半圈，再向侧墙打胶；旋转鞋底，以同样的方式由前尖部位沿边缘刷至中腰，再向侧墙打胶，最后平刷整个底部。

2. 贴合

将橡胶外底与EVA中底贴合在一起，通常从鞋头部分开始贴合，胶底弧度与中底弧度相吻合，贴合之后用压棒压一下周圈贴合线，贴底过程不可歪斜，不可摇晃，以保证初始拉力，见图7-35。

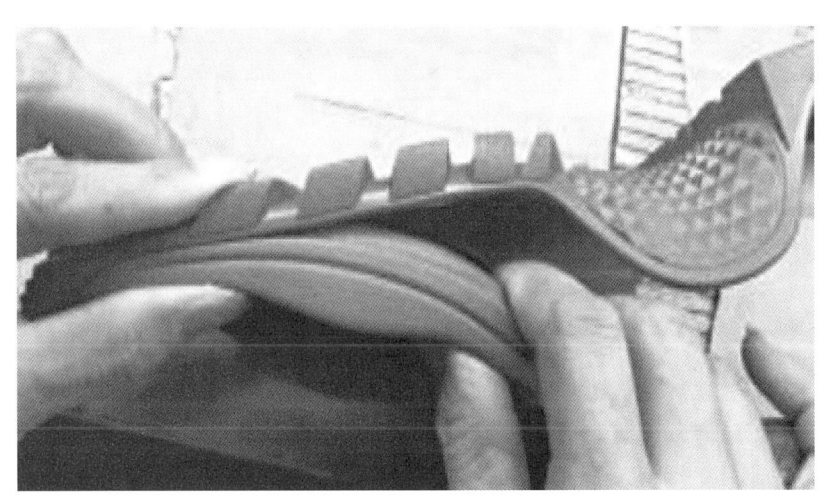

图7-35 大、中底贴合

3. 点压

鞋底经过简单的贴合之后，尚不能完全粘合牢固，因此，还要通过点压的方式进一步提高鞋底的粘合度。点压所使用的机器为多功能压机，设定压力：低压$10kg/cm^2$；高压$(30±5)kg/cm^2$；点压时间5~8s，见图7-36。

图7-36　点压

4. 清洁

为了使鞋子的外观更加的完美，对粘合组装好的鞋底还要进行清洁修整。比如用毛刷蘸适量对应处理剂沿贴合线进行刷洗、清除多余的胶丝等。

5. 包装

经过前面的工序，将组装好的鞋底按号码、分左右脚对应配双，即可装箱入库。

（二）复合鞋底配方设计要点

复合鞋底中的橡胶外底配方设计要点参见本章第六节中的"橡胶成型底配方设计要点"。

EVA中底配方设计要点：①主体材料常用EVA本体（VA含量在18%~28%之间）要符合所需的硬度及强度要求；②为了更好地提升产品的回弹率及压缩恢复率，常常与POE及OBC等弹性体并用。

第八章

绷帮成型

制鞋生产过程中,利用工具或工装设备将鞋帮拉伸固定在鞋楦上面,使鞋帮平、正、符、实,塑造出鞋帮形状,形成鞋靴内部腔体,并消除表面褶皱,由平面转变为立体多曲面的工艺过程,称之为绷帮成型。根据帮底装配的工艺结构和所使用工具不同,绷帮成型的操作方法可分为手工绷帮、机器绷帮、套帮法和半绷半套帮法。同时,根据固定帮脚所使用的材料不同,还可分为钉钉绷帮和胶粘绷帮。但无论采用哪一种成型方法,其成型原理和基本要求都是一样的。

第一节 手工绷帮成型

在没有机器设备可替代手工的时代,所有鞋靴生产过程中的绷帮工序都是依靠手工操作来完成的。手工绷帮的过程不仅要求技术熟练的工匠操作,还需要根据不同的鞋型和材料采用不同的手法和力量,以确保鞋子的舒适度和耐用性。

一、工艺特点

手工绷帮是一种精细的制鞋工艺,其特点主要包括:

1. 工艺复杂

手工绷帮涉及多个工序,包括绷帮前的准备、鞋帮的成型、鞋帮与鞋底的结合,以及最后的装饰处理。

2. 依赖鞋楦

使用鞋楦作为塑形胎具,确保鞋的形体和线型美观。

3. 材料选择多样

不同材料和鞋楦形态的鞋子需要不同的绷帮手法和作用力。

4. 注重细节

包括鞋帮的力学性能,如弹性和可塑性,以及鞋帮部件从二维空间向三维空间的转变。

5. 适用性广泛

虽然复杂且费时,但适合制作要求精细和高品质的鞋子。

以上特点使手工绷帮成为一种既具传统特色又适用于现代需求的制鞋工艺。

二、手工绷帮成型操作实例

以仪仗队皮靴为例,外观式样见图8-1。

(一)绷帮准备

1. 接通知单

接生产通知单,确认鞋号、比例、数量和相应产品的技术标准、要求等。

2. 领取物料

按生产指令通知单,根据鞋号、比例、数量等领取相应的鞋帮、鞋楦、内底、主跟、内包头,以及各种辅料等,并做好记录。

图8-1 仪仗队皮靴

3. 扣内底(钉内底)

将内底钉在楦底上的操作称扣内底。内底要与楦号相符,前尖、腰窝、后跟部位各钉钉一颗,要钉服、钉正、钉牢。钉好后,按照楦底轮廓将多出的内底边修净修齐,使内底与楦底完全相符,见图8-2。

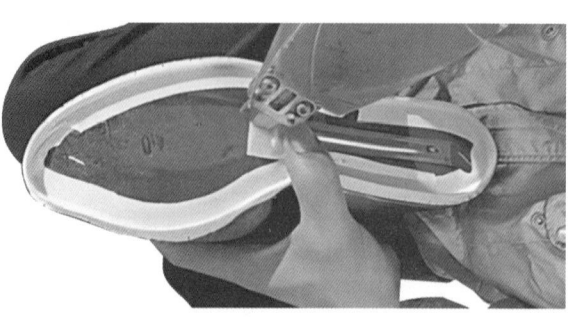

图8-2 扣内底

4. 帮面压跷

使用气囊式压跷机，在前帮鼻梁处进行压跷处理，压跷时间4~6s，注意不要损伤帮片表面，见图8-3。

5. 放置主跟、内包头

溶剂型树脂材料主跟、内包头，可通过溶剂乙醇浸渍，晾置5min后装入帮面与帮里之间。装好主跟、内包头的成帮放置时间不要过长，防止主跟、内包头的溶剂挥发变硬，影响绷楦成型效果。

根据产品品种的不同，装主跟的方法有所不同。装置主跟时，要将主跟的中心线对准后帮的帮缝线（或后帮后部中轴线）粘实粘牢，防止错位；低腰鞋的主跟距上口边缝线2~3mm，高腰靴主跟可参考外

图8-3 帮面压跷

包跟高度放置，主跟底口缩进帮脚6~8mm后，主跟高度不应超过60mm。装置内包头一定要以前帮面中心为正，内包头的底边缩于帮脚8~10mm周边粘贴牢固，同时刷胶粘剂时，应注意浓度、用量和涂刷的位置，防止胶粘剂透过里料粘楦，影响成鞋的工艺质量。

（二）绷帮操作

1. 定位

定位也称调正（吊正），通过少量鞋钉把鞋帮固定在楦体上的操作称作定位。定位的目的是确定鞋帮各部位在楦体上的位置，以使绷帮操作能塑造出设计既定的形体，在定位过程中，帮面出现前后偏歪，则需要通过双手扭正，落楦定位后帮面的后缝与楦体中心线重合，使同双鞋达到对称、协调一致，见图8-4。

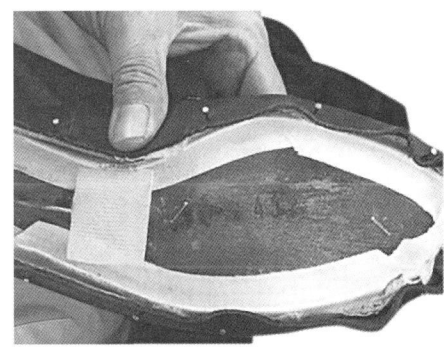 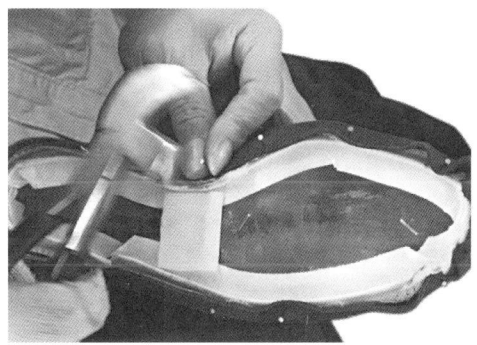

图8-4 定位操作

（1）定位操作注意点　由于楦面是一个复杂的曲面体，虽然帮面在设计时做过降跷处理，但要把它正确地固定在楦面上使之符楦，仍需掌握鞋帮各部位在楦体上的拉伸方向，否则影响鞋靴脱楦后的成型性能，见图8-5。

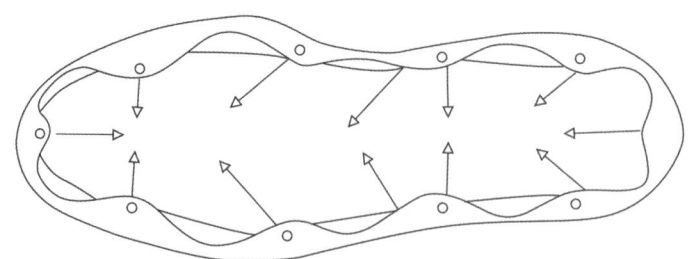

图8-5　鞋帮定位用力方向示意图（箭头为用力方向）

①首先从鞋帮前端作纵向拉伸，使鞋帮中心线与鞋楦背中线重合，以及控制前帮、包头、帮脚尺寸所必须注意的定位操作要点。

②包头两角位置处横向拉伸。内包头线垂直于背中线，如果斜向受力，内包头角容易错位，也容易歪斜。

③楦体腰窝部位呈凹形曲面体，里怀腰窝尤为明显。要使平面材料紧附在曲面体上，就必须将该部位革纤维斜向拉伸。由于楦体腰窝前部弧度较大，故鞋帮该部位受朝向前尖的拉伸，提高革纤维永久变形性能，否则，脱楦后帮面会拥在腰窝处，引起皮鞋该部位下塌。

④后帮翼线下口两侧受横向力，这是为了控制后缝端正以及后帮翼线两侧对齐。

⑤定位前帮时，后帮略高于设计高度；前帮定位后，将后帮钳拉到标准高度称为"座跷"。鞋帮各部件位置及帮脚宽度是否符合设计要求不仅与鞋帮拉伸方向有关，还与后帮"座跷"高度有关。

⑥鞋帮各定位点是控制鞋帮各部件位置的主要作用点，定位后均需用圆钉暂时固定。手工定位时为了扩大帮面定位范围，在跖趾关节以下两侧也进行拉伸固定，以控制鞋帮纵向偏轴程度和口门端正。后帮定位点有6个，即控制后缝端正、后帮高低、后帮两侧高低和后帮翼线两侧长度相齐。

⑦后帮经定位后要求后缝（后条皮）端正，一双鞋高度一致，然后在后缝（后条皮）帮脚钉钉固定；另一颗后帮高度定位钉位应在后缝（后条皮）里怀侧中上部。

⑧前端和包头两侧的吊正钉位应距边宽一些，其他钉位的选择以保证不影响工艺加工，成鞋帮脚处不露钉眼和帮脚子口平整为原则。

（2）定位要求

①前帮要端正，后帮后缝居中不歪斜。

②鞋帮整体符楦，后帮鞋口附楦。

③各部尺寸符合要求，里外怀协调一致。

④同双鞋各部位对称。

2. 敲平

为使主跟内包头部位绷紧贴附楦体，符合楦形，必须用榔头进行敲平，使帮面平服。敲平时要以鞋楦形体为依据，对于较厚、较硬的正面革帮面，要合理均匀用力。敲平包头部位时，要向前、向两侧滑动敲平；敲平主跟部位时，要向前、向下滑动敲平。鞋帮上口、腰窝处要敲出鞋楦曲线形状，使鞋帮整体符合楦型，见图8-6。

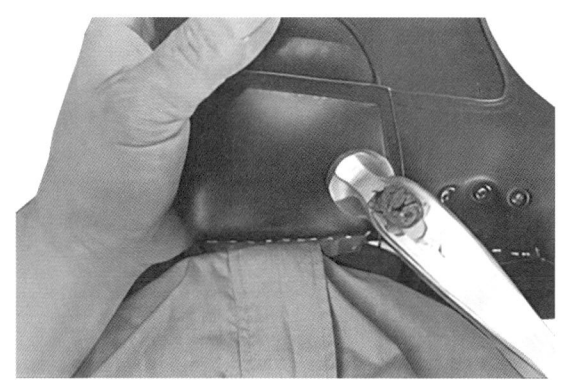

图8-6　帮面敲平

3. 绷帮

（1）排钉绷帮　用16～19mm平帽圆钉固定帮脚。

前后帮定位敲型后，帮脚部位并未平服，帮面仍然松弛，远未达到标准要求。因此，要做进一步绷帮加工，使鞋帮整体紧服鞋楦，帮脚紧贴楦棱和内底，消除各个部位的褶皱。

绷帮操作可先绷前尖，也可先绷后跟。前帮褶皱较多，头型各异，需要考虑结构造型，比如包头线的直曲、中帮的形体、线形走向、鞋眼对称和鞋楦头型的尖圆方扁和棱角造型等。同时又必须充分掌握力的平衡原理，选用恰如其分的力度和适当的方向角度，运用拉伸与皱缩技巧，使帮面随楦型的曲面变化而变化，从而符合楦型。绷帮时要熟练使用钳锤绷拽。在前头和后帮钉距较小的帮脚突起处可采用斜向加钉，扳直绷拽的方法可消除褶皱，使帮脚平服。

绷帮时，前帮的用力方向是向后拉拽，后帮的用力方向是向前拉拽，因此，前头和后跟中心皱褶集中，必须予以分解转移，才能绷平帮脚。前头与后跟绷帮钉距一般为4~5mm，向腰窝过渡逐渐变稀疏至10mm左右。腰窝处根据帮脚符楦情况，钉距可加大至12~15mm。绷帮时避免单向旋转排钉，要两侧对称交错进行，否则容易使已定位端正的鞋帮出现扭转现象。排钉要直，距边宽窄均匀，钉子外露部分高度基本一致，以便于拔钉工序的操作，见图8-7。

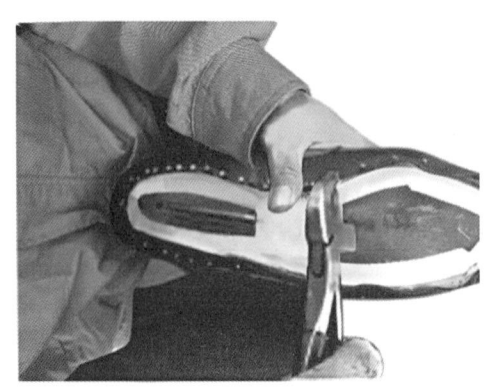 

图8-7 排钉绷帮

（2）绷帮整理 绷完帮的半成品，要进行整型。在溶剂挥发以前，主跟内包头尚未硬化，要用榔头将头型敲实、敲平，要求完全贴附楦体，后跟曲线圆滑，帮面紧附鞋楦，鞋口向内收紧。要拔掉后缝钉，将后缝敲砸圆滑，不应有明显的钉眼和褶皱现象。整型过后，同双鞋各部位规格对称一致，楦底棱清晰鲜明。整型后帮面上不要留下锤痕。

（3）绷帮要求 绷帮质量的基本要求是平、正、服、实。平，是指楦面上鞋帮整体光滑平整，无包棱、无皱褶，底口帮脚皱褶敲平；正，是指前帮包头、耳扇、鞋舌、后帮后缝等部位要端正不偏斜，以楦体背中线为轴线，同双各部位协调一致；服，是指符合楦型，不论凹陷部位还是凸起部位的帮面都要紧服楦体；实，是指后帮紧贴楦体不敞口，鞋面鞋里及装主跟内包头处，贴实不分层，楦底棱处帮脚不松懈，便于下道工序操作。绷帮完成见图8-8。

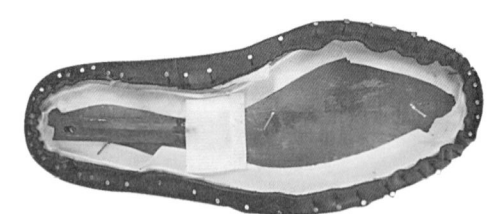

图8-8 绷帮完成

(三)检验

绷帮后要经过检验,才能将产品转入下个工序。检验要求:鞋帮端正平服,无磕碰伤残。后帮高度、里外怀区分符合工艺要求,同双鞋的同部位长短高低基本一致,半成品尺寸应符合生产标准要求。

(四)干燥定型

在绷帮操作完成后,还要进行干燥处理,排除多余的水分,使鞋帮整体材料纤维收缩定型。干燥定型可以在热定型机中完成(图8-9),也可以采用自然干燥法。一般来说皮革的含水量控制在12%~20%。含水量过大,脱楦后会继续脱水收缩,其结果会使鞋发生变形;含水量过低则易使皮质受伤。

图8-9 热定型机

第二节 机械绷帮成型

机械绷帮法是利用机械代替手工绷帮的方法。绷帮机的种类很多,仅传动模式就有机械传动、液压传动、气压传动三种。绷帮结合的形式也多种多样,有胶粘绷帮、钉钉绷帮、拉绳绷帮等。以绷帮部位的不同来区分,又分为三种机械系列:一是由绷前帮机(绷尖机)、绷中帮机(绷腰机)、绷后帮机(绷跟机)三台设备完成绷帮程序;二是由绷前、中帮机（绷尖扩大延至腰窝部位）和绷后帮机两台设备完成绷帮程序；三是由一台联合绷帮机一次完成前、中、后帮的绷帮程序。

一、工艺特点

机械绷帮的特点是用机械模仿手工绷帮操作，同时配以胎具成型的综合性机械程序。由于机械绷帮利用机械压力和辅助工具（如压着束紧器和扫刀）来完成绷帮成型，这就简化了操作步骤，进而提高了生产效率并降低了工作强度。虽然操作过程简化，但对技术和设备的精确度要求很高，同时要求材料和部件的规格化、标准化、系列化程度也较严格。

二、机械绷帮成型操作实例

以常服皮鞋为例，外观式样见图8-10。

（一）绷帮准备

1. 接通知单

接生产通知单，确认鞋号、比例、数量和相应产品的技术标准、要求等。

图8-10 常服皮鞋

2. 领取物料

按生产指令通知单，根据产品的鞋号、比例、数量等，领取相应的鞋帮、鞋楦、内底、主跟、内包头以及其他辅料等，并做好记录。

3. 放置主跟、内包头

溶剂型树脂材料主跟，可通过溶剂乙醇浸渍，晾置5min后装入帮面与帮里之间。内包头为热熔型材料，面里之间通过刷胶固定住内包头；装好主跟、内包头的成帮放置时间不要过长，防止主跟的溶剂挥发变硬，影响绷楦成型效果。

4. 后帮预成型

将放置好主跟、内包头的鞋帮套于后踵冷热定型机的预成型模具上，后条皮对准模具正中，帮面两侧放入夹钳内，启动机器，将部件拉紧、拉平，时间为6~8s，电热温度控制在（50±5）℃。后帮里应平展无褶，符合楦型。使鞋帮后部及主跟接近鞋楦后身形体，便于机械绷帮，见图8-11。

5. 内包头热软化

将装好内包头的帮面放于热软化机器进行加热软化，上模温度（150±5）℃，下模温度（150±5）℃，内包头软化后便于前头的绷帮成型，见图8-12。

图8-11 后帮预成型

图8-12 内包头热软化

6. 扣内底（钉内底）

使用扣内底机将内底钉在楦底上。要求卡钉高于内底，以方便起钉机起钉。

（二）绷帮

绷帮所用机器大体有绷前帮机、绷后帮机和联合绷帮机。

1. 绷前帮机

绷前帮机又称绷尖机，常见的有两种类型。

（1）自动喷胶绷前帮机　钳子的位置和方向可根据鞋号的大小和楦型的差别，通过调控手柄调正。工作程序可通过开关控制分步进行，也可自动连续运行。夹板撸平时间，可通过时间继电器（定时器）控制，按热熔树脂凝结时间和熨平定型效果自定时间，自动开离。

喷胶系统有两种结构，一种是条状胶，卷成轮盘，随轴转动，通过输胶管进入喷胶嘴，在运动的过程中热熔；另一种是颗粒胶，先将其装入绷帮机附带的胶锅中热熔，再进入输胶管内继续升温，最后进入喷胶嘴。无论条状还是颗粒状均是热熔性树脂胶。

喷胶要求喷涂均匀准确，夹板与喷胶嘴、绷帮钳的动作配合协调。喷胶之后夹板下撸，钳口松开。钳口开早了，鞋帮会散开变型；钳口开晚了，夹板会将鞋帮夹坏。喷胶后夹板及时挤撸，会使胶粘剂均匀牢固。但夹板到位，喷胶嘴仍未下降又会夹住或夹坏帮脚。帮脚能否平整与钳子的位置和角度及夹板的坡度有关。所以，每一个品种或每一种楦都要专门修制出相应的夹板，并调整好绷帮钳的位置和方向。

自动喷胶绷前帮机是以液压传动为主的，部分部件的联动是靠机械传动和气压传动辅助完成的，见图8-13。

自动喷胶绷前帮机的基本程序：压钳试刀—前中心钳夹帮调整定位—周围钳夹帮—底托（拥板）上顶—后推板前推—上压杆压住跗面—喷胶嘴喷胶—喷胶嘴下降—钳口张开，夹板撸平并熨烫帮脚—上压杆二次加压（增加夹板对帮脚的反

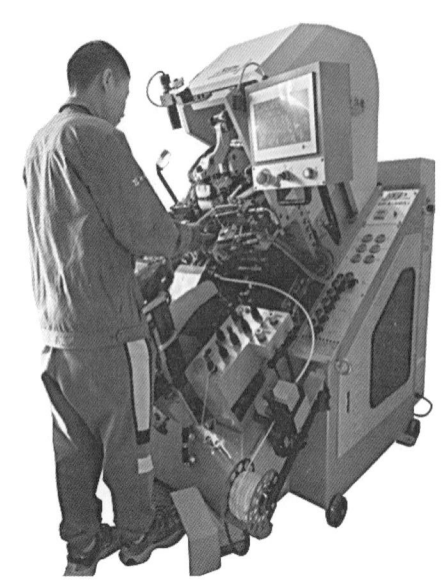

图8-13　绷前帮

作用力，进一步压烫帮脚，以减少帮脚与内底的间隙，增加粘合密度）—通过定时器控制上压杆复位—夹板回缩，底托下降—绷完楦的半成品滑入周转箱。

（2）人工涂胶绷前帮机　人工涂胶绷前帮机有两种。其中一种与自动喷胶绷前帮机相同，只是没有自动喷胶装置，而是由人工在绷帮前进行刷胶。所涂刷的胶粘剂多为氯丁胶或压敏胶。

还有一种结构与自动喷胶绷前帮机完全不同。它没有绷帮钳，只有胎具和夹板。绷帮时，先手工定位5～7颗钉，然后内底向上放在胎具和托架上。通过胎具的挤压和夹板的撸夹使帮面绷紧撸平，符合楦形。因此，这种机器也被称为挤尖机。这种绷前帮机是气压传动的。

2. 绷后帮机

绷后帮机又叫绷跟机。绷后帮开始前，先调正后帮高度，将其定位。但定位的方法不同于手工定位法，在后帮缝和帮脚都不需要钉定位钉，只将后帮的高度确定到标准部位即可。对于短脸矮腰鞋帮，在后帮里上口留有定位皮块的，可在皮块上钉上定位钉，但钉帽要盘倒，以免硌伤绷跟机的胎具。

由于绷后帮机不用绷帮钳子，所以根据设备特点，又称为挤跟机和后跟钉合机。

绷后帮机有三种类型：

（1）挤跟机　将楦台孔套在顶杆的铁柱上，前托托住跖趾部位。调节前托的高度、距离和顶杆的高度，使鞋的跷度、高度适应胎具和夹板。楦后身内底面与夹板面角度一

致、高低适宜。

启动设备，顶杆和前托整体前移，将鞋楦后部顶进胎具内，胎具夹住楦后身部位，使主跟后帮贴附楦型，夹板将帮脚撸倒，帮茬压平。

（2）自动喷胶挤跟机 自动喷胶挤跟机的结构与挤跟机相似，但它上方有一个压杆，杆上装有滑轮和喷胶装置，在夹板夹挤之前，自动喷涂热熔树脂胶，随即夹板撸夹，使帮脚与内底粘合，然后顶杆下降，夹板张开。顶杆下降与夹板张开的时间是根据胶凝速度设定的，用计时器自动控制，见图8-14。

图8-14 挤跟

（3）绷跟钉合机 绷跟钉合机的胎具与夹板、顶杆等结构与挤跟机相同，只是在夹板的上方装有打钉系统。在胎具夹挤，夹板夹撸之后，用气动装置将钉子通过导管钉入后帮帮脚。根据跟形安排导管群的排列方位，一次钉牢帮脚。也有使用顶杆结构通过滑道将钉子撞击钉入帮脚。为配合机器操作，须在楦底后跟部位镶制钢板，使透过内底的顶尖自动盘倒。

3. 联合绷帮机

随着设备的改进，除上述两种独立绷前帮、绷后帮单机外，目前已有了联合绷帮机。

（1）半联合绷帮机 将绷前帮扩延至腰窝或绷后帮扩延至腰窝，去掉中帮单独加工程序。

（2）全联合绷帮机 用一台设备同时加工前帮、中帮和后帮，一次完成整鞋绷帮全过程。

生产中采用哪种绷帮机，分几步加工或用哪类设备，需根据各厂家的设备条件和产品品种而定，不能照搬某一模式作硬性规定。

（三）绷帮修整

机械绷帮不同于手工绷帮。由于鞋楦的大小和跷度大小与托板、夹板是否吻合，喷胶是否适时，胶使用量大小、温度高低以及夹板、推板、上压杆的动作是否适当，都会影响绷帮质量，尤其钳子的位置是否适合，将影响鞋帮能否绷符。因此，绷完前帮必须经过检验，对于不符合质量标准的，如帮面偏歪、同双部位不对称等，或者有帮脚未粘住、帮茬不平整等缺陷的，必须根据情况拆开重绷，或手工补粘帮脚。对造成质量问题的原因及时分析，及时调整机器的有关部件。

（四）熨烫挤型

绷帮之后，帮茬往往不能全部达到要求，特别是通过三台设备、三次加工，前、中、后部的交界处会出现褶皱和棱角，不完全平整圆滑。因此，需对帮脚进行挤压熨烫，这就用到了熨烫挤型机。熨烫挤型机是由前后两个加温的楔形铁，对鞋的帮脚进行挤压熨烫，把褶皱熨开，保证平服。熨烫挤型机的压强为 0.3~0.4MPa；温度控制在 90~110℃；时间 15~25s。

（五）检验

绷帮后要经过检验，才能将产品转入下工序。检验要求：鞋帮端正平服，无磕碰伤残。后帮高度、里外怀区分符合工艺要求，同双鞋的同部位长短高低基本一致，半成品尺寸应符合生产标准要求。

（六）热定型

机械绷帮是生产流水线上的一个组成部分。流水线生产的在制周期短，鞋楦周转快，一双鞋楦在一天中要生产几双鞋。也就是由钉内底到出成品鞋只用几小时。所以在生产过程中必须控制材料的含水量，使其保持在 12%~20%，多余的水分必须排除，否则势必影响胶粘剂的粘合，也会造成出楦后产品变型和运输、贮藏中发霉。

热定型过程中，应充分注意烘箱温度的高低、相对湿度的大小和空气流动速度的快慢等影响水分蒸发的重要因素。如果温度高，而空气流动速度较慢，会出现表面水分蒸发快，而内含水分未蒸发的现象，从而造成表面卷曲变形，甚至纤维变脆僵裂。反之，如果空气流动速度过快则会降低温度，流速过慢湿气又排不出去，因为空气相对湿度大，水分难以蒸发。所以要烘箱保持一定温度，又要在控制空气相对湿度的条件下，适当设置排风设备，保证最佳的干燥定型效果。一般在生产流水线上常采用两次干燥定型的方式。热定型使用机器见图 8-15。

图8-15 热定型机

第三节 套帮成型

套帮是20世纪末出现的一种新型工艺。顾名思义，它是将缝成袜套样式的鞋帮套在鞋楦上，使其套紧定型。这一过程要确保鞋帮的各个部位，如长短、形状、松紧等，都符合设计和工艺的要求，以达到成双鞋的对称和协调一致。

一、工艺特点

制作套帮鞋的一般工艺流程包括：拉帮、套楦、热定型和出楦。拉帮：中底布与鞋帮帮脚对位缝合。套楦：将鞋帮套在鞋楦上的过程。热定型：对套于鞋楦上的鞋帮面进行加热定型。出楦：对鞋帮定型完成后冷却出楦。因此，在整个套帮鞋的制鞋工艺中，套楦是一个重要的工艺，对材料的稳定性、拉帮操作的精准度有很高的要求。鞋帮套楦的平整度也影响着鞋的定型水平和产品质量。

二、套帮成型操作实例

以轻便防寒鞋为例，外观式样见图8-16。

图8-16 轻便防寒鞋

（一）套帮准备

1. 接通知单

接生产通知单，确认鞋号、比例、数量和相应产品的技术标准、要求等。

2. 领取物料

按生产指令通知单，根据产品的鞋号、比例、数量等，领取相应的鞋帮、鞋楦、内底、主跟、内包头以及其他辅料等，并做好记录。

3. 放置主跟、内包头

溶剂型树脂材料主跟、内包头，可通过溶剂乙醇浸渍，晾置5min后放置在帮面与帮里之间。主跟、内包头装好之后，成帮放置时间不要过长，防止主跟、内包头里的溶剂挥发变硬后，影响套楦成型效果。

4. 缝底口线

沿帮脚底口距边2mm缝线一周，针码密度5～6针/20mm，固定鞋面、鞋里、内包头、主跟，要求鞋里平展，见图8-17。

5. 清底口边

底边缝好后，将帮脚多余部分清剪掉，见图8-18。

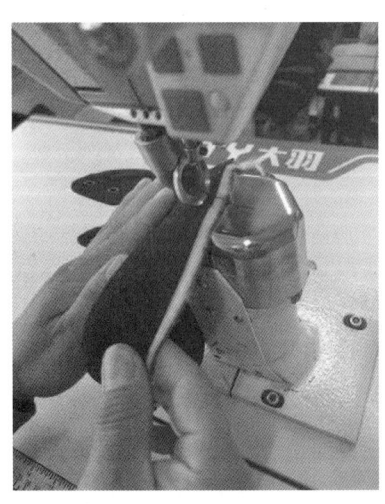
图8-17　缝底口线

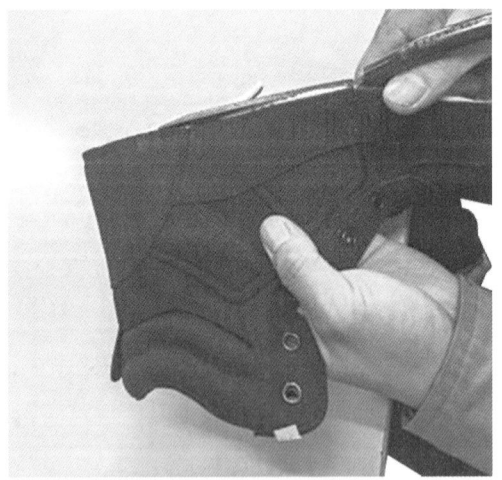
图8-18　清底边

6. 串系鞋眼绳

按要求系好鞋眼绳（或鞋带），并按要求捆成捆，转入下工序。

（二）套帮操作

1. 缝中底布

成帮底口中底布缝线不均匀、缝线松紧、距边宽窄不一，容易造成前后歪斜，影响后序套楦歪正及成品外观质量，为避免质量隐患，可以做如下措施：

（1）中底布增加设定合适的定位点　前、后尖中点位置点，一、五跖趾部位点后跟踵心里，外怀位置点，同时做相对两点的连线和前后中心的连线，便于套帮后操作人检查中底布的歪正，保证每双鞋套正、套服。

（2）要求中底布要与鞋帮鞋号一致，缝中底布严格按照部位点对正，缝线距边4mm，针码密度5～6针/20mm，缝线松紧均匀，距边一致，帮脚和中底布不应重叠，间隙应不大1.0mm，保证套楦尺寸一致和成鞋歪正。并作为重点工序对操作人进行重点质量把控。

缝中底布见图8-19。

图8-19　缝中底布

2. 套楦

将鞋分好左右脚，以对应鞋号套在鞋楦上。要求套正、套到位、鞋面平服无褶皱，包跟、鞋围、鞋耳端正对称，见图8-20。

3. 落跷

调整后帮中缝上下、左右端正，同时用尖嘴钳夹住后帮中缝上端向上拉拽，使后帮半成品高度达到控制尺寸。再分别在后帮中缝上端里怀后包跟边沿处钉后缝钉一颗，以控制后帮高低和软口、后包跟歪斜等。

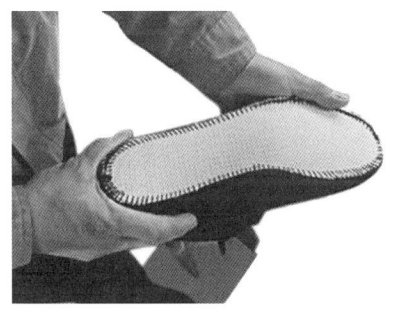

图8-20　套楦

4. 整理口门

将后帮鞋耳处及前帮围盖整理平服，然后将鞋舌衬板放在鞋舌与鞋带之间，衬垫平整、垫正、垫到位，抽紧鞋眼绳并打结系牢。

5. 整饰

用锤子沿主跟边缘敲砸，敲平、敲圆滑，主跟上口无死褶。同时注意检查各部位尺寸，整理好楦型，并将鞋面清洁干净，见图8-21。

（三）检验

套帮完成后，要经过检验才能将产品转入下道工序，见图8-22。

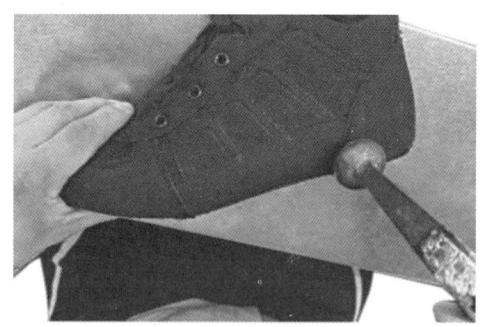

图8-21 帮面敲砸

检验要求：鞋帮端正平服，无磕碰伤残；后帮高度、里外怀区分符合工艺要求；同双鞋的同部位长短高低基本一致，半成品尺寸应符合生产标准要求。

（四）热定型

在套帮加工后需进行干燥处理，排除多余的水分，使鞋帮整体材料纤维收缩定型。经检验合格后的套楦鞋帮放入热定型机内，热定型机设置温度90~110℃，时间15~20min，一般需控制产品中的水分和溶剂含量，达到鞋帮干透、出楦不变形的目的，见图8-23。

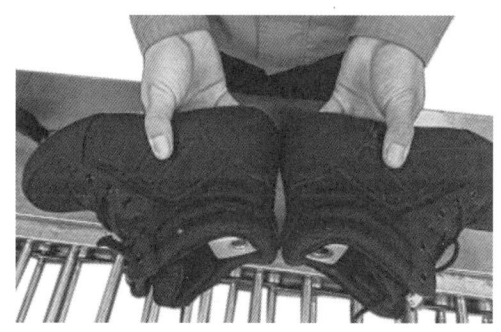

图8-22 套帮检验

图8-23 套楦绷帮热定型

第四节 半绷半套成型

由于产品的品类和功能需求呈现多样化，为了提高生产效率和产品的操作可行性，随之衍生出一种半绷半套成型工艺。这种工艺通常前帮多采用机械绷帮成型，后帮为套帮成型，具有机械绷帮和套帮两种成型工艺的特点。

一、工艺特点

半绷半套成型工艺，一般是在无法实现完全套帮成型或是套帮成型操作实现难度较大的情况下采用的成型操作。这种成型特点是先将中底布与后帮面里，在底口的后跟中心处对正起缝至前帮一侧帮脚位置，此处通常会有一个5mm左右深的刀口，在刀口处中底布再单独与前帮里底口锁缝至前帮另一侧帮脚刀口处后，中底布再与后帮面里一起锁缝（前帮帮脚两侧的刀口是作为绷帮和套帮成型的一个重要区分标志点），中底布与帮面底口里外怀各标志点对齐缝至一圈。所以就单纯在成品外观上是很难区分半绷半套和套帮成型这两种工艺。目前此成型工艺较多用在防护功能鞋靴中，现在生产企业为了考虑生产成本，结合产品实际的性能需求和帮底操作，也会将部分绷帮产品的成型逐渐改为半绷半套成型。

二、半绷半套成型操作实例

（一）操作准备

1. 接通知单

接生产通知单，确认鞋号、比例、数量和相应产品的技术标准、要求等。

2. 领取物料

按生产指令通知单，根据产品的鞋号、比例、数量等，领取相应的鞋帮、鞋楦、内底、主跟、内包头以及其他辅料等，并做好记录。

3. 放置主跟、内包头

溶剂型树脂材料内包头，可通过溶剂乙醇浸渍，晾置5min后装入帮面与帮里之间。主跟为热熔型材料，面里之间通过刷胶固定住主跟；装好主跟、内包头的成帮放置时间不要过长，防止主跟的溶剂挥发变硬，影响绷楦成型效果。

4. 后帮预成型

将放置好主跟、内包头的鞋帮套于后踵冷热定型机的预成型模具上，帮面后缝对准模具正中，帮面两侧放入夹钳内，启动机器，将部件拉紧、拉平，时间为6~8s，电热温度控制在（50±5）℃。后帮里应平展无褶，符合楦型。使鞋帮后部及主跟接近鞋楦后身形体，便于机械绷帮。

5. 缝底口线

从前帮底口刀口处沿帮脚底口距边2mm缝线一周，针码密度5~6针/20mm，固定鞋面、鞋里、主跟，要求鞋里平展。

6. 清底口边

底边缝好后，将帮脚多余部分清剪掉。

7. 串系鞋眼绳

按要求系好鞋眼绳（或鞋带），并按要求捆成捆，转入下工序。

（二）套帮操作

1. 缝中底布

成帮底口中底布缝线不均匀、缝线松紧、距边宽窄不一，容易造成前后歪斜，影响后序套楦歪正及成品外观质量，为避免质量隐患，可以做如下措施：

（1）中底布增加设定合适的定位点　前、后尖中点位置点，第一、五趾跖部位点，后跟踵心里、外怀位置点，同时做相对两点的连线和前后中心的连线，便于套帮后操作人检查中底布的歪正，保证每双鞋套正、套符。

（2）要求中底布要与鞋帮鞋号一致缝中底布严格按照部位点对正，缝线距边4mm，针码密度5～6针/20mm，缝线松紧均匀，距边一致，帮脚和中底布不应重叠，间隙应不大1.0mm，保证套楦尺寸一致和成鞋歪正。并作为重点工序对操作人进行重点质量把控。

2. 套楦

将鞋分好左右脚，以对应鞋号套在鞋楦上。要求套正、套到位、鞋面平服无褶皱，包跟、鞋围、鞋耳端正对称。

3. 落跷

调整后帮中缝上下、左右端正，同时用尖嘴钳夹住后帮中缝上端向上拉拽，使后帮半成品高度达到控制尺寸。再分别在后帮中缝上端里怀后包跟边沿处钉后缝钉一颗，以控制后帮高低和软口、后包跟歪斜等。

（三）绷前帮操作

1. 绷前尖

前头帮面裕度不低于12mm，绷正、符合楦型。整双鞋头型大小对称，前帮长短接近一致，绷楦尺寸要符合标准，粘牢、不开胶。

2. 机磨平

前头圆滑平实，子口清晰明显，符合楦型。

3. 敲砸整理

用榔头将前头、后跟及帮面各接茬部位敲平,楦底棱以上部位不得有褶皱和棱角,产品符合楦型。

4. 检验

技术要求：按上述工艺要求、技术标准及尺寸要求逐双检验,不符合要求的应退操作者返修,做好返修记录,经复验合格后转入下序。

（四）热定型

将经检验修整后的产品进行热定型,湿热定型机温度控制在（100±5）℃,时间25~30min。热定型过程中,应充分注意烘箱温度的高低、相对湿度的大小和空气流动速度的快慢等影响水分蒸发的重要因素,保证最佳的干燥定型效果。

经过热定型后,半绷半套流程结束。需要强调的是,烘干定型是一道非常重要的工序。不论什么材料,也不论采用哪种绷帮工艺,在进入下一阶段前,都必须经过烘干定型这一工序。

第九章
帮底装配

帮底装配是用一定的方法把前面制备好的鞋帮和鞋底组装在一起，或是为制备好的鞋帮装配上鞋底的工艺方法。装配是鞋靴生产的最后阶段，也是非常重要的一个环节，主要包括胶粘工艺、注射工艺、线缝工艺和硫化工艺等。

第一节　胶粘工艺

胶粘工艺俗称冷粘工艺，是一种利用胶粘剂将鞋帮和外底连接在一起的装配方法。由于胶粘工艺相对简单、生产周期短、生产效率高、制造成本低、花色品种变化快、易于扩大再生产，所以它是制鞋生产上应用最广泛的一种装配工艺。制式序列的礼常服类和体能训练类鞋多为胶粘工艺制造。

一、工艺特点

在鞋靴帮底的装配中，成型鞋底胶粘工艺具有代表性。成型鞋底是在模具中硫化成型或固化成型的鞋底，若单从对胶粘工艺的适应性上来说，两种或两种以上底件经胶粘而成的复合鞋底，也可归为成型底之列。成型鞋底因具有工艺简单、材料多样、花色品种丰富、轻软舒适等特点，而在胶粘皮鞋上广泛应用。由于成型鞋底与鞋跟是连为一体的，所以在装配中免去了钉跟工序。有的成型底边缘为墙式设计，在帮底胶粘装配时，不但有底面的粘合，还有侧面的粘合，这就需要有相应的粘合设备。有的成型底胶粘鞋为了提高帮底结合强度，常在侧边墙上或在底面边缘缝一道线加固，形成一种特殊的胶粘加线缝结构，这就使帮底结合有了一个新方法，即胶粘加线缝工艺。

虽然胶粘鞋的款式结构多样，但帮底装配的工艺流程却基本相同，只要在设备和工艺两个方面进行个别调整，就能在同一条装配线上生产出不同款式结构的胶粘鞋来。

二、操作方法及要求

（一）绷帮整理

绷帮整理是借助榔头、熨斗等工具，将帮面及帮脚进行更细致而平整的整饰工序，兼顾对绷帮整体质量的检测和整饰。该工序为手工操作，即通过敲砸熨烫使机器难以消除的细微褶皱得以平整，局部不清晰的棱边得以整饰，粘合不完整的帮脚得以补粘。帮面及帮脚经过整修基础装配质量得到提高，也为后续的帮脚砂磨和帮脚刷胶做好了工艺准备。

（二）砂磨帮脚

砂磨帮脚，是胶粘鞋工艺的重要工序之一。砂磨帮脚的目的是消除帮脚表面的皮革涂饰层，使其纤维粗糙，生成新的活性表面，以利于粘合剂的渗透和粘合强度的提高。砂磨材料表层所粘附的细屑和尘埃应清除干净；胶粘剂的涂刷应尽早进行，避免因砂磨层的陈化而影响粘合强度。帮脚砂磨是胶粘鞋的粘合强度三要素（砂磨、胶粘剂、粘合力）中的第一要素，对其质量控制十分重要。帮脚砂磨的工艺要点是一定按照粘合位置砂磨，必要时需画线，尤其是高边墙鞋底的粘合。砂磨过度有损帮面外观及内在质量；砂磨不到位则会降低粘合强度。砂磨深度不得超过帮面厚度的20%～25%。

（三）底心填平

底心填平是将帮脚与内底粘合面中间形成的空缺部分用填充物填补平整的工艺，为纯手工操作。底心填充应与帮脚齐平或略高，填平底心后再与外底刷胶粘合。经填平后的成鞋外底表面应平实美观、穿着舒适。填充物传统上是胶液与皮屑或锯末的混合物，现在多为裁切成型的片材。

（四）刷胶

帮脚和外底在打砂后应随即刷胶，以防表面陈化而影响粘合效果。根据被粘材料的性质决定刷几遍胶，渗透性强的材料要刷2～3遍，渗透性差的材料刷1～2遍即可，要保持刷胶的均匀和完整。要沿着粗化边缘涂胶，超出会污染鞋面，亏欠会降低粘合强度。胶粘剂的种类应根据被粘材料的性质决定，天然皮革鞋帮与橡胶外底的粘合多用接枝型或聚氨酯胶粘型。其他胶粘剂还有聚氨酯胶、SBS胶等。

刷胶多用毛刷手工操作，现在也有使用自动刷胶机或用喷枪进行喷涂。

（五）烘干活化

帮脚和外底刷胶后，即进入装配线上的烘干通道进行加热烘干活化。烘干活化的目的是促进胶膜层中的溶剂挥发、排除水分而较快形成粘结层。

烘道温度和烘干时间依胶粘剂的性能而定，通常温度为50~70℃，时间6~10min。烘干通道的运行速度也是烘干活化质量的重要因素。胶粘剂的性质和质量、涂刷和烘干活化效果、胶膜粘度是胶粘鞋的粘合强度三要素（砂磨、胶粘剂、粘合力）中的第二要素，对其质量控制应予以高度重视。

（六）扣底

扣底是把帮脚、内底和外底上面烘干活化后的胶膜层贴合在一起的操作，是胶粘外底的第一步。该工序为纯手工操作，需要较熟练的操作技术。扣底时以胶膜触感不粘手且柔软为好。扣底时帮脚与外底要对正对齐，底边要贴合均匀，粘合面不要存气。必要时可对粘合面用工具挤严压实，以防胶粘压合时错位而造成质量缺陷。扣底后应立即在压合机上加压粘实。

（七）压合

压合是扣底后，通过对帮脚和外底粘合面施加压力而使两者牢固粘合的操作过程，也是胶粘鞋结构装配的关键工序。对帮脚和外底粘合面施加压力的大小和均匀性是胶粘鞋的粘合强度三要素（砂磨、胶粘剂、粘合力）中的第三要素，也是胶粘鞋质量的关键因素。该工序所使用的机器是压合机。先按鞋号大小调整压合机前后压杆，鞋底腰窝部位要垫实，将鞋压好再启动机器加压。通过对粘合面施压可以进一步排除粘合面中的气体，增大粘合面积，促进胶粘剂分子的互相渗透而增强吸引力，从而提高粘合强度。

外底胶粘压合工艺的要点是：正确调整压床的结构和与外底形状相符的压合面，以确保压力分布均匀。当调整结构和参数不能满足外底形状时，要对压床上的模块进行必要的更换或重新配制，并根据外底粘合面面积的大小重新调整压合力。

（八）定型

定型分为湿热定型（绷帮）和冷冻定型（成鞋）两种工艺。湿热定型是通过消除鞋帮的内应力使其定型；冷冻定型是为了进一步保持鞋帮在鞋楦上的形状，使脱楦后保持稳定不变形。冷冻定型所使用的机器是冷冻定型机，或称急速冷却定型机。通常将压合后的在制鞋置于$-10\sim-5℃$的冷冻箱内快速冷却，时间为$10\sim20min$，使鞋帮粘合面快速固化在鞋楦上的形状更贴楦、鞋型更好，脱楦后的变形更小。

（九）出楦

出楦也称脱楦，就是把鞋楦从鞋内拔出来的操作过程。由于塑料鞋楦表面坚硬而光滑，与鞋里的摩擦力小，所以较容易拔出。对于不易出楦的鞋可采用塑料弹簧楦或半截楦，以避免整鞋变形和口门撕裂。出楦工序所使用的机器为出楦机，也称拔楦机。在没有出楦机的情况下，也可借助工具手工出楦。装有橡筋的鞋，出楦前要先用剪刀剪断橡筋口处预先缝上的拉力布。出楦后应按双放置，防止错对。

（十）钉后跟

钉后跟，是用专用鞋钉把鞋跟固定在后跟座上的操作过程。所使用的机器叫钉后跟机。根据鞋跟形状和尺寸的不同，打钉的位置、数量、角度、深度也各不相同，所以鞋跟的定位和夹紧、打钉座的形状和钉孔布局及打钉杆的倾角、自动送钉的配套和调整，都是工艺装备对钉跟质量的重要环节。钉跟时有自动送钉和手工送钉两种输钉方式。

钉跟的钉子是专用的，它与普通钉子的区别是在钉杆上带有螺纹状的沟槽或台阶状的直纹，为的是增强鞋跟和鞋的结合牢度。制作鞋跟的材料多为ABS塑料，具有硬度高、强度大、衔钉牢固的特点。

钉跟的工艺要点是：根据后跟形状和尺寸正确选择工艺装备；钉跟之前要确保鞋跟与跟座定位的准确性和鞋跟夹紧的稳定性及可靠性。

（十一）抛光整饰

抛光整饰，是对鞋帮粒面层表面进行外观光亮处理的工艺，是成品皮鞋最后的整饰工序。所使用的机器是抛光机。在抛光之前，要首先对帮面进行清洁处理，擦去污渍。抛光前布轮上蜡转速$1000r/min$，抛光速度$500\sim600r/min$。然后在高速旋转的抛光轮上轻轻抽打、摩擦，如此反复操作，可使鞋面光亮且质感丰富，外观质量显著提高。

三、生产设备

鞋类装配生产线具有传统、劳动高度密集的特征，但传统生产线用工较多，人工成本较高，标准化也有所欠缺。智能化生产线利用了全面使用机器人及其能力的进一步优势，尽可能使用自动化机器执行鞋类制作的相关的活动任务（如砂磨帮脚、刷处理剂、刷胶等），使用高速、轻巧和相对低成本的机器人处理这些操作，操作人员与机器密切配合，实现高品质、高效率、精益化生产。

（一）智能胶粘生产线

针对制式鞋生产的款型兼容性，从智能化胶粘皮鞋制底生产工艺的实际出发，胶粘智能线整体设计有喷光工作区、鞋底配双主控位、三维视觉扫描工作站、鞋面子口机械打粗或激光打粗机械臂工作站、扫灰机、鞋面喷处理剂机械臂工作站、线上双层烘箱、鞋面一次刷胶机械臂工作站、鞋面二次刷胶机械臂工作站、贴底工作区、压底工作区等，见图9-1。实现多种鞋型自动化成型生产；采用了诸多创新技术，解决制鞋工艺自动化过程中的诸多难点，不仅提升产品品质，而且降低用工成本，实现高质量高环保制鞋生产。

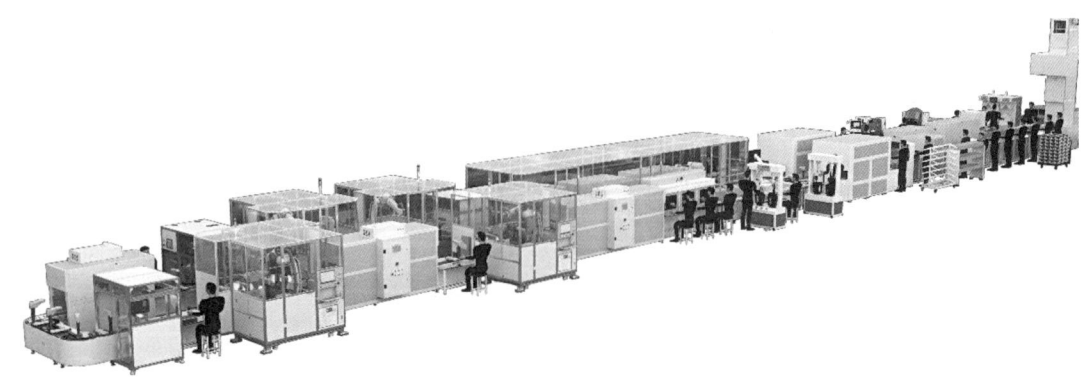

图9-1 智能胶粘生产线

（二）传统生产线

主要包括冷定型机、热定型机、压合机等。

1. 螺旋热定型机/冷冻机

多层缓坡螺旋曲线行程设计，配合线体特殊设计的冷冻定型机，在长度固定的前提下，可满足 $-15 \sim 5℃$，$8 \sim 25 min$ 的冷却定型时间。冷冻机双压双冷设计，交替除霜，保证冷冻效果恒温。可使鞋面定型效果更为舒缓，保证鞋面的外观。加热定型机采用第四代NIR红外线节能灯管，聚光99%，更加节能，活化效果更佳。自主研发的SCR调压模块，保证在同一箱体中，灯管均匀发热，热量分布均匀，无死胶情况。并满足90～110℃，30～40min的加热定型时间。多层缓坡螺旋曲线行程设计，在长度固定的前提下，可增加几倍于设备长度的行程。环保设计，有机排放设计，达到环保要求，见图9-2。

2. 压合机

压合机的结构分多种类型：有适合组合外底压合的万能胶粘压合机，可根据外底结构和形状调整压床结构；有适合成型外底压合的墙式胶粘压合机（图9-3），可对外底的上、下、左、右、前、后方向施加压力；有适合普通平底鞋的气垫式胶粘压合机，可利用气垫形态的变化对外底施以均匀的压力。目前，在胶粘皮鞋压合中，应用较多的是万能胶粘压合机，可对平跟鞋、高跟鞋、压跟鞋、卷跟鞋等外底的粘合施加均匀的压力。

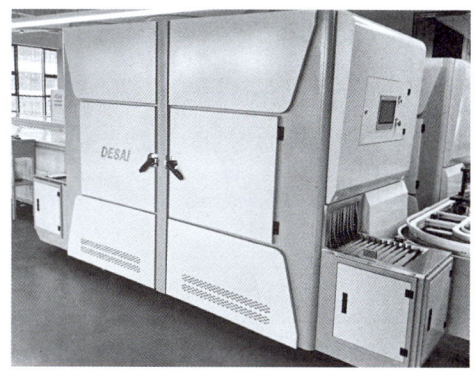

图9-2 螺旋热定型机／冷冻机

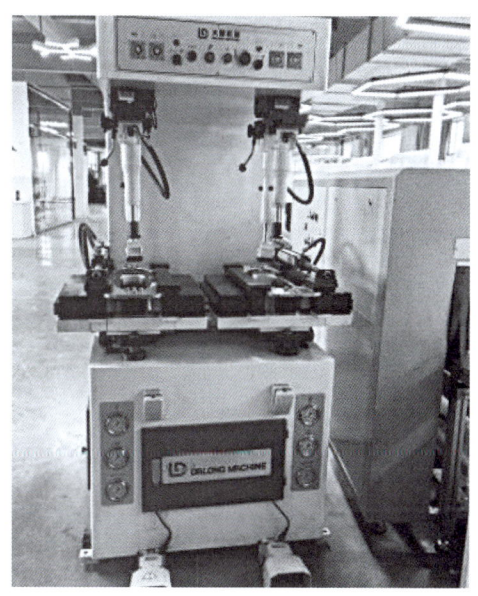

图9-3 墙式胶粘压合机

四、胶粘工艺操作实例

以常服皮鞋为例。

（一）绷帮整理

用榔头将前头、后包跟及其内包头、主跟上沿和褶皱敲平，敲出楦型，楦底以上部位不得有褶皱。重点是要敲出头型，帮脚若有开胶需修饰好，使子口进一步清晰、平整，符合楦型，见图9-4。

图9-4 绷帮整理

(二)砂磨帮脚

将帮脚周边砂去涂饰层,砂平砂匀,砂磨深度不超过皮革厚度的1/3,不得砂伤帮脚。

针对柔性材料打粗存在柔软不受力以及材料悬空的问题,技术人员研发出了被动式柔顺力控技术,通过实时侦测打粗头末端的压力值,并基于动态非线性动态建模控制算法,实现打粗头位置实时调整,从而保证柔性材料打粗效果的一致性,见图9-5。

(三)底心填平

居中粘贴,必须粘平粘牢,多余部分要修掉,见图9-6。

图9-5 恒力浮动柔性材料打粗技术

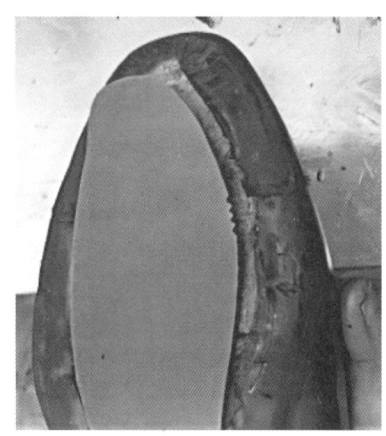

图9-6 底心填平

(四)刷帮脚和外底胶、烘干活化

在帮底底口、内底面和外底粘接面上均匀涂刷,胶粘剂要随用随配,配好的胶要在4h内用完。刷胶要到位,不堆不流、不污染帮面和胶底,在刷匀的情况下胶越薄越好。刷完后按顺序放入转车烘道,烘道温度(65±5)℃,时间6~8min,见图9-7。

(五)扣底

鞋帮与鞋底号码要相符,待到指触干时贴合外底。先将胶底前尖与鞋前尖对正,子口对齐贴合前头;然后贴后跟;最后贴腰窝部位。各部位应贴正贴

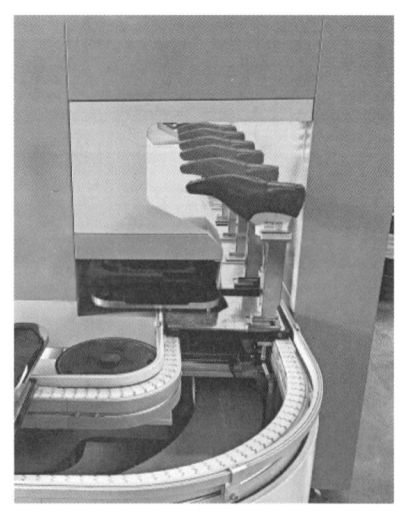

图9-7 烘干活化

平,底心贴实,子口周边贴符。周边用榔头用力挤紧,使帮脚与胶底贴实,不得撕开重贴,见图9-8。

（六）压合

按鞋号大小调整压合机前后压杆,鞋底腰窝部位垫实,将鞋对正压杆;启动机器,将帮底压实粘牢,见图9-9。压力不小于0.5MPa;时间12～15s。

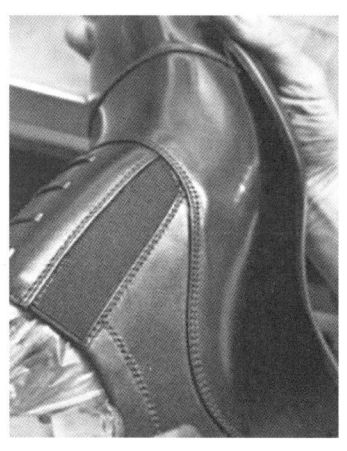

图9-8 扣底

图9-9 压合

（七）定型

将鞋有序放入冷定型机,见图9-10。定型温度-10～-5℃;时间10～20min。

（八）出楦

出楦前先用剪刀剪断橡筋口处的织带布;出楦后按双放置,避免错对,见图9-11。

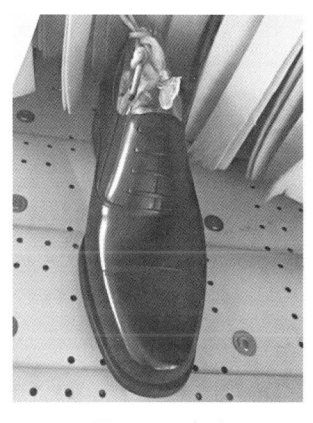

图9-10 定型

图9-11 出楦

第九章 帮底装配 251

（九）倒灌钉

由内底面向胶跟规定位置钉螺纹钉2颗，钉平钉牢，不应出现损坏和断裂现象，见图9-12。

（十）整饰

按技术要求逐只检查，先将线头、胶污、开胶、隙缝、子口毛茬、头跟不圆、里子皱褶等问题进行整饰，对于无法整饰的退回操作人返工。整饰后用细毛笔将子口涂刷成黑色，涂匀、涂齐，不得污染鞋面，见图9-13。

图9-12　倒灌钉

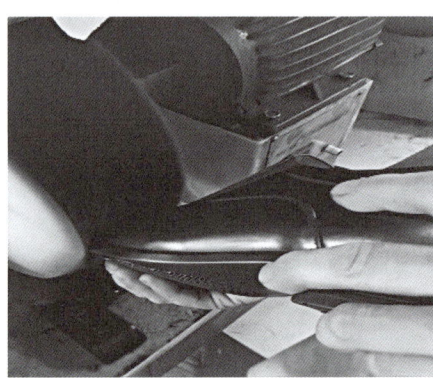

图9-13　整饰

第二节　注射工艺

机器进行连帮注射诞生于1953年，而那时鞋厂工人普遍使用的是手动硫化按钮。把橡胶条或厚板放置于打开的鞋底模具内，然后按压至装有鞋帮的边框上。1960年，DESMA正式将配置2~10个工位，侧面安装自动连帮注射浇注单元的圆盘机引入市场。所研发出来的机器的工作原理一直沿用至今。注射浇注单元将按配方制造的鞋底原料如橡胶条或塑料颗粒进行塑化，然后将原料液体注入开启的鞋底模具内。接着套着鞋帮的金属边框降至鞋底模具内一定深度，使得鞋帮与鞋底模具腔形成一个完整的结合状态。模具腔室内仍是液体状的鞋底在形成一个特殊形态的同时凝固在鞋帮上。这种连帮注射机的方式给鞋类生产带来一次全新的革命。它带来了高效的自动化装置生产线，增高了鞋的产量，同时也降低了生产过程中的相应损失。

一、装配特点

注射和注塑成型工艺是在鞋模型腔处于密闭或开放的状态下，将聚氯乙烯、热塑性聚氨酯、热塑性弹性体和橡胶等材料，在不同的温度和压力条件下塑化或硫化后，由螺杆装置将处于熔融的塑化或硫化变软的材料注入模腔，再经过固化成型或硫化成型给鞋帮装配上鞋底，成为不同材料的注塑或注射鞋产品。

注塑鞋和注射鞋是在自动送料、自动塑化、自动计量、自动注压、自动闭模和开模、自动成型的条件下完成帮底装配的，所以与模压工艺相比有如下优点：

（1）原材料多为颗粒状和液体状，无须冲裁、称量和手工填模，即便是橡胶材料也只需出成大盘胶条，由机器自动计量、自动进料。从而节约了原料、简化了工艺。

（2）原材料经注塑和注射装置均匀塑化或硫化，良好的熔融状态不但利于注压，而且缩短了在模腔中的成型时间，且利于外底质量的提高。

（3）将经塑化或半硫化的原材料注入模腔，消除了因称量不准和填料不均匀产生的鞋底质量缺陷。

（4）由于注机和模具结构的先进性，可以注塑单色或多色外底，从而增加了外底的花色品种。

（5）由于自动化程度的提高，使劳动强度降低和生产效率增加。

与模压鞋工艺一样，注射或注塑工艺也存在着模具生产周期长、花色品种变化慢的不足，所以只适合生产批量大、花色品种变化小的产品。注射或注塑工艺在运动鞋、皮鞋、布鞋等产品的生产中都有应用。不管是绷帮或套帮工艺都可以采用聚氯乙烯、热塑性聚氨酯、热塑性弹性体和橡胶等材料生产注塑或注射鞋。双密度连帮注射机见图9-14。

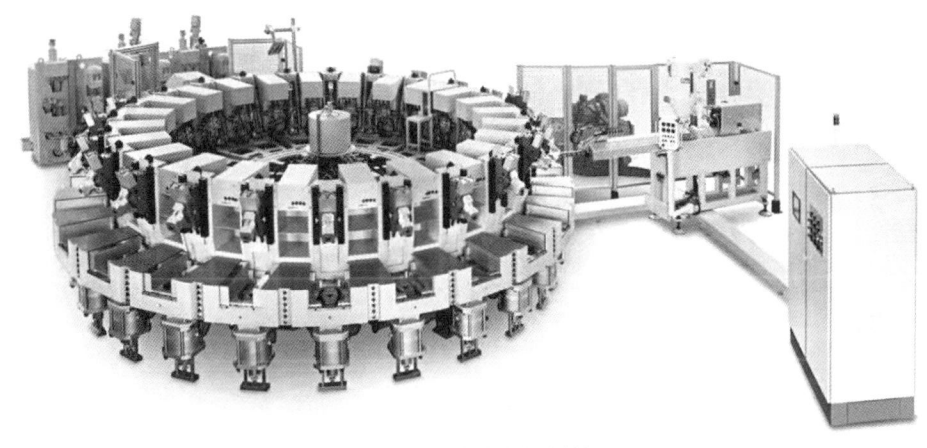

图9-14　双密度连帮注射机

二、工艺要求

（一）基础装配

基础装配就是鞋帮的绷帮成型或套帮成型。绷帮结构多用于皮革或合成革帮面产品；套帮成型多用于织物类鞋帮产品。套帮工艺比绷帮工艺相对简单。

注塑或注射鞋的绷帮工艺与胶粘鞋、模压鞋基本相同。套帮工艺则是先将帮脚与中底布缝合在一起，注料时直接套在楦模上成型，既省工又省料。缝中底布所使用的设备是自动加油中底缝合机，也称加州鞋缝合机。

（二）砂磨帮脚

砂磨帮脚即帮脚起毛，只适用于有粒面的皮革材料。反绒皮革和合成材料的帮脚无须砂磨，通常采用涂刷处理剂的工艺。

（三）套鞋帮

将底模和楦模按照工艺要求预热后，即可进入注料程序。将鞋帮经烘箱预热后套在楦模上，要套正压实，特别是底部要贴楦，避免合模后出褶皱和偏斜。

（四）落楦合模

底模由底心和两个边模组成，套好鞋帮的楦模落下到位后边模随即合拢（有橡胶外底的，合模前需先放入模具中）形成注料的型腔。此时，底心与边模要闭合严密，帮脚与底模上口应处于严密锁紧状态。如果边模与底心、帮脚与底模产生哪怕很微小缝隙，也会在注料时因熔融材料的强大推进力而发生溢料现象。

（五）注料

注塑或注射鞋均可采用螺杆塑化或硫化并注料入模的方式，该方式具有塑化或硫化均匀、成鞋质量好的特点。料筒加热螺杆旋转的塑化和硫化方式从料口到喷嘴温度可分段控制，并能随材料的不同而依次升高，将材料塑化成熔融状，具有流动性的可注塑状态，不但温度均匀而且可减小注射力。材料在塑化中可根据模腔容量自动控制注料量，当模腔充满后又能自动停止螺杆的轴向运动。

（六）定型

当材料注塑入模后即进入定型状态。PVC、改性PVC、SBS外底的固化温度为30℃左右，多采用冷却水固化定型；橡胶的硫化温度为140℃左右，多采用电加热方式硫化定型。

三、智能化生产线

生产线分为传统生产线和智能化生产线，传统生产线用工较多，数字化、标准化有所欠缺，所以产业转型升级就成为企业发展的重中之重，智能两栖生产线，可满足三密度结构连帮鞋、笼式结构连帮鞋和双底花结构鞋的生产。

智能两栖生产线主体分为30工位圆盘机、环形智能线两个部分，见图9-15。

第一部分，30工位圆盘机配置为抽真空功能30个圆盘工作站，一台3个料罐的PU伺服注射机，一套机械手操控的PU喷射系统，一台机械手喷脱模剂系统以及2套胶底烤灯等辅助设施。该设备具备PU浇注、PU分段射出、PU喷射以及PU压力注射等功能。

第二部分，环形带RFID芯片识读的柔性智能线体，该线体将工业机器人（多功能机械手）、激光砂边和计算机远程控制系统等技术加入生产系统中，实现智能生产线与双密度圆盘机的有机结合。能实现各种冷粘、注压产品的按照不同工艺设置进行生产。

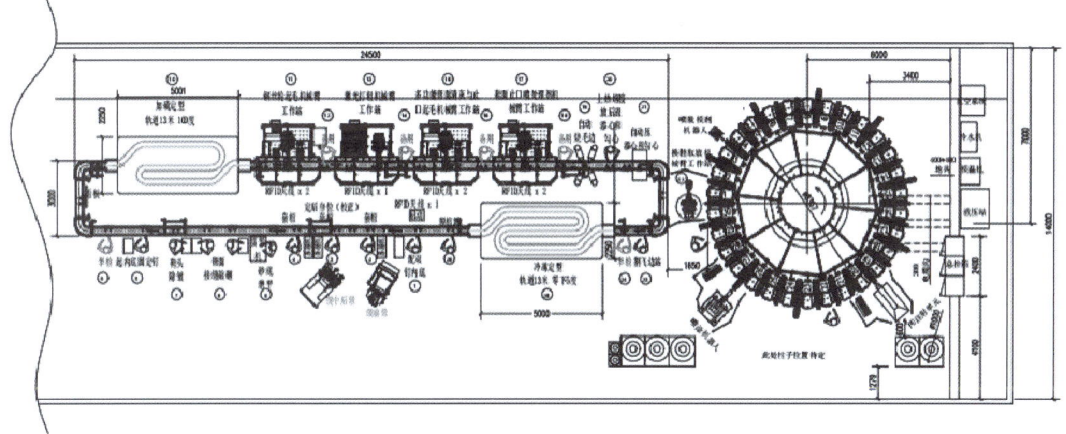

图9-15 智能两栖生产线

四、注射工艺实例

以防护靴（橡胶/PU双密度）为例。

（一）套楦

检查鞋帮与模具号码是否相符，分清左右脚将鞋帮套到楦模上并敲砸到位。将处理好的橡胶外底放入底模中，要摆正放平，见图9-16。

（二）落楦锁模

（1）机器自动落下楦模。

（2）要检查帮脚与底模上口是否严密，以防溢料，如图9-17所示。

图9-16 套楦

（三）浇注

机器按照设定好的浇注轨迹和浇注用量，自动将PU料注入模具型腔，见图9-18。

（四）定型

（1）鞋底在固化定型后，机器自动开模。

（2）从楦模上脱下成鞋。

（3）产品冷却后进入整饰工序，见图9-19。

图9-17 落楦锁模

图9-18 浇注

图9-19 固化、定型

第三节　线缝工艺

线缝工艺是一种传统制鞋工艺,其帮底结合是用特制麻线缝制在一起,线缝工艺较为复杂,技术要求比较高。线缝鞋又有手工缝和机器缝的区别,其中手工线缝鞋已逐步退出历史舞台。机器线缝工艺也在很大程度上被其他工艺所取代,大多用在劳保类产品的生产上。机器线缝工艺主要有缝沿条结构、翻缝边结构和透缝结构等。

一、缝沿条工艺

缝沿条又分为手工缝沿条和机缝沿条,见图9-20。

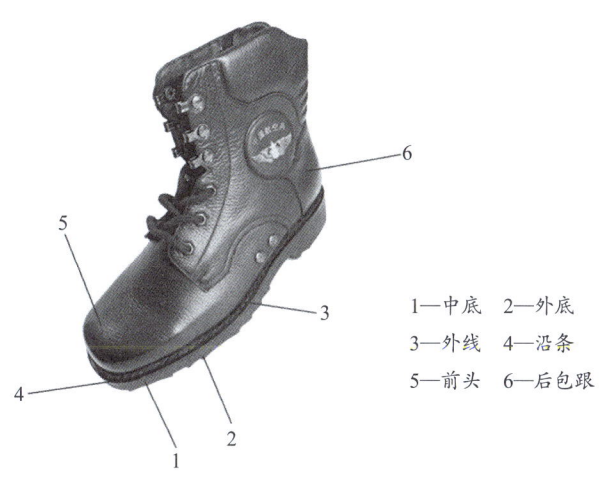

1—中底　2—外底
3—外线　4—沿条
5—前头　6—后包跟

图9-20　机缝沿条皮鞋部件名称

缝沿条工艺操作要求如下。

1. 系鞋带

鞋帮为鞋眼加鞋环系带式结构。为绷帮需要,在向装配线配置鞋帮的同时应用细绳将鞋眼部分系上。

2. 扣内底

扣内底之前,应按照装配线的产量及鞋号比例配置鞋楦和内底数量。内底为粘布棱条结构,是机缝沿条皮鞋专用内底,其形状和曲跷应与鞋楦底盘形状相符。把内底与鞋楦摆正后,在前端、腰窝及后跟处用气钉枪打钉3~4颗。

3. 后帮预成型

将主跟刷胶后装入后帮内，进入后帮预成型工序。该工序所使用的机器是加热式后帮预成型机。机器所配置的楦模和成型模必须同鞋楦配套，这是后帮成型的质量保障。

4. 绷前帮

帮脚和内底经刷胶和干燥后进入绷前帮工序。前帮加湿加热后将鞋楦套入，经过夹钳和绷紧座拉伸，由扫刀将帮脚扫到内底布棱条上。绷前帮的质量关键在于工艺装备的配套，即夹钳、绷紧座、束紧器、扫刀等都应与鞋楦和内底的形状和尺寸相符。

5. 绷中后帮

绷中后帮是在绷前帮的基础上，将中帮和后帮的帮脚折弯到内底布棱条上并钉合在一起的操作，所使用的机器是钢丝绷帮机。绷帮时，在绷帮机将帮脚挤压到布棱条上的同时，将钢丝钉入帮脚和布棱条。另一种绷帮工艺是用绷后帮机将帮脚绷到内底上后，再用钢丝绷帮机或手工绷中帮。绷好后，鞋底朝上，将楦筒后端的绷楦定位孔套在顶柱上推入机模内，校好皮模和拥板，连续拥挤2～3次。拥紧压实后，用对口钳子将里外腰帮脚粘到棱条上。

最后把鞋的底周圈用钢丝机钉牢固。中后帮绷完后，应对绷帮质量进行检验并作必要的手工整修。

6. 割帮茬

割帮茬是对绷帮后的多余的帮茬进行修剪的操作，所使用的机器是割帮茬机。因为工艺的需要，绷帮时的帮茬余量较大，只有把多余的或参差不齐的部分去除，才有利于缝沿条操作。多余的、处于卷曲状的帮脚不仅影响缝沿条的操作，而且也影响缝沿条的质量和效率。

7. 包清洁套

包清洁套是用塑料薄膜将在制鞋帮包裹起来，该工序为手工操作。包清洁套可避免后面工序污染鞋帮，主要用于浅色帮面的鞋，黑色鞋款一般不需要此道工序。

8. 缝沿条

缝沿条是把沿条、帮脚和内底三种鞋件组合为一体，分为手工缝沿条和机缝沿条。通过绷帮，帮脚和布棱条已粘合（或钉合）在一起，完成了鞋帮成型；再通过沿条与帮脚和布棱条的缝合，不但使沿条鞋的基础装配更加牢固可靠，而且为沿条与中底（或外底）的结构装配做好了工艺准备。沿条线的缝纫模式为单线链缝。缝线多为苎麻线，其规格应与机针规格保持一致。针距一般为6.5～7.5mm，但不同品种也存在差异，如02春秋飞行皮靴的针距就稍小一些，针码密度规定为（4.5±1）针/30mm。缝线针码要均匀齐整，距边进出基本一致。

9. 缝沿条接头

缝沿条接头是将沿条的首尾接头处进行整修缝合,其目的是使接头部位更严密。该工序手工操作或机器操作均可。

10. 二次割帮脚

二次割帮脚是将沿条和内底布棱条下边多余的帮脚做进一步割除的操作,目的是使沿条、帮脚、布棱条三者的高度一致,形成干净利落的整体。在缝沿条工序之后,由于经过缝沿条接头、整修、挤沿条工序,帮脚的位置已基本准确,使二次割帮脚的操作有了基准,因此沿条和帮脚的外观质量得到保障。

11. 中底胶粘压合

中底胶粘压合是中底与内底、填芯片、沿条粘合为一体的操作,所使用的机器是胶粘压合机。中底是内底与外底之间的底部件。中底与内底为粘合连接,与沿条是缝合连接。中底胶粘压合是缝合的基础,只有在粘合牢固后才有利于缝合。在中底、内底、填芯片上刷处理剂和胶粘剂之后,便进入扣中底和压合工序。此时的中底和内底基本处于厚度均匀的状态,所以压合机的压床和工艺装备较简单,很容易获得均匀的压合力。

12. 削中底边

削中底边是将多余的、超出沿条边缘太多的中底边削掉,所使用的机器是削底边机。在中底胶粘压合工序的中底边余量较大,是沿条鞋加工工艺决定的,部分原因也是为了确保中底边缘粘合的牢固性。

13. 缝外线

缝外线是将沿条和中底(或外底)缝合在一起的操作,所使用的机器是缝外线机。通过缝线使沿条和中底(有的没有中底,而是沿条和外底直接缝合成鞋)的边缘紧密结合是缝沿条鞋最重要的工艺特征。缝线通常为苎麻线,缝纫模式是双线锁缝,针距3.5~4.0mm。在线缝皮鞋中,沿条鞋、压条鞋、翻边鞋等,都采用这种缝合方法。

14. 外底胶粘压合

外底与中底的粘合表面经过刷胶和烘干活化后,即可进入扣底和压合工序。胶粘压合时压床上的压垫应与外底底面形状一致,以确保粘合面受力均匀,产生足够的粘合强度。

15. 挤沿条

挤沿条是对沿条在鞋帮底边上的密合状态进行整饰的操作,所使用的机器是挤沿条机。挤沿条机是用滚轮挤压沿条的方法,使沿条贴紧鞋帮的边缘,在外观上浑然一体。滚压时，滚轮的挤压面应与沿条受力面的形状一致，以确保挤压受力均匀，避免沿条皮面受到损伤。

16. 冷冻定型

鞋帮定型分为湿热定型和冷冻定型两种。绷帮之后的湿热定型是通过消除鞋帮的内应力使其定型；而粘底后的成鞋冷冻定型是为了进一步保持鞋帮在鞋楦上的形状，使脱楦后的鞋帮不变形。冷冻定型所使用的机器是冷冻定型机，或称急速冷却定型机。通常将胶粘压合后的在制品置于−10～−5℃的空间内快速冷却定型；时间为10～20min。定型后的鞋帮形状更贴楦，鞋型更好，脱楦以后不变形。

17. 削外底边

削外底边是指沿着已切削过的中底边将外底边多余的部分切削掉的操作，所使用的机器为削边机。经过与中底粘合后的外底边参差不齐，将其多余的部分去掉，同中底的边沿保持一致，这为底边后续的精加工打下良好基础。

18. 砂磨底边

底边光滑、线条流畅，并保持与沿条边的浑然一体，是缝沿条皮鞋外底质量的重要条件之一，也是精加工的主要工序。砂边使用的设备是打砂机，可粗砂，也可细砂。粗砂时的加工余量较大，可采用粒度大的砂布轮砂磨，以提高速度；细砂的加工余量较小，可换上粒度小的砂布轮，使底边更光滑。

19. 外观整饰

砂磨底边后的在制鞋经过出楦和去除清洁套便进入外观整饰阶段，主要有热风去皱、清洁鞋帮和外底、抛光整饰等工序。所使用的机器有热风去皱机、抛光机等。

缝沿条皮鞋，是缝制皮鞋中结构最复杂的产品，具有工序繁多、操作难度大、技术标准高的工艺特点。在基础装配中，布棱条内底绷帮，沿条、帮脚和布棱条的缝合；在结构装配中，沿条与中底或外底的缝合、中底与外底的粘合；在整饰工序，外底的切削和砂磨等，都比胶粘皮鞋和其他缝制皮鞋复杂得多。

二、其他线缝皮鞋

（一）透缝工艺

透缝是将鞋帮、内底和外底三个部件从鞋腔内向外穿透缝合而连接在一起的装配结构。传统透缝皮鞋的特点是外底边沿与帮脚边相齐平，外形朴实简洁、底面的透缝线或显露于外，或藏于槽内，依鞋款而定。传统的透缝工艺早被现代的胶粘工艺所取代。但是，由于胶粘工艺的连接强度往往弱于线缝工艺，有些胶粘皮鞋成鞋后也会再用缝线加以补强，因而又催生出一个新工艺——胶粘加线缝工艺。缝线的形式也有了发展和变化，既有从鞋内向底面的透缝，也有在鞋底边墙上的侧缝。两种缝法所使用的机器都是内线机，也称侧缝机。

胶粘加线缝工艺与胶粘皮鞋的基础装配工艺完全相同，主要有钉内底、后帮预成型、绷帮、湿热定型等工序；结构装配除增加一道缝内线工序外，其他与胶粘工艺基本相同。

（二）翻缝工艺

翻缝皮鞋的基本结构是鞋帮帮脚向外翻。然后，一种是与内底粘合后，直接缝外线加固，最后再粘合外底。还有一种是与内底粘合后，再在外翻的帮脚上加放压条与外底进行粘缝结合，完成装配，即俗称的为压条线缝皮鞋。这是两种比较典型的翻缝工艺结构。

在基础装配中，外翻工艺与其他工艺有许多不同之处：
（1）内底边缘大于鞋楦的轮廓线，这是外翻绷帮的基础。
（2）后帮预成型时帮脚是向外翻，而不是常见的向内翻。
（3）绷帮时，帮脚均向外翻与内底边缘粘合在一起。

外翻工艺所使用的后帮预成型机为加热式，加热楦模和成型夹模与折边器等工艺装备必须符合外翻后帮结构，后帮成型和帮脚外翻是同时进行的；绷前帮机装有专用的外翻绷帮装置和动作程序，夹钳、绷紧座、前帮外翻模板等工艺装备必须与鞋楦相配套；绷前后帮时翻边帮脚已基本同内底相吻合，可与中帮同时用钳子与内底粘合；绷帮之后是内底与帮脚缝合，所使用的机器是外线机。

在结构装配工艺中的外底与内底粘合、定型、切边等工序的加工方法及外观整饰过程，与沿条皮鞋的装配和整饰基本相同。

三、线缝工艺操作实例

以春秋飞行网眼皮靴为例。
1. 系鞋带
将最下面鞋带穿成"一"字形，其余左右交叉穿过鞋眼，然后打结。松紧适宜。

2. 扣内底

内底要与鞋楦型号相符，用气钉枪每只鞋钉4颗钉，扣正、钉附不错位，如图9-21所示。

3. 后帮预成型

整理好后帮面、鞋里，应平展无褶，符合楦型，见图9-22。

4. 绷前帮

前帮与绷帮机中心对正，夹帮粘牢。要求内底保持直立，见图9-23。

图9-21 扣内底

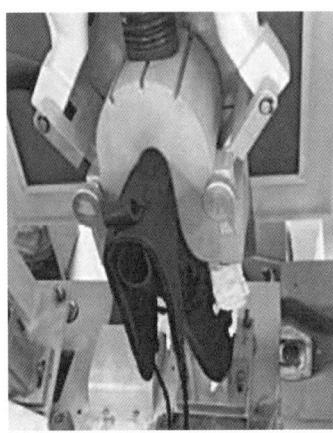
图9-22 后帮预成型

图9-23 绷前帮

5. 打钢丝

帮脚不小于12mm，布里要包住内底，后跟绷紧，褶皱分布均匀。粘平粘牢，子口清晰不坐跟。帮脚周圈用钢丝机钉实钉牢在布棱条上，见图9-24。

6. 热定型

经检验修整后进行热定型。先将鞋舌整理好，然后将后帮两侧拉平展。用湿热定型机定型：温度（100±5）℃；时间30~40min，见图9-25。

7. 割帮脚

将高出布棱条的帮脚割平，不得割伤布棱条及缝线，见图9-26。

8. 缝沿条

缝沿条针码密度4.5±0.5针/30mm，要求均匀齐整，距边进出基本一致，见图9-27。

图9-24 打钢丝

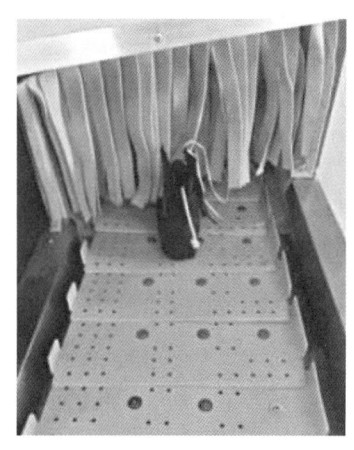
图9-25 热定型
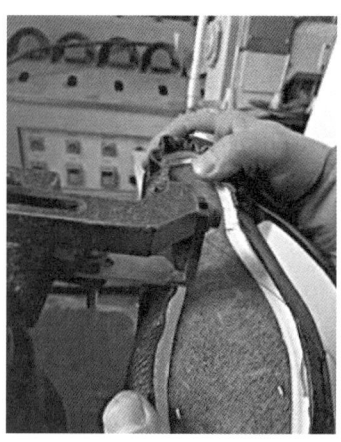
图9-26 割帮脚

图9-27 缝沿条

9. 二次割帮脚

将高出沿条部分的布棱条、帮脚割平，不得割伤沿条及缝线，见图9-28。

10. 扣中底、压合

经刷胶干燥后，将中底平贴在内底和沿条上，周圈余边要均匀。将沿条与中底捏紧按实。

扣好中底后放进压合机压合。压力1.5～2MPa；时间5～10s。中底要随扣随压，压紧压实，不得压偏，见图9-29。

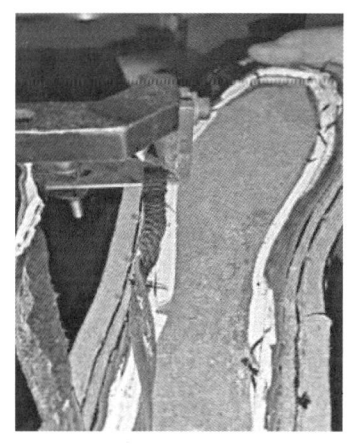
图9-28 二次割帮脚
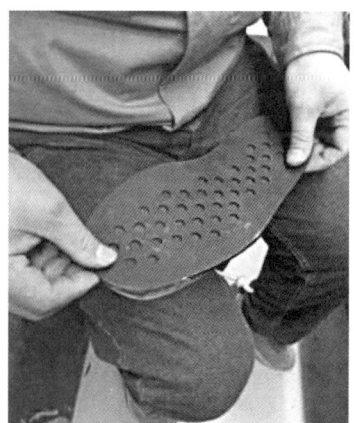
图9-29 扣中底、压合

11. 缝外线

使用外线机，由鞋里怀掌口处起针，缝线一圈。起止针缝线互压1～2针，面线与底线刹紧，针码均匀，不得跳线、反线、缝豁、断线；线头剪净接嵌整齐，针码密度4～5针/20mm，见图9-30。

12. 扣外底压合

将外底与中底比齐粘正,同双对比长短,符合要求转入下序。用压合机压合,压床的衬垫物应与底形相符,压力1.5~2MPa;时间4~5s,见图9-31。

13. 削外底边

将外底大于沿条的部分削去,不得削缺沿条,见图9-32。

图9-30 缝外线

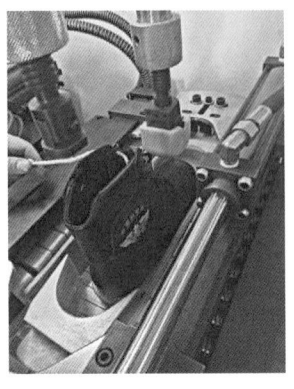

图9-31 扣外底压合

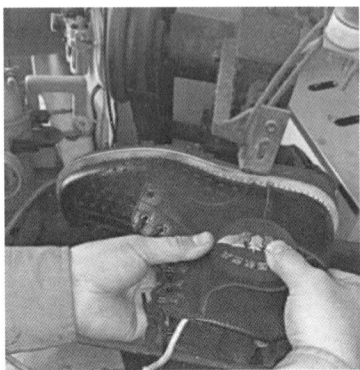

图9-32 削外底边

14. 砂磨底边

用40号粗砂布沿大底周圈粗砂一遍,砂直砂顺,符合底型;同双鞋要长短宽窄一致、花纹对称。用240号细砂布沿大底周圈细砂一遍,将粗砂痕迹磨掉,见图9-33。

15. 整饰

(1)用棉布蘸少许水性清洁剂对皮面进行擦拭。清洁剂涂抹要均匀,不能出现漏擦、花点、雾点等现象。

图9-33 砂磨底边

(2)用海绵蘸鞋乳均匀涂抹鞋面。

(3)帮面抛光要均匀到位,使皮鞋表面细腻光滑,同时顺带将胶底表面进行抛光,去掉灰尘,见图9-34。

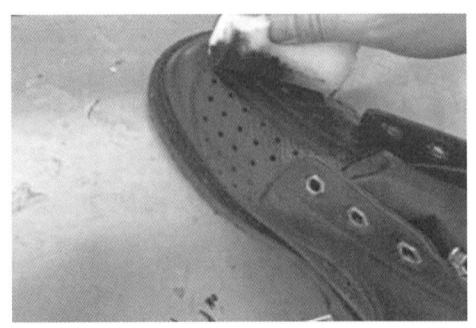

图9-34 整饰

第四节　模压工艺

模压工艺是利用橡胶胶料在模具中硫化所产生的流动和合模压力，直接给鞋帮装配上鞋底的工艺方法。其胶料是在高温和高压下成型并和鞋帮粘合连接的，所以模压鞋具有帮底粘合牢固且不易开胶，以及耐磨、耐曲挠的特点。由于模压鞋的模具生产周期较长和花色品种变化慢，因此，它更适合批量较大的长线产品。

一、工艺特点

模压鞋的基础装配工艺与胶粘皮鞋基本相同，唯一的区别是在绷帮脱楦后增加了一项缝帮脚工序，避免鞋帮和内底在模压过程中开胶散脱。

模压鞋的结构装配是在橡胶硫化模具中进行的。模压鞋的外底材料为橡胶。硫化模具由底模和楦模组成，两模相合构成外底硫化成型的型腔结构。在帮底装配前，首先将底模加热至橡胶硫化温度，然后将经过混炼的生胶片填入模腔，最后将已套好鞋帮的楦模压在底模上部并形成锁模状态，生胶片在模腔内硫化成型中与鞋帮帮脚和内底粘合为一体，从而完成模压鞋的帮底装配。

二、工艺要求

（一）缝帮脚

缝帮脚是对胶粘绷帮成型后的帮脚和内底进行缝合加固的工艺，其目的是防止压鞋时因橡胶硫化温度高于绷帮胶粘温度而使帮脚与内底的分离。如果是热熔胶绷帮或套楦成型的鞋帮，可省略此环节。因为在此之前的鞋帮装配与胶粘皮鞋和胶粘运动鞋相同，所以可根据具体情况选择是否缝合帮脚和内底。缝合帮脚和内底所使用的机器是内线机，有单、双线之分。单线机缝纫模式为链缝，生产效率高，操作方便。

（二）刷胶浆

胶浆是天然橡胶与汽油相溶而制成的胶液，呈浆糊状态。将其涂刷在帮脚和内底表面，可渗透入纤维，提高附着力。胶浆与橡胶外底同时硫化可提高粘合强度。用毛刷将胶浆涂刷于已起毛打粗的帮脚和内底表面，干燥后即可进行模压。

（三）模压

模压是橡胶外底在模具中硫化成型时与鞋帮结合而完成结构装配的工艺方法，所使用的机器是模压机。模压硫化工艺的三个要素是温度、压力和时间。温度的高低和时间的长短由橡胶配方确定，由机器的模具加热装置和自动延时器控制；压力即模具在硫化过程中克服橡胶膨胀力的锁模力，锁模力是由锁模机构和推动锁模机构动作的油缸产生的。足够的锁模力可使模压皮鞋的粘合强度提高、底形精确、溢胶减少，是模压机的重要技术参数之一。

填入底模型腔中的生胶片是将生胶切割后加入各种配合剂，经过塑炼、混炼、压延、冲裁而成。模压鞋底制备橡胶材料的工艺和设备，是模压鞋生产的重要组成部分。冲裁成型的生胶片在填入模腔之前，还要进行称量，给不同号码的外底模具填入不同重量的生胶片，以利于硫化成型。

1. 工艺要点

模具型腔要严密，底模和楦模的边口配合要良好，防止溢胶；楦模和底模要有足够的锁模力，避免外底形状和尺寸不准确、帮底粘合强度不够的现象发生；胶料称量要准确，填料分布要合理，以免外底密度不均匀和底纹残缺、亏胶或溢胶；硫化温度和时间的设定要符合胶料配方的要求，不得造成外底欠硫或过硫的质量缺陷。

2. 硫化状态

底心与边模构成了底模型腔，楦模与鞋帮从上向下产生锁模力，并将胶料封闭在底模的型腔中进行硫化成型，使鞋帮和外底在加热加压的状态下结合为一体，完成硫化成型的橡胶模压鞋产品。

（四）整饰

（1）修剪鞋底的飞边余胶，可用机器修边，也可手工操作。

（2）清理帮面污物，所使用的机器是毛刷清洁机。

（3）鞋面抛光或喷色，使用布轮抛光机或喷色机。

三、模压工艺实例

以冬皮鞋为例（橡胶/橡胶双密度）。

（一）缝帮脚

使用9.5s/6股苎麻线，缝线一道，缝线距内底边不超过10mm；针码密度（3.0±0.5）针/30mm，见图9-35。

（二）刷胶浆

（1）用毛刷在砂磨好的帮脚处刷胶一遍，要刷均匀，不得漏刷及污染帮面。

（2）用毛刷在内底及木芯上刷胶浆一遍，要刷均匀，防止胶污帮面，不得堆胶，见图9-36。

图9-35　缝帮脚

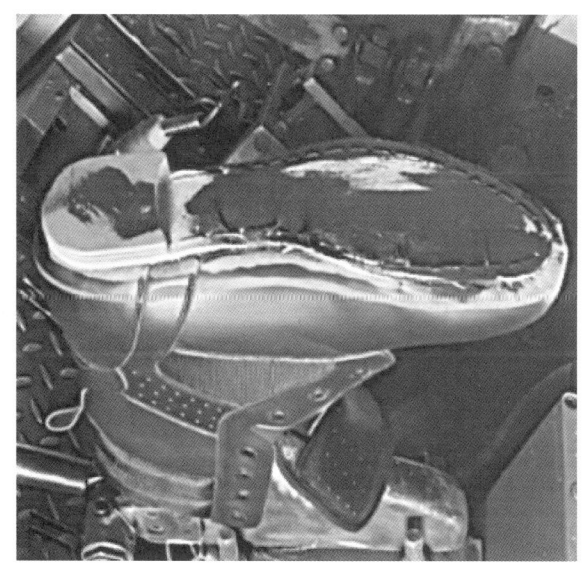

图9-36　刷胶浆

（三）模压成型

（1）对模具及机械手进行调试。

（2）套鞋后对接茬部位及主跟、包头处进行敲砸。

（3）调整好硫化时间、模具温度及注胶量。

（4）机械手砂磨宽度不低于6mm，与机砂帮脚衔接住，机械手砂过的子口比模压后胶底子口宽1mm。要求喷过的胶超过机砂边边沿2mm，喷胶宽度不低于8mm。

（5）对注压的实胶层进行检查，发现缺胶及时取出，并暂停二次注胶。检查注嘴有无堵眼现象，注胶运行是否正常，查看注胶分布是否合理。

（6）调整好硫化时间、模具温度及注胶量，注射中底发泡胶。

（7）将模压好的鞋从楦模上取下，检查是否有缺胶、气泡、折边等缺陷。缺陷超出标准规定的，将外底及时扒下，重新进行注压。注压前需重钉跟芯，刷胶，见图9-37。

（四）整饰

1. 修水口胶

将子口周边跑出的胶，用叉子或小刀修饰干净，不得修伤皮面及接头缝线。

2. 修边

将刀靠住底边从腰窝处起刀，尽量一刀修净，不留余茬，见图9-38。

图9-37 模压成型

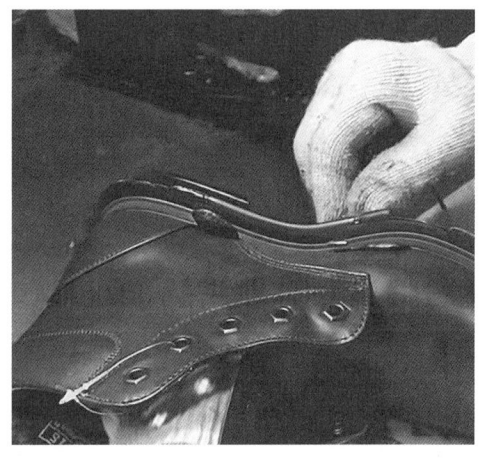

图9-38 修边

3. 抛光

帮面抛光要均匀到位，使皮鞋表面细腻光滑，同时顺带将胶底表面进行抛光，去掉灰尘。

4. 喷涂

用黑色橡胶面油，均匀的喷涂在鞋底底部，注意不得污染鞋面。

第五节 硫化工艺

硫化工艺是利用橡胶热硫化定型的原理,将生橡胶经过塑炼、混炼、压延、冲裁、出型等工艺制成橡胶坯料,鞋帮经过缝中底、套楦、粘围条、粘底和进入硫化罐硫化等工艺性加工,在热量和压力的作用下,达到帮底结合目的。

一、胶料

(一)型胶

硫化工艺使用的胶料需要经过塑炼、混炼并返炼出型。另外,由于硫化鞋各个部位受力不同,故硫化鞋各部件胶料的配方设计要针对不同情况而予以变化。如海绵、垫芯所受的强力很小,因此,含胶量很低甚至可以使用代用料。相反,外底要求耐磨、高强力,因此,要求含胶量相对要高一些。

(二)胶浆

根据内底材料不同,硫化鞋所使用的胶浆有黑胶浆和白胶浆两种。

对于内底粘合来说,当内底材料使用天然革或者在内底上衬有保暖材料,胶浆不易透过内底表面渗到表层时,可以选用黑色胶浆。它与注胶鞋、模压鞋使用的胶浆相同,是用炭黑做填料配制而成的。但是当使用织物材料做内底,或者用于白色或浅色产品时,黑胶浆会渗透到内底表面层使内底材料污染,因此,多选用白胶浆或有与鞋帮近色的胶浆。白胶浆一般是用白炭黑等填料配制而成的。黑胶浆和白胶浆都属于天然胶粘剂,粘合力不高,只是起到临时固定作用。

热硫化鞋的中心点是粘着与热固化。

而对于帮与胶部件的粘合方面,体现在鞋底与鞋帮的粘合、鞋帮与围条的粘合以及鞋底与围条的粘合三个方面。通常地鞋底与帮面及围条的粘合主要分两部分,一是一硫鞋底与围条及帮面围条浆,通过两种胶体的互粘共硫化性形成硫化粘合。二是模制鞋底与鞋帮及围条的粘合,则需要使用与鞋底表面亲和,同时能与围条浆及围条胶有共硫化能力的粘合剂处理鞋底粘合面,才能实现鞋底与帮及橡胶围条的粘合固着。则要实现整鞋各部件固着在一起,必须将胶粘剂涂刷在待粘部件表面,通过高温度干燥去除挥发成分,在保障胶粘体固态物及胶部件粘合面的黏性足够的前提下,将各部件贴合压粘固着在一起,然后经过高温度高压热固化，最终形成硫化鞋。

二、硫化设备、方法及条件

硫化指的是在一定条件下，橡胶大分子由线型结构转变为网状结构的交联过程。生胶经过硫化变成了硫化胶，其弹性、耐磨性、耐曲挠性、抗张强度等物理力学性能都有了很大的提高。因此，硫化是硫化鞋生产过程中最重要的一道工序。硫化效果的优劣取决于硫化工艺三要素：温度、时间和压力。

（一）设备

硫化鞋的胶料加工设备与模压鞋基本相同，主要有切胶机、密炼机、开炼机、压延机、裁片机等。硫化鞋的外底、围条、中底等生胶片的压片、压花、裁片等操作，一般在压延联动生产传送线上进行。

硫化鞋的加热、加压、硫化等操作，一般是在卧式硫化罐内进行的。卧式硫化罐内有轨道和铁车，用于放置粘好外底的待硫化半成品鞋。硫化罐内装有进气管、排气管、蒸汽输入管、蒸汽输出管和一级安全阀、温度计、压力表等。硫化罐加热方式有双壁式、单壁式和单壁蛇管式几种结构。

硫化工艺鞋的关键工位要拆分为两块。除了贴合压着成型外，硫化是关键工序。硫化的核心要素是温度、压力和时间三者协同一体。硫化温度必须控制在合理的范围才能创新鞋型和性能最佳，硫化温度高过允许范围则鞋的部件（包括纹织材料和胶部件）热裂解导致性能下降；硫化温度低了则会形成欠硫，胶鞋性能不达标。硫化三要素中的压力是保证贴合牢固、防止硫化过程中鞋体部件受热变形。而硫化时间则是在硫化温度与硫化压力稳定时，实现鞋体性能最佳、作业最经济的关键素，时间长了企业所担负的能耗高、工效低、导致利润率低，时间短了则会产生鞋体性能低下，导致技术指标偏低。

硫化鞋采用的是热硫化法，根据硫化罐硫化介质的不同，可分为热空气硫化法、饱和蒸汽硫化法和混合气硫化法。

1. 热空气硫化法

硫化罐四周设有蒸汽或导热油管道和散热片，通入热介质后将硫化罐内充入的压缩空气加热成热空气，并作为硫化介质使罐内的胶鞋硫化，这就是热空气硫化法，又称间接蒸汽硫化法。热空气硫化法的特点是硫化压力和硫化温度分别受作用于不同的动力源，两者之间互不牵制。且因为是间接加热，硫化空气干燥程度高、纯度高，不侵蚀容器，不污染产品，硫化环境优越，橡胶部件表面光滑，外观质量好。

2. 饱和蒸汽硫化法

饱和蒸汽硫化法就是在硫化罐中直接充入饱和蒸汽作为硫化介质使罐内的胶鞋硫化，故饱和蒸汽硫化法又称为直接蒸汽硫化法。饱和蒸汽是压力大于0.1MPa的高压蒸汽，其温度高于100℃，并随蒸汽压力的升高而升高。

3. 混合气硫化法

混合气硫化法就是在硫化过程中同时采用热空气和饱和蒸汽两种传热介质进行硫化。其方法是，在前一阶段以热空气为传热介质，后阶段将饱和蒸汽直接充入罐内，这种用两种以上的传热介质进行硫化的工艺称为混合气硫化法。

（二）硫化条件

硫化条件是指胶鞋部件硫化达到正硫化的温度、时间和压力，亦称硫化"三要素"，其对硫化质量有着决定性的影响。在确定胶鞋的硫化条件时，首先要了解和掌握胶鞋的结构特点、硫化特性及要求，以及产品所适宜使用的硫化方法。

1. 硫化温度

胶鞋硫化主要以热空气硫化为主，硫化过程中空气中的氧对橡胶表面产生氧化作用，并会随温度的升高而加剧。同时，胶鞋帮面材料承受高温的能力有限。过高温度会导致材料性能下降或颜色变化，白色或浅色胶部件因为着色剂的不耐高温也会变色，因此，胶鞋硫化温度应该控制在128~136℃。

2. 硫化时间

胶鞋在硫化罐内所需的硫化时间较长，一般为45~60min。硫化总时间的长短，视升温快慢、恒温时温度的高低和胶鞋种类、型号大小及装罐数量而定。

3. 硫化压力

胶鞋在硫化一开始就需要施加一定的压力，确保橡胶与橡胶之间、橡胶与帮材之间的粘合强度，提高胶部件致密性，防止部件产生气泡，但压力并不是越大越好，因为在温度升高的情况下，空气压力越大同样会增加对橡胶的破坏作用，还会影响海绵的发孔，一般胶鞋在硫化罐中的压力为（0.3±0.05）MPa。

（三）硫化工艺操作要求

硫化鞋的装配工艺基本为手工操作，使用简单的工具和工装，主要设备是鞋用硫化罐。

1. 硫化前检查

首先检查各种管路、仪表、阀门、热风循环系统、水汽分离器等是否灵敏正常，罐口是否漏气，发现问题立即修理；检查蒸汽总压力和冷风总压力，须达到0.4MPa方可硫化；冷风包内的冷凝水必须放尽，然后每天第一罐要预热温罐，开启间接汽和热风循环，待罐温达到120℃以上方可装罐硫化，温罐时间视天气温度而定，一般为1h左右。

2. 装罐

将成型后的胶鞋按照品种次序成双挂放在硫化车上，按类别和质量选择硫化条件，并在每个硫化车上放上统计卡片，装罐时要仔细点数，并检查胶鞋是否有粘连，确定无问题后将硫化车推入罐内，关闭罐盖并插好安全销。

3. 硫化

开动热风循环系统后，注入压缩空气在4min内达到规定压力0.28~0.30MPa，30min达到规定的恒温时间。若采用混合气硫化，一般在35min罐内温度达到120℃以上时开始注入饱和蒸汽。注入方法有两种，一种为对流换气法，即把排气阀门和进汽阀门同时开到适当程度，保持罐内压力稳定，形成对流交换；另一种为先排出一定量的罐内热空气，再补充相同量的直接蒸汽。

4. 结束

硫化结束出罐时，要先关闭热风循环，打开排气阀门，待罐内压力降至零时拔出安全销，打开排气风扇和照明灯，开启罐盖将硫化车平稳拉出，停放冷却至45℃以下时脱楦。

三、胶鞋成型实例

以作训鞋为例，见图9-39~图9-42。

图9-39 作训鞋（胶鞋）实物

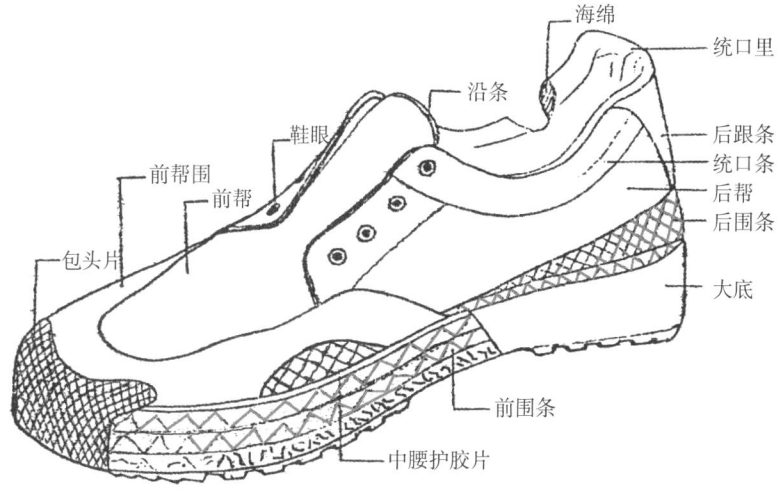

图9-40 作训鞋（胶鞋）

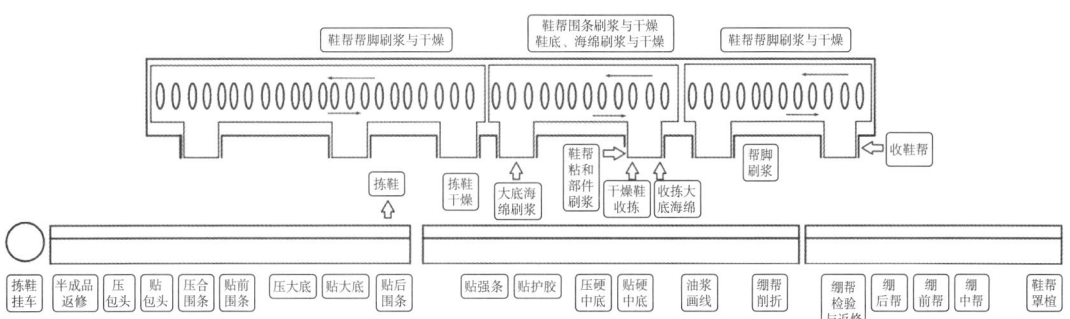

图9-41 组装流水线

图9-42 生产流水线实物

（一）鞋底、海绵、鞋帮的刷浆干燥

1. 大底处理

（1）大底打磨 如图9-43所示，将领入的二硫大底在前掌外直口、后跟内直口部位进行打磨。打磨范围：以中腰直口上标记点处至整个前掌直口外侧部位；中腰直口上标记点处内侧至后跟内侧部位。打磨时，要求打磨均匀，不得打伤底面花纹及后跟直口部位，中腰外直口打磨位置必须准确，鞋底上的打磨胶粉必须清理干净（注：中腰至后跟直口外侧部位不打磨）。

图9-43 大底打磨

（2）剪大底直口 将打磨好的大底，按生产批量逐只在大底内、外侧中部直口处剪"U"形剪口。要求剪口形状与直口内腔标记线一致，深度距内腔底平面不低于5mm。

（3）油大底浆 如图9-44所示，先用黑色二硫胶浆沿大底中腰直口内、外侧标记点处按一定角度逐只涂上胶浆，然后再沿大底中腰直口外侧至前掌直口外侧逐只涂浆（注：打磨处刷浆，中腰至后跟直口外侧部位没打磨的不刷浆），最后再均匀涂刷大底直口内侧及内腔，平放于干燥器内干净的铁皮架上干燥。要求标记点处的浆线平齐，不超过标记点，整个刷浆不缺浆、油浆均匀，大底花纹面及没有打磨的后跟外侧直口部位清洁、不准粘有胶浆、污渍等。刷好浆的大底必须放入干燥器烘干，以备下工序使用。

图9-44 油大底浆

（4）大底干燥 干燥温度，冬季55~65℃，夏季45~55℃。干燥后无稀浆现象。凡发现变形严重、鼓泡、缺浆或浆渍严重的大底应剔除不用。干燥好的大底（保温）时间最长不超过40min。

（5）收大底 如图9-45所示，将干燥的鞋

图9-45 收大底

底分左右脚,以3只为一层进行叠加存放方式,按30双为一坨进行收整运输放置,收整好的刷浆大底,使用前停放时间不超过72h。

2. 海绵处理

(1)海绵中底打磨 如图9-46所示,用打磨机将海绵中底的胶成前尖部位磨粗,再用胶气枪将胶面打磨粉吹掉。收整用于刷浆工序。

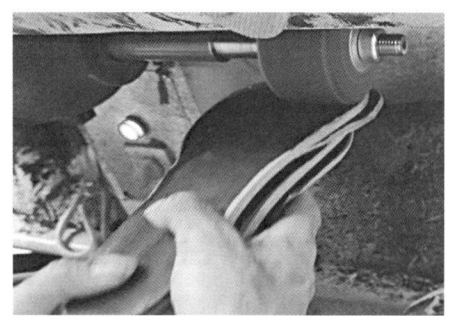

图9-46 海棉中底打磨

(2)油海绵中底浆 将海绵底贴布的一面朝下,放在干净的托架上,在海绵胶面处均匀涂上一道乳胶浆,放入干燥器内干燥。要求刷浆不缺浆、滴浆,中底布面清洁、无浆渍、污渍等。

(3)海绵刷浆干燥 干燥温度,冬季55~65℃,夏季45~55℃。干燥后无稀浆现象。凡发现变形严重、鼓泡、缺浆或浆渍严重的海绵应剔除不用。干燥好的海绵停放(保温)时间最长不超过40h。

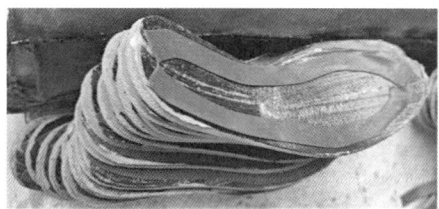

图9-47 贴海绵底强条

(4)贴海绵底强条 如图9-47所示,海绵刷浆干燥好后,在海绵胶底上从前尖到后跟分别贴上专用浅黄色补强条胶。要求距两侧边宽1~2mm,"贴满一圈",不准超出底边和距边宽,不准有打折现象,并压牢。

图9-48 鞋帮刷浆

3. 鞋帮刷浆处理

(1)翻帮、油帮脚、干燥 如图9-48所示,分号将鞋帮帮里翻出朝外,码放均匀,沿帮脚均匀涂上胶浆,油浆高度(15±2)mm,油浆均匀一致,不露浆、不滴浆,涂后自然或保温室干燥。干燥合格后进行绷帮。

(2)鞋帮收整 如图9-49所示,油浆干燥好的鞋帮,以双为单位依次叠放,再以15双为一坨进行停放,停放时间最长不超过40h。

图9-49 鞋帮收整

（二）绷帮

1. 翻帮、罩帮

如图9-50所示，按鞋号将刷浆干燥好的鞋帮翻帮、鞋面朝外，然后罩套于对应鞋楦号（串小半个号）的鞋楦楦面上，装正。

图9-50 罩帮

2. 绷帮、检验

如图9-51～图9-53所示，先把罩好帮的鞋楦反转，使楦底向上，再将已涂浆干燥的海绵底的布面压在楦底上，海绵底紧靠后跟放正，鞋帮也必须放正，然后用手工先将鞋帮腰帮脚紧绷在海绵底上中，再绷前嘴，检查是否绷正，然后再绷其他部位。要求帮脚贴于海绵底的宽度：前尖15～17mm，中腰14～16mm，后跟齐后跟衬下端，粘合宽度均匀。具体检验要求如下。

（1）绷好后前帮围的圈帮线必须与帮脚底边平齐（最低不超过2mm），绷帮绷紧、绷正、绷牢，吃折均匀，不折上帮、松帮，不得两翼歪、后跟条歪。

（2）两耳距帮围一只鞋互差不超过5mm。

（3）一只鞋驼峰高互差不超过3mm。

（4）前帮围均匀一致，左右、高低互差±2mm。

（5）后帮高度一致，互差不超过2mm。

按操作标准及要求逐只进行检验，鞋楦、鞋帮、中底海绵号码也必须与对照表相符，且不符合标准的一律不收。合格品按左、右脚配双，以双为单位再分左右流入下工序。

  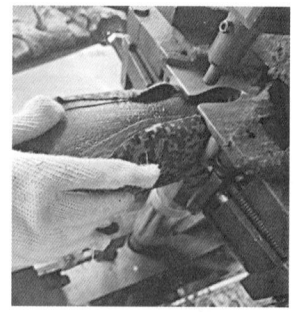

图9-51 绷前帮　　　　图9-52 绷中帮　　　　图9-53 绷后帮

图9-54 削褶

3. 削褶

如图9-54所示,用削褶机将帮脚高出帮面的褶子削平。要求帮脚褶子要削平、削净、无突出棱角,无削伤,帮面和海绵底部平整无碎屑。

(三)成型组装

1. 画线

如图9-55所示,在鞋帮上用专用画线器、画笔,分左、右脚逐只在油浆部位画线。

2. 围条粘合面刷浆与干燥

(1)油包头浆、中腰护胶浆 沿着包头画线、中腰护胶画线,用专用油面胶浆先油包头浆(图9-56),再油中腰护胶部位浆(图9-57)。要求浆线圆滑、对称、平齐、不堆浆。

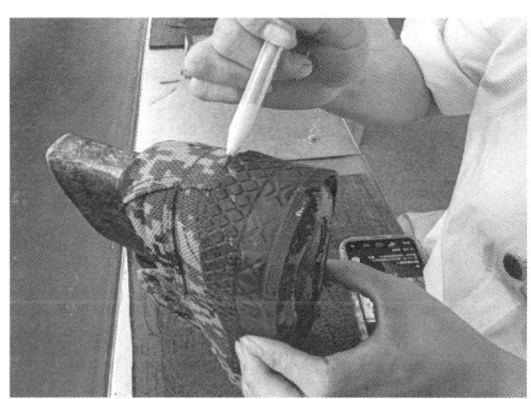 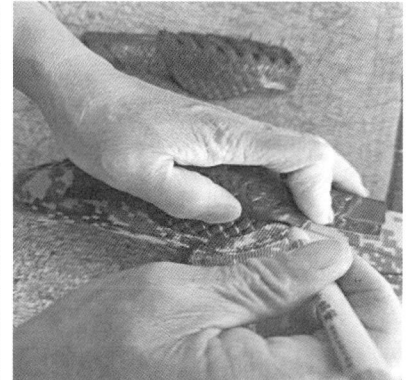

图9-55 画线

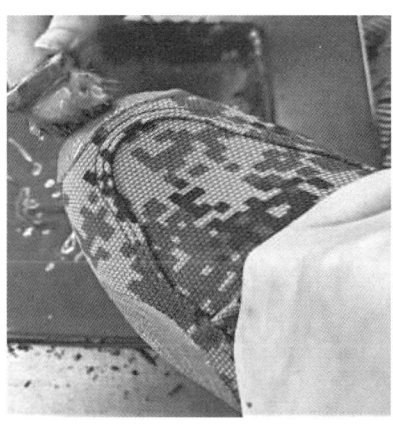

图9-56 油包头浆

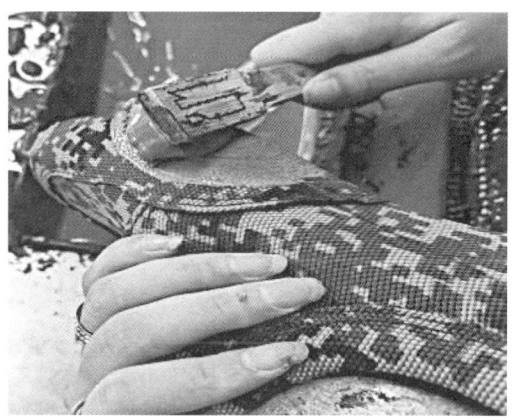

图9-57 油中腰护胶浆

（2）油帮脚底部浆　用专用乳胶浆在帮脚底部均匀刷浆，不准缺浆。

（3）油围条部位浆　包头浆线的折线处起到后跟围条浆线处止两边进行油前、后帮围条刷浆（图9-58），其中前掌部位为直线形（前围条浆），油浆高度：220～235号为（20±1）mm；240～290号为（22±1）mm。前帮围

图9-58　围条刷浆

与后帮缝合处到后跟呈斜坡形（斜线），前帮围与后帮缝合处油浆高度：220～235号为（22±1）mm，240～290号为（24±1）mm，油浆时，有5～10mm的直线过渡，然后油斜线到后跟最高部位；后跟最高部位油浆高度为：220～235号为（39±1）mm；240～290号为（41±1）mm。要求油浆均匀、圆滑，不堆浆，并遮盖住画线。

（4）干燥　如图9-59所示，为干燥箱及成型生产线。干燥箱温度，冬季55～65℃，夏季45～55℃。时间不少于50min，以胶浆干燥为准。节假日两天（含两天）时间以上的，干燥箱内不准留贮备。

图9-59　干燥箱及成型生产线

3. 贴硬中底

按号将硬中底沿帮脚底布边沿贴于海绵底上（图9-60），空隙不大于3mm，要求贴正、贴牢，不准错号，胶片不搭压鞋帮帮脚，不起皱打折，不鼓泡。发现帮脚褶子没有削干净的，必须拿出来返修处理（注：为防止成品海绵不平，贴硬中底不准出现布屑等杂物）。

4. 压帮脚、压硬中底

如图9-61所示，将已贴好硬中底的半成品置于单压机上压合。要求压合位置准确，压合牢固。

5. 贴后跟垫胶

将捡放在胶垫上的后跟胶垫，以后跟中缝为中心，左右粘贴在正后跟帮脚上，下口与帮脚平齐。要求贴牢、贴正，不能贴在帮底，避免造成后跟空。

6. 贴后跟围条

按号码大小拿起后跟围条，先将后跟围条中部最高部位的标记点沿着鞋帮围条部位上的胶浆线、后跟中缝线粘贴在后跟正中，然后再顺着后跟胶浆线粘贴内外两侧（图9-62）。上口粘贴成斜坡形，下口与帮脚平齐。上口露浆（3±1）mm，起止部位在内、外前帮围与后帮缝合处。要求后跟两侧粘贴对称，包在前后帮缝合处长的围条部分要剪掉，并与前帮围的缝合曲线吻合、平齐，接头不准搭在前帮围上或远离前帮围，且左右脚、内外侧所贴围条高度必须一致，齐帮脚，不准包底。围条花纹不清晰、烂花、拉伸变形的不准使用。

图9-60 贴硬中底

图9-61 压帮脚、压硬中底

图9-62 贴后跟围条

7. 贴中腰护胶

如图9-63所示，将半月形护胶片沿着护胶胶浆粘贴，其边缘与前帮围边缘吻合。要求上口露浆（3±1）mm，外侧与内侧对称，中腰护胶距前帮围边（边缘）220～235号为（15±1）mm，240～270号为（18±1）mm，280～290号为（22±1）mm；粘合牢固不变形。

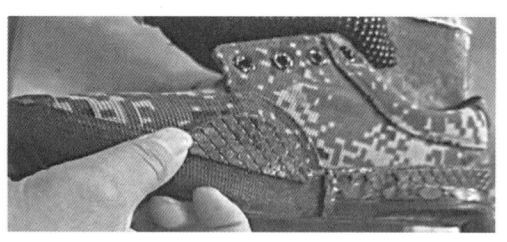

图9-63 贴中腰护胶

8. 贴补强条

如图9-64所示，将补强条沿前帮围、护胶片粘贴在前掌帮脚上。起手从帮脚部位顺护胶片边沿绕贴在帮脚上，收手时也沿着护胶片边沿绕贴在帮脚上，不准包在帮底上，补强条露胶浆（9±1）mm。要求补强条与护胶片边沿不得有缝隙、不得重叠，粘贴紧密，然后压合。

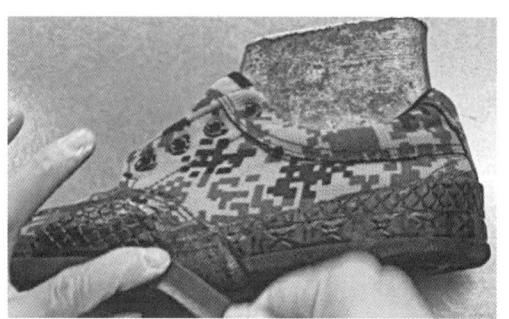

图9-64 贴补强条

9. 上大底

大底号与鞋帮、中底号一致，如图9-65所示，先上前掌、中腰，然后用手将后跟部位翻扣粘贴于后跟围条及帮上。大底正后跟直口边沿与后围条花纹直线平齐，且所露后围条花边高度一致，左右脚也必须一致，互差不超过2mm。要求大底周边上正，无错号、无歪斜、无突帮脚、无坐跟、无空跟、无空底、无卷边等现象。其他胶部件无碰伤、卷边。然后压合大底。

图9-65 上大底

10. 贴前帮围条

将前帮围条沿前掌油浆部位粘贴，并贴压两侧护胶（图9-66），上口露浆（3±1）mm，两侧盖压中腰护胶片不少于3mm，且包露中腰护胶片高度一致，220～235号包露中腰护胶片中心高（16±1）mm；240～290号包露中腰护胶片中心高（18±1）mm，下

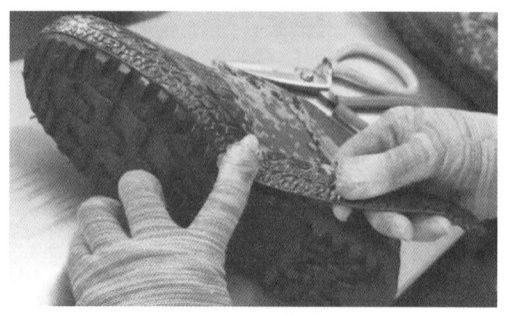

图9-66 贴前帮围条

口与大底底平面边沿平齐，不准包露底；围条两接头两端盖压后围条（10±1）mm（粘贴在大底中腰直口油浆标记点处），顺着前帮围缝合弧度剪成斜角，贴压在后围条上（前帮围条上口与后围条上口平齐）。要求外露胶浆整齐均匀，围条无明显拉伸变形，不包杂物、卷边，围条两端接头对称，且露中腰大底直口胶浆不超过10mm，不准缺浆。然后压合。

11. 贴包头

如图9-67所示，顺着弧形胶浆粘贴，外露胶浆（3±1）mm，包头片上口边距前尖前帮围边为220~260号为（10±1）mm，265~290号为（13±1）mm。下口与前帮围条下口平齐。要求粘贴整齐、圆滑，不偏歪，无褶皱、离边现象，左右脚大小一致。

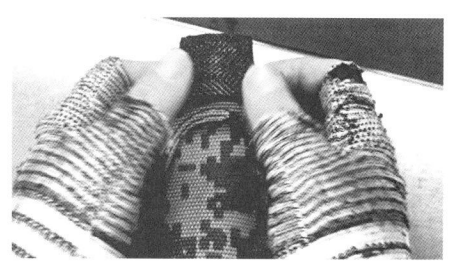

图9-67 贴包头

12. 压合

根据鞋楦大小、压合部位的不同，进行气囊压合（图9-68）。要求压正、压牢，不偏歪，不损伤花纹。气压机气压为0.35~0.40MPa，单项动作稳压时间不少于2s。气囊模与楦型相符，必须根据鞋楦大小及时调换。

13. 手辊滚压、捡鞋

将半成品逐只用手辊（或剪刀把）滚压包头、护胶、围条接头及大底直口容易开胶和气囊压不到的部位，使之粘合牢固。要求不能压伤胶部件的花纹。压好后放到检验转盘上，不准粘碰、不准掉鞋。

图9-68 压合

（四）半成品检验

如图9-69所示，按施工标准逐只、逐双验收。不合格的半成品必须返修处理。不准不合格的半成品流入下工序。发现批量性的质量问题及时反映。

图9-69 半成品鞋检验

（五）返修

返修时要做到各部位整齐、平滑，不留胶浆疙瘩，花纹及光边不准有浆渍，鞋面干净，不留痕迹；挎皮的鞋要干燥后再粘贴压合（图9-70）。返修完须检验合格后才能流入下工序，要求当班的返修鞋当班返修完。

图9-70　返修

（六）挂车

如图9-71、图9-72所示，将检验合格的鞋成双顺向挂在硫化车上。要求挂牢，不能粘碰及落地污染。

图9-71　挂车

图9-72　硫化罐

第十章

鞋靴质量检验

质量检验是验证产品或服务质量是否符合相应标准或有关规定的活动，制式鞋靴质量检验也是这种活动的一种。就其内容来讲，检验可分为事前检验和事后检验两大部分，事前检验包括生产过程中的原材料检验和生产过程中的半成品检验，事后检验是指成品检验，含外观检验和理化性能检测。事前检验的目的是为最终产品通过成品检验检测鉴定，也就是能够符合成品标准的要求（即符合国家标准、行业标准、制式鞋靴标准等）奠定基础。此外，进行事前检验是为了更好地控制产品质量，也是节约成本的一种手段，减少最终产品的次品率。

制式鞋靴质量检验过程可分为以下几类：原材料检验、半成品检验、成品鞋检验、出厂检验等。

第一节 原材料检验

为保证成品鞋的最终性能符合制式鞋靴产品标准，生产企业都应该对进厂的制鞋原材料进行检验。制式鞋靴用原材料的质量检验内容大致分为三类：皮革类检验、底料检验及其他配件检验。

原材料的检验分为入库检验和理化检验，入库检验是指原材料购入后，由仓库管理人员按要求进行验收，主要验收内容是核对名称、规格、型号、产地及数量，并根据其信息对材料进行报检，由检验部门对包装完好、有原始标记的材料进行外观质量检验并做好记录，对符合质量要求的材料仓库管理人员可以办理入库手续，不符合要求的原材料拒收或作其他处理；理化检验即对原材料进行物理性能和化学分析检验，对检验合格的材料，由仓库管理人员负责存放于指定地点并加以标识，按入库先后顺序发放，对于不合格的材料按规定处理。

上述原材料的检验标准一般包括：进厂材料检验制度、生产过程原材料控制流程、检验检测规程及外观检验、试验方法等。

一、原辅料进厂检验制度

（一）目的

为检查生产原材料、辅料的质量是否符合采购要求提供准则，确保原辅料质量符合标准，严格控制不合格品流程，特制定本制度。

（二）适用范围

适用于所有进厂用于生产的原辅料的检验和测试。

（三）定义

原辅料检验又称材料检验，是工厂制止不合格物料进入生产环节的首要控制点。原辅料检验由质量检验部门材料检验员具体执行。

（四）职责

采购部门负责进货的检验和测试工作；库房负责验收原辅料的数量（重量）并检查包装情况；质量检验部门负责控制原辅料的质量，原辅料的外观检验和理化性能检验。

（五）注意事项

材料检验员进行检验之前，首先要清楚该批货物的质量检测要项，不明之处要向材料检验主管咨询，直到清楚明了为止；对于新材料，在明确该料的检测标准和方法之后，将之加入《原辅料检验控制作业标准》。

（六）重点考虑因素

原辅料对产品质量的影响程度；供应商质量控制能力及以往的信誉；该类货物以往经常出现的质量异常点；原辅料对公司运营成本的影响。

二、原辅料检验细则

（一）检验方法

（1）外观检测　对比封样材料，用目视、手感方法进行判定。

（2）尺寸检测　用卡尺、卷尺等量具测量。

（3）理化性能检测　由理化检测室使用专门检测仪器检测。

（二）检验方式

（1）全检　适用于原材料数量少、价值高、不允许有不合格品物料或工厂指定进行全检的物料。

（2）抽检　适用于平均数量较多，经常性使用的物料。

（三）检验程序

（1）质量管理中心制定《原辅料检验控制规定》，由质量管理中心负责人批准后发放至检验人员执行。检验和试验的规范包括材料名称、检验项目、标准、方法、记录要求。

（2）采购部门根据到货日期、到货品种、规格、数量等，通知库房和质量管理中心准备验收和检验工作。

（3）原辅料到货后，由库房人员检查核对原材料的品种、规格、数量（重量）、包装情况，并及时通知质量管理中心检验员到现场检验。

（4）原辅料检验员接到检验通知后，到库房按《原辅料检验控制标准及规范程序》进行检验，并填写《材料检验申请单》及相应的检验记录、检验日报。

（5）检验完毕后，对合格的原辅料贴上合格标识，通知库房人员办理入库手续。

（6）如果是生产急需的原材料，在来不及检验和试验时，须按《紧急放行制度》中规定的程序执行。

（7）检测中不合格的原辅料应根据《不合格品控制程序》的规定进行处置，不合格的原辅料不允许入库。将其由原辅料库移入不合格品库，并进行相应标识。

（8）原辅料检验和试验记录由检验中心按规定期限和方法保持。

（9）检验时，如原辅料检验员无法判定是否合格，应立即请相关部门会同验收，来判定是否合格。会同验收的参与人员，必须在检验记录表内签字。

（10）回馈原辅料检验情况，并将原辅料供应商的交货质量情况及检验处理情况记录，每月汇总于供应商的交货质量月报内。

（11）原辅料检验员根据原材料的实际检验情况，对检验规格提出改善意见。

（12）原辅料检验员定期校正检验仪器、量规，保养试验设备，以保证原辅料检验结构的正确性。

（四）检验结果

1. 检验合格

经材料检验员按照《检验规范》要求操作、验证。不合格品个数低于限定的不合格品个数时，则判定为该批来货允收。

2. 检验不合格

材料检验员按照《检验规范》要求操作。若不合格品个数大于限定的不合格品个数，则判定为该送检批次为拒收。

3. 让步接收

原辅料经材料检验人员检验，其质量低于允收水准，但由于生产急需或其他原因，生产管理部做出让步接收的要求，此情况需生产管理部门负责人签字方可签收。

（五）原辅料质量监控及检验

1. 质量监控流程

进厂材料监控流程见图10-1。

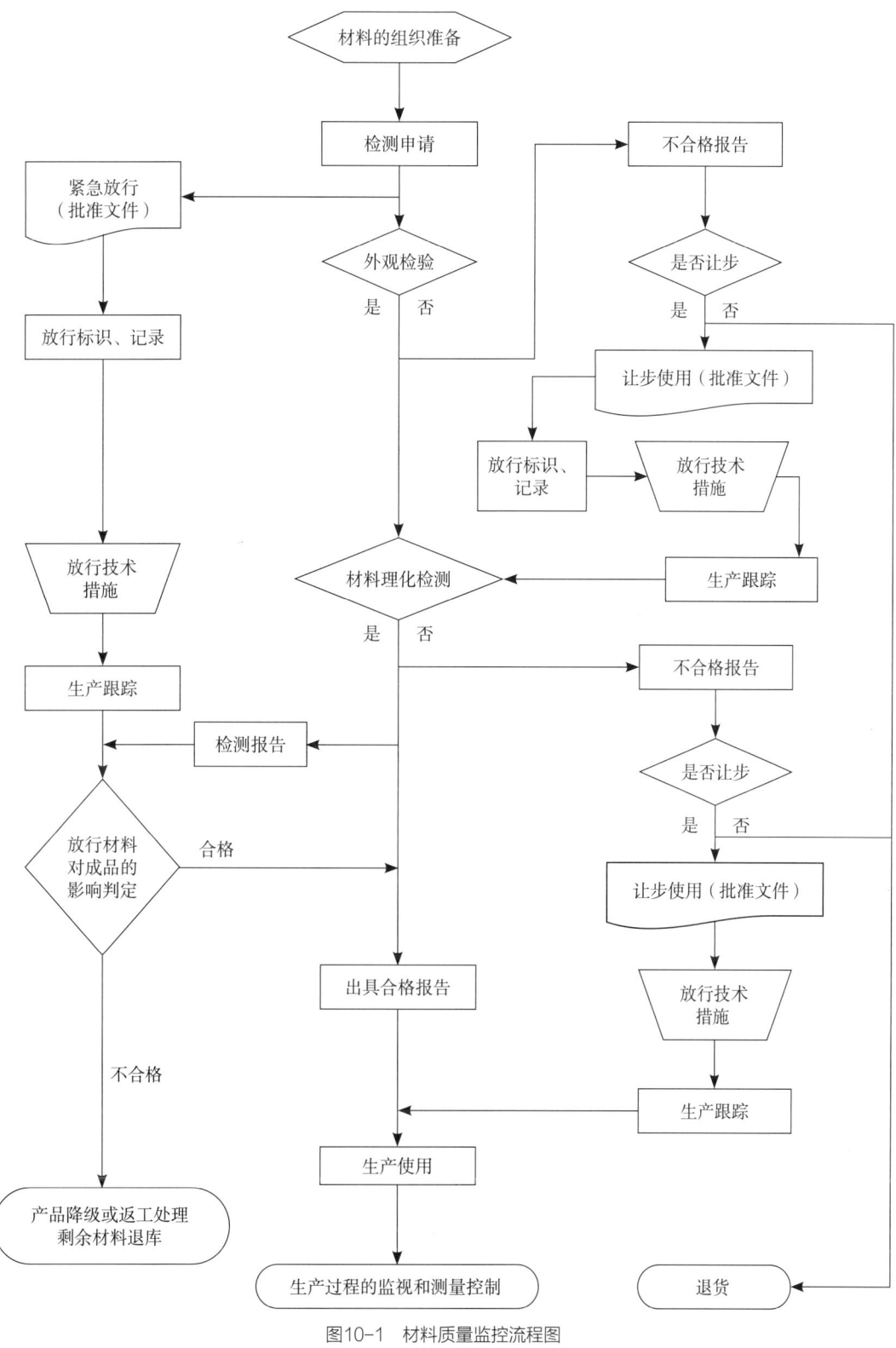

图10-1 材料质量监控流程图

2. 检验规程

对进厂材料的取样、检验、检测规程见表10-1。

表10-1 材料取样、检验、检测规程

序号	项目	要求	备注
1	核对材料申检单	按材料申检单核对材料的品种、规格、产地、合格证及外包装情况等	—
2	抽样	执行GB/T 2828.1—2003/ISO 2859—1：1999标准	—
3	外观检验	与材料封样对标，检验材料的外观质量，填写报告	—
4	填送检单	外观检验合格后，填写齐全"原材料送检单"各项目	材料名称与相应产品的材料名称一致
5	送检	材料样品及送检单一并送到检测室	—
6	理化检测	收到样品后，与规范核对检测项目并按规定时间进行检测	—
7	结果判定	合格材料的判定： ①外观达到标准（标样）要求的材料； ②理化检测达到标准要求的材料。 不合格材料的判定： ①理化检测达不到标准要求的材料； ②外观达不到标准（标样）要求的材料； ③抽检材料第一次不合格，第二次抽检仍不合格的； ④全数检验的材料，合格率达不到85%的	—
8	出具报告	由主管技术人员审核签发，并发送至有关领导及相关部门	—
注意事项	①按标准规定方法、规定数量抽取样品，了解材料的性能和用途； ②按各材料的检验项目检查齐全、判定准确； ③发现异常情况及时向主管技术人员反映； ④做好日常工作记录和检验原始记录； ⑤坚持原则，秉公办事，维护公司利益		

三、皮革检验

皮革检验的依据是国际皮革行业公布的《标准牛皮体形部位图》，如图10-2所示。

标准整张牛皮：臀部＋背部＋肩颈部＋前肢＋后肢＋腋下。

按整张牛皮的总重量或总面积计，各部位面积或重量所占比例大致为：背臀部45%～55%；颈肩部（包括头部）20%～25%；腹部20%～25%。

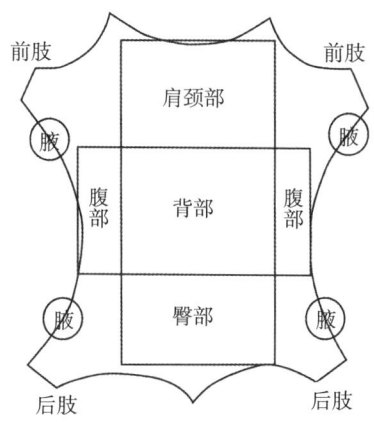

图10-2 标准牛皮体形部位图

（一）皮革外观检验

1. 检验环境要求

（1）室内亮度　600~800Lx，40W双日光灯。

（2）检验视角　如条件许可，检验者目视方向应与光源成45°角，有多面的部件，每一侧都要当作一个单独的平面来检验。如图10-3所示。

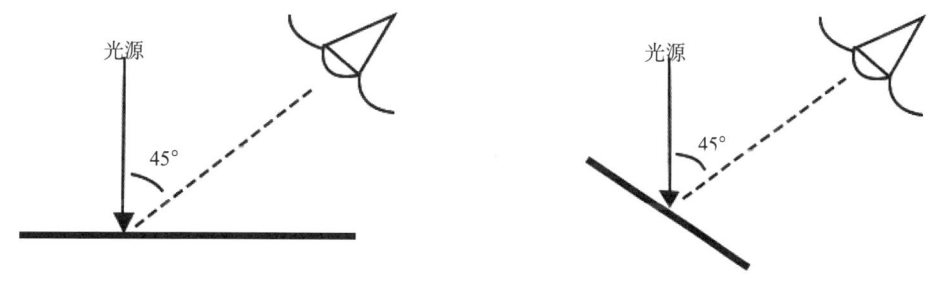

图10-3 检验视角

2. 检验方法

（1）眼观。

（2）抽样标准　全检。

（3）厚度　用厚度计量与标准色卡厚度相比，平均误差0.1mm以下。

（4）软硬度　手感，与标准封样无明显差别。

（5）颜色及光泽度　目检，接近标准色卡无明显差别。

（6）纹路　目检，与标准色卡相比纹路深浅一致。

（7）花损和污渍　目检，花损、污渍面积不能超过总面积的5%。

（8）松面　目检，双手将皮面两边向上做半圆形，如有，则不合格。

（9）爆面　目检，将皮革对折或拉长时用手指从背面用力顶起，不得有爆面裂浆。

3. 分级标准

将整张皮革的全部瑕疵点标画出，计算可利用面积的实际大小，按照常规检验项目分级。分级标准见表10-2。

表10-2　分级标准

项目	等级			
	一级	二级	三级	四级
可利用面积/% ≥	90	80	70	60
整张革主要部位（皮心、臀背部）	不应有影响使用功能的伤残		—	
可利用面积允许轻微缺陷/% ≤	5			

注：轻微缺陷，指不影响产品的内在质量和使用，只略影响外观的缺陷，如轻微的色花、革面粗糙、色泽不匀等

（1）头层牛皮每张皮的瑕疵点面积大于整张皮面积40%的为等外级。

（2）没有修边的皮料边角面积需算在总面积以内，边角的瑕疵也需算在瑕疵面积以内。

（3）感官要求全张皮革厚薄均匀、革身平整、柔软、丰满有弹性、无油腻感；不裂面、无管皱，主要部位不得松面；涂饰革要涂饰均匀、涂层粘着牢固、不掉浆、不裂浆；绒面革绒毛均匀、颜色基本一致。

（4）判定　判定结果二选一。

①可接受。无皮面破损，且不良面积占一张皮尺寸面积的20%以下。

②不可接受。皮面破损，且不良面积占一张皮尺寸面积的20%以上。

（二）皮革性能检测

1. 取样

（1）取样的意义　从全部物料（革）中选出具有代表性，能反映物料特征的一部分作为样品进行检验，这一过程称为取样。分析结果的准确性，除了跟操作方法和操作手法的准确性有关，同时还取决于取样的代表性。

皮革和原料皮一样，是非均匀性的物料，来自不同路别，不同种类的原料皮制成的革性能差异很大；同一张皮不同部位的组织构造也不尽相同，对所有的成品及各个部位全部进行检验是不现实的，只能从全部物料中抽取出具有代表性，能反映其特征的一部分作为

样品进行检验。即取尽量少的样品，而测定结果尽可能准确。所取样品的代表性取决于取样数量、方法、部位和面积。

（2）取样术语

①样品革。在任一批革中按规定方法取出作为分析检验用的革，指整张或半张革。

②样块。按照规定的部位大小在样品革上用刀割下来作检验用的部分。

③试样。按照规定大小和形状用刀模在样块革上截取下来用作分析检验的小块革。

2. 取样数量

从每一生产批次或商业批次革中提取样品革的数量按下式计算。

$$n = 0.5\sqrt{X}$$

式中　n——取样数量，在任何情况下取样数量不得少于3；

　　　X——每批革的数量。

3. 取样要求及方法

（1）要求

①供检验用的样品革，其外表须完整无损，不得有刀伤、虫伤、折痕或其他残缺现象。

②如果检验库房里存放的生产日期或厂别不明的成品革，先按鞣制方法、外表颜色和观感进行分类，再按规定取样。

③同种类、同时期、同方法生产的成品革若仅是所用涂饰剂颜色不同外，除单独进行涂饰剂检验，其他检验项目所需的样品可混合进行。

（2）方法

①抽取样品革。取样时，第一张可以从任一张开始，顺次每隔X/n（X每批革的数量；n取样数量）张抽取一张，如果取样时发现有缺陷，应取与其相邻的前一张或后一张。如，上述$X = 64$，$n = 4$张，则从任一张开始，每隔64/4 = 16（张）取一张。

②切取样块。样品革选定后，先按规定部位切取样块，再从样块上切取试样；也可直接在样品革上按图规定部位切取试样。

③整张革、半张革和背革。作背脊线CB，在CB上取A点，使$CA = 2AB$；过A点作AD垂直于CB，在AD上取$AE = 50$mm；过E点作CB的平行线，在AD上取中点F，即$AF = FD$，以EF为正方形的中心线作一正方形$GHKI$；延长GH到N，使$HN = 1/2GH = GE$，以HN为一边，作一正方形$HNML$。切取带影条的方块$GIKH$或切取无影条的方块$HLMN$。如图10-4所示。

④半背臀革。切取$GIKH$带影条的方块或切取$HLMN$无影条的方块，皮块的部位按下

面的规定 $CA = AB$；$AF = FD$；$GE = EH$；$HL = LK$。如图10-5所示。

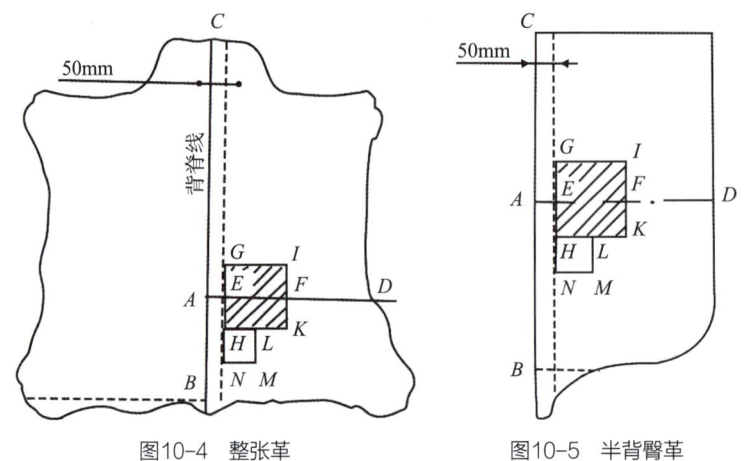

图10-4　整张革　　　　图10-5　半背臀革

4. 皮革的质量标准

制鞋用皮革质量标准目前共有7项，其中1项属国家强制性标准，《GB 20400—2006皮革和毛皮有害物质限量》，标准规定见表10-3。其他6项为推荐性标准见表10-4。

表10-3　皮革和毛皮有害物质限量

项目	限量值		
	A类	B类	C类
可分解有害芳香胺染料 /（mg/kg）	≤ 30		
游离甲醛 /（mg/kg）	≤ 25	≤ 75	≤ 300（白羊剪绒≤ 600）

表10-4　其他6项推荐性标准

标准号	标准名称
QB/T 1873—2010	鞋面用皮革
QB/T 2001—1994	鞋底用皮革
QB/T 2680—2004	鞋里用皮革
QB/T 2779—2006	鞋面用聚氯乙烯人造革
QB/T 2780—2006	鞋面用聚氨酯人造革
QB/T 4044—2010	防护鞋用合成革

四、胶料及其半成品检验

一般是指对工艺中的塑炼胶、混炼胶以及对压延、压出、硫化等过程所形成的胶料或胶制部件进行的检验，如胶料的快速检验、半成品例查和对新配方及新产品的不定期抽查，模压外底及模压海绵底的硫化后抽查等。半成品检验一般包括外观及物理性能项目，由质量检验人员先行抽样，再由指定部门或人员进行检验或试验，其检验项目和判定的依据如前所述，通常是企业内控标准或与客户的协议标准。

胶料的快速检验（快检）是专为控制塑、混炼胶的质量而设定，一般需逐料取样。快检项目的选择及其指标的确定均应简便易行，即可控制胶料质量并在生产上可行。快检通常包括：胶料的可塑度或门尼黏度、门尼焦烧、胶料的硫化特性、硬度、相对密度以及发泡胶料的发泡倍率等。

（一）可塑度或门尼黏度

通过这两项测试均可以了解塑、混炼胶的流动性，对测试加工工艺的重现性具有重要意义，同时，在试验前建议对每个料的不同部位进行取样。

1. 可塑度测试

生胶经过塑炼之后流动性增强，这样才能很好地与配合剂混合制成胶料。其塑炼的程度可从流动性体现出来，在橡胶工业中常用可塑度的概念表示流动性。常用的仪器有威康姆塑性计、德弗塑性计、快速塑性计三种，其中，快速塑性计较为先进，其全部测试仅需40s，比威康姆塑性计效率高9倍，可适应生产工艺高速化的要求。而威康姆塑性计则是工厂对塑、混炼胶测试可塑度常用的方法，该法以试样在外力作用下产生压缩变形的大小和除去外力后保持变形的能力来表达胶料的流动性。其试验结果是以试样的原高度、试样压缩后的高度及试样恢复后的高度3个数据，按公式计算出胶料的可塑度来表示。

2. 门尼黏度测试

胶料的门尼黏度值是衡量和评估橡胶加工性能的重要指标之一，其与胶料的可塑度密切相关。门尼黏度值高，表明橡胶分子质量大，可塑造性差；反之说明橡胶分子质量小，可塑性好。而门尼黏度的测试就是以转动的方式测定胶料流动性大小的一种试验，即通过测定转子在转动过程中转动力矩的大小来表征胶料的流动性，测定仪器采用单速或多速门尼黏度计。与压塑型的塑性计相比，门尼黏度的切变速率高并更接近实际工艺条件，而且试样简单，测试的精确度较好，并可自动记录、打印和绘图。以上两种测试塑、混炼胶流动性能的方法，可根据企业的具体条件和产品的性能要求加以选择。

（二）门尼焦烧

焦烧是未硫化胶在工艺过程中产生的早期硫化，即曲线型分子开始出现交流的现象。焦烧时间是指硫化作用开始前的迟延时间，是衡量未硫化橡胶初期硫化速度快慢的重要指标，是对未硫化橡胶加工安全性的判定。实际焦烧时间包括操作焦烧时间和剩余焦烧时间两部分。操作焦烧时间是指未硫化橡胶在加工过程中（如混炼、压延、挤出、贮运、停放等工艺过程）消耗的焦烧时间；剩余焦烧时间是指胶料在加热硫化时保持流动状态的时间。焦烧时间过短，胶料在工艺过程中会产生早期硫化，影响下一步加工；焦烧时间过长，会导致硫化周期长，进而浪费资源和降低生产效率。因此，合理的控制未硫化橡胶的焦烧时间是非常必要的。胶料的焦烧时间长短是配方设计时就应考虑的，因为胶料的焦烧性能对胶料的诸多工艺过程都具有重要影响。用门尼黏度可测试门尼焦烧时间和硫化指数。因为在一定的交联密度范围内，交联密度是随硫化时间的增加而增大，同时胶料的黏度也随之升高，因此，可用门尼黏度值变化的情况，来反映胶料早期硫化的情况；硫化指数可以表征硫化速度，硫化指数小，表示硫化速度快。目前，门尼焦烧的测试方法按国家标准GB／T 1233—2008执行。

（三）胶料的硫化特性

应用硫化仪测定胶料的硫化特性。橡胶在硫化过程中的全部性能变化，可用硫化仪连续、迅速、准确地测出。通过硫化仪可以了解整个硫化过程和胶料在硫化过程的主要特性参数，如初始黏度、焦烧时间、正硫化时间、硫化速度、硫化平坦期、过硫化状态（返原情况）以及达到某一硫化程度所需要的时间等，还能直观地描绘出整个硫化过程的硫化曲线。用硫化仪来检验混炼胶的质量时，其方法是先将某一配方的正常配合和混炼的胶料测出一条硫化曲线，然后将该配方的每次胶料所测出的硫化曲线与之比较，当配料和混炼工艺过程中出现错加、漏加配合剂等问题时，必然引起硫化曲线的变动，因此，从硫化曲线上可直接作出判断。目前，用可塑度控制胶料的质量依然被许多企业采用，其试验方法和步骤可按《GB／T 12828—2006 生胶和未硫化混炼胶 塑性值及复原值的测定 平行板法》对每批胶料进行测定。此外，亦可按《GB／T 16584—1996 橡塑 用无转子硫化仪测定硫化特性》试验方法，来测定每批胶料硫化速度来控制胶料质量。

（四）硬度

作为胶料的快速检验项目，硬度是体现胶料硫化后的力学性能之一，是检验混炼过程的均一性和相对于成品标准的一致性的一种方法。目前，世界上普遍采用两种表示硬度的方法：一种是邵尔硬度，另一种是国际橡胶硬度（IRHD）。邵尔硬度在我国应用最为广泛，也是胶料快速检验时常用的方法，它分为邵尔A型（测量软质橡胶的硬度）、邵尔C型（测量半硬质橡胶的硬度）和邵尔D型（测量硬质橡胶硬度）。一般情况下，胶料快检都采用邵尔A型硬度计测量硬度。此外，还用专用于测量微孔海绵橡胶的硬度计，如阿斯卡（Asker）-C型橡胶硬度计或称邵尔W型橡胶硬度计。作为胶料快速检验测量硬度的试样，应在工厂统一规定的时间条件下硫化成所要求的规格，试样表面应光滑、平整、无缺胶、无机械损伤、无杂质等。

（五）相对密度

橡胶的密度是指在一定温度下，单位体积橡胶的质量，用g/cm^3表示。橡胶的相对密度是一定体积的橡胶质量和等体积纯水（4℃）质量的比值，是一个无量纲的参数。在混炼过程中，配合剂的漏加、少加、多加、错加等情况，都会使混炼胶的密度发生变化且不符合标准要求；配合剂在混炼胶中分散不均匀，也会使混炼胶在不同部位所取的试样密度不同。因此，根据测试胶料的密度大小和波动情况，便可判断混炼过程是否按规定进行和混炼胶质量是否均匀，是混炼胶批次之间一种简单有效的质量控制手段。测量胶料密度的方法很多，有溶液法（或称浮力法）、天平法和直读法等。其中，作为快速检验项目，常采用简便、迅速、易行的溶液法（浮力法）。该法是根据阿基米德浮力定律将一均匀物体放入液体中，如果物体密度大于液体密度，则物体下沉，如果物体密度小于液体密度，则物体上浮。根据以上原理，可进行胶料相对密度的测试。溶液法是在已知一组各种不同浓度和相对密度的氯化锌水溶液中进行。测试时，先将试样放入已知密度的溶液中，如果试样下沉，表明试样的密度大于溶液的密度，如果试样浮在溶液表面，表明试样的密度小于溶液的密度，如试样悬浮在某种密度的溶液中，则该溶液的密度等于该试样的密度。胶料的密度试验，其试样为任意形状，质量不小于1g。

（六）发泡倍率

无论是一次硫化海绵还是两次硫化的模压海绵，其胶料在混炼后均应逐料测试发泡倍率。测试发泡倍率所用试样的制作，目前尚无统一的标准，基本是由生产单位根据产品的工艺情况自定标准，其原则是所制作的试片应符合生产实际并有很好的重现性和可比性。海绵的发泡倍率标准允许波动范围均应在下达配方时给出，根据产品不同，发泡倍率一般规定在100%～200%，允许波动公差最好不超过所规定标准的±10%，最大不应超过±20%。

（七）例行检验

例行检验包括按标准规定，对混炼胶、出型的胶条胶片、海绵、围条及硫化后的模压外底和模压海绵等所进行的检验，其检验依据是如上所述的半成品技术标准中所规定的内容，基本上需要企业自定或与客户之间确定协议标准。其中所属企业自定标准应与该产品的成品标准相适应或高于成品标准。按标准要求，有些项目是普查，如外观检查，一般包括检查半成品的厚度、宽度、表面光洁度、颜色、花纹清晰度等；有些项目是定期或不定期抽查，例如，对于模压外底应抽检物理性能，如拉伸性能、拉断伸长率、定伸应力、磨耗性能等，对于混炼胶，除上述的快速检验外，也应定期或不定期抽查物理性能项目。

五、成品鞋底检验

目前鞋底常用材料主要包括：天然橡胶、合成橡胶、TPR、EVA、PU及TPU（热塑性聚氨酯）、胶乳（包括天然胶乳和合成胶乳）以及POE（聚烯烃类热塑性弹性体）等。在应用过程中，这些材料或单独使用，或并用。由于TPR能回收利用，符合环保要求，以及它们的价格比较低廉、加工方便，所以这些材料自20世纪80年代中期，在之后相当一段长的时间内，其在鞋底中的用量，已超过橡胶且占主导地位。成品鞋底检验规程见表10-5。

表10-5 成品鞋底检验规程

序号	项目	检验内容及要求
1	核对材料申检单	按材料申检单核对材料的品种、规格、产地、合格证及外包装情况等
2	抽样	执行 GB/T 2828.1—2012/ISO 2859-1：1999 标准
3	号码	号码及各种标识清晰、完整
4	底周边	底花：完整、清晰，光面部位光亮
		底面：缺陷（如缺胶、气泡、杂质等）的部位及程度
		跟口：有无拉裂
		钉眼：位置、大小、垫圈及相应缺陷情况
		硫化情况：有无鼓包，切口有无蜂窝状况等
		光亮程度、水纹线、胶底厚度等
5	底背面	子口宽窄、清晰光亮程度
		伤残：重点是粘合部位的伤残，如缺胶、杂质等
		木芯：裂纹及鼓凸情况

续表

序号	项目	检验内容及要求
6	外观	整洁、光亮
7	判定	根据质量标准和上述各项检验结果，定出所检胶底的质量，依据判定标准，判定胶底的批次质量
8	填送检单	外观检验合格后，填写齐全"原材料送检单"各项目
9	送检	材料样品及送检单一并送到检测室
10	理化检测	收到样品后，与规范核对检测项目并按规定时间进行检测
11	结果判定	不合格材料的判定： ①理化检测达不到标准要求的材料； ②外观达不到标准（标样）要求的材料； ③抽检材料首次不合格，第二次抽检仍不合格的； ④全数检验的材料，合格率达不到 85% 的
12	出具报告	由主管技术人员审核签发，并发送至有关领导及相关部门
备注		①按标准规定方法、规定数量抽取样品，了解材料的性能和用途； ②按各材料的检验项目检查齐全、判定准确； ③发现异常情况及时向主管技术人员反映； ④做好日常工作记录和检验原始记录； ⑤坚持原则，秉公办事，维护公司利益

六、辅料检验

在制鞋生产中，所用原材料除皮革材料、纺织材料和鞋底材料外，还使用一些必要的辅助材料及装饰材料。这些辅助材料虽附着于鞋体，成为鞋的一部分，却又保持其独特的性能。这些材料的质量、品种也直接关系到成鞋的质量和产品价值。

（一）鞋帮辅料

1. 鞋眼件

鞋眼件是绑带鞋穿系鞋带孔眼的补强五金件，包括鞋眼、鞋环、鞋钩等。材质有铜、铝、铁和尼龙等树脂类材料。鞋眼件的质量要求是：应具有耐磨、耐冲击、不锈蚀等特点；件体应光洁圆整、边沿无毛刺；喷漆眼件色泽应均匀亮泽不掉漆、手感无发黏现象，各色喷漆鞋眼件均应经相应生产硫化条件下的试验不掉漆、不变色、无裂痕。

2. 松紧带

松紧带是紧固鞋帮代替鞋眼和鞋带的另一种结构形式。松紧带按织造法不同分为机织、针织、编织三种。松紧带的质量要求：弹力应符合要求尺寸、厚度不超误差；带面要平整无织疵、无荷叶边等。

3. 尼龙搭扣

尼龙搭扣,又称尼龙粘扣,是传统鞋带的代用品。尼龙搭扣的质量要求是:子母扣的搭接要牢,撕裂强度、剪切强度、有效密合度等物理指标均应符合标准要求;外观无瑕疵。

4. 拉链

拉链不仅是一种很好的闭合辅件,还具有很好的装饰作用,但在使用过程中易出现各种质量问题,给用户造成不必要的麻烦。所以对拉链的质量控制尤为重要。各种材料拉链的外观结构,如牙齿、拉链头、长度、色泽等必须符合要求;拉链的物理性能,如拉头拉片啮合力、平拉强力、拉合轻滑度等必须达到标准。

5. 鞋带

鞋带是和鞋眼配合使用闭合类辅件。鞋带是空心辫形编织物,材质有棉、尼龙及混纺几种。两端常用金属或塑料封头。质量要求:规格、色泽、长度符合规定要求,无织疵、封头长度一致,封压牢固。硫化鞋用白色或浅色鞋带要经产品的硫化条件下试验不变色。

6. 缝线

缝线是制鞋的重要辅料,主要用于缝合各种鞋帮部件(有时还用于帮底缝合),同时还兼有一定的装饰功能。缝线质量的好坏,不仅影响缝纫效率,而且影响所缝制品的质量及加工成本。

7. 泡棉

泡棉是鞋帮面上所用的辅助材料,可用于鞋舌衬垫、鞋帮后弯口填充以及鞋帮里面之间的夹层等,其作用是保护脚,增加缓冲、舒适的感觉,在冬季还能起到一定的保暖作用。泡棉的材质多为发泡PU、PE等,泡棉的质量要求:厚度均匀,色泽一致,克重符合要求。

8. 织带

有各种规格,可用于不同用途。比如滚口织带、后条皮织带、尼龙加强带等。质量要求:强度和宽度均要符合要求;理化性能达到标准。漂白纱带要经硫化条件试验达到不变色的要求。

(二)鞋底辅料

1. 内底

内底是制鞋基础材料之一,它是连接鞋帮、鞋底的鞋部件。内底的质量要求,形状符合楦底；厚度符合规定。

2. 主跟、内包头

主要是溶剂型和热熔型片材。质量要求：面积和厚度符合规定要求。

3. 鞋垫

各类成型鞋垫。质量要求：外观尺寸符合要求；理化性能达到标准。

4. 外底

外购外底质量要求：外观符合设计要求，各部尺寸无误；无脏污油渍、无运输压放变形现象；理化指标符合标准。

第二节　半成品检验

一、生产过程的监视和测量控制

生产过程的监视与测量控制流程如图10-6所示。

二、鞋帮检验

（一）材料

将鞋帮放在工作台上，目测同双帮面，再结合手感和厚度仪，检验鞋帮的感官质量。

（二）结构

采用生产封样对照法检验鞋帮部件结构：①同双部件镶接（尤其是镶色）的位置以及形状是否对称一致；②帮面部件长短大小是否基本对称一致；③部件是否缝合牢固，商标的缝制及装饰件的安装是否端正牢固。

（三）缝线

逐双检验鞋帮缝线的各种规格：①检查缝线针码大小；②检查线道边距宽窄；③检查线道是否整齐；④检查线迹的清晰程度；⑤检查漏线、跳线、翻底面线等质量项目是否符合产品标准。

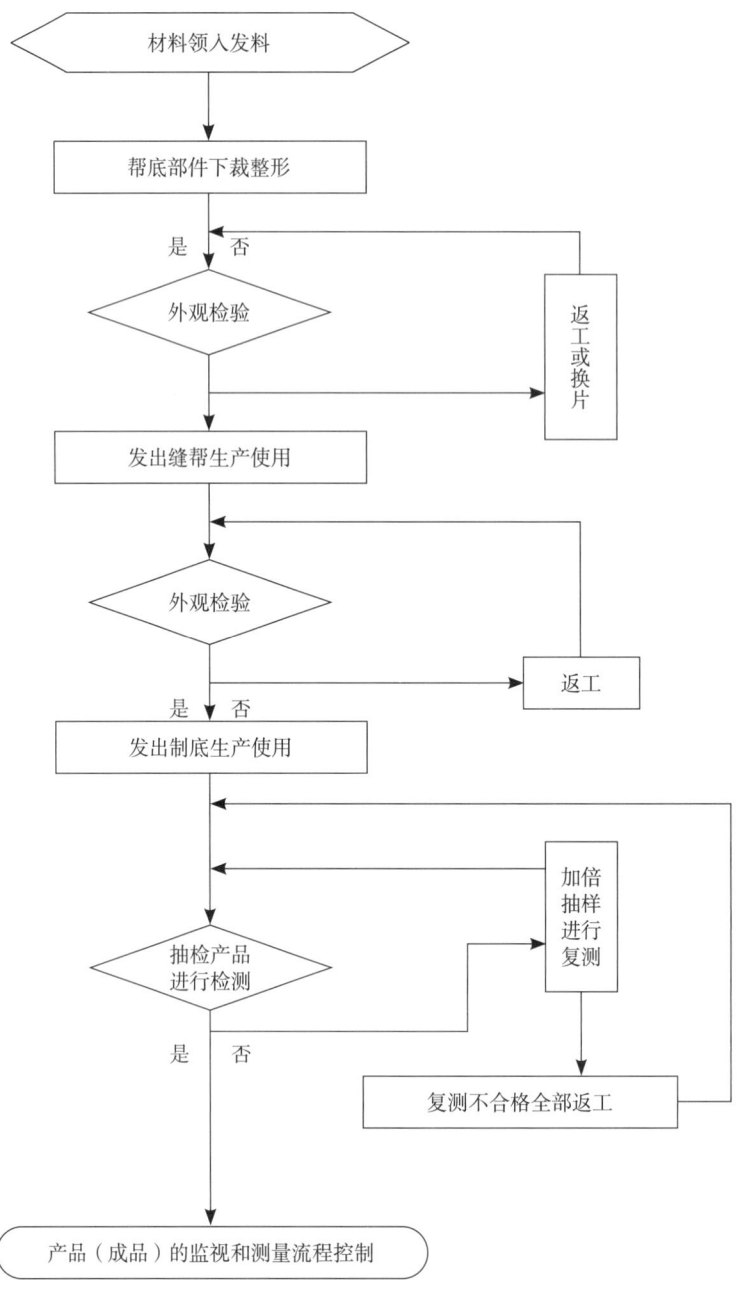

图10-6 生产过程的监视和测量控制流程图

（四）操作

逐双检验工艺操作质量：①检查鞋帮部件上的操作损伤。如：敲破边口、擦伤碰伤、剪口外漏、冲里边断线以及冲破帮面边口等；②核对部件的圆正性、对称性，以及整双鞋帮的端正、平服程度。

（五）鞋里

鞋帮的内里材料主要用感官检验，总体要求是：后部优于前部，内侧优于外侧，同双鞋里色泽基本一致。

（六）标志章

标志章的内容包括货号、编号（序号）、鞋号等字样。货号是皮鞋款式和鞋帮式样的代码号；编号是每双鞋帮的顺序号和配双号；鞋号是鞋帮的号码。检验时要看的内容：①标志章是否打在鞋帮规定位置上；②内容是否清晰；③标志内容是否齐全。

（七）鞋帮整理

当一批鞋帮检验完毕，应进行整理：①将鞋帮按编码排列整齐，捆成捆；②在捆好的鞋帮上缚上流水卡；③核对号码和数量是否与任务单要求相符；④确认无误后，装箱进入中转仓库。

（八）鞋帮检验实例

举典型的常服皮鞋、防护靴为例，详细讲解半成品相关检验要点。

1. 常服皮鞋鞋帮检验

常服皮鞋鞋帮检验如图10-7～图10-13所示。

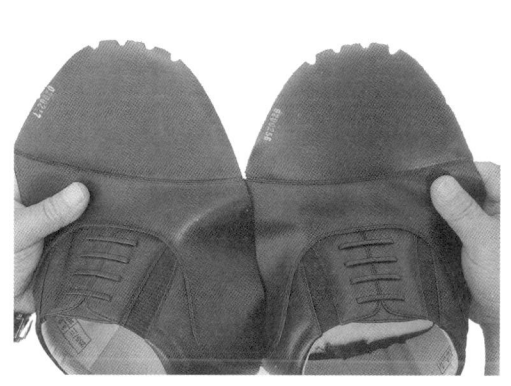

图10-7 查看前帮

图10-8 查看口门及橡筋

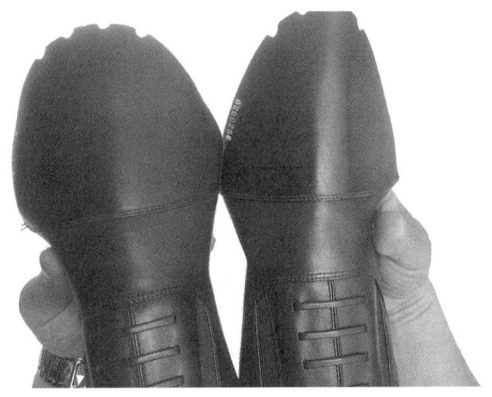

图10-9　同双前帮对比

图10-10　查看前帮里

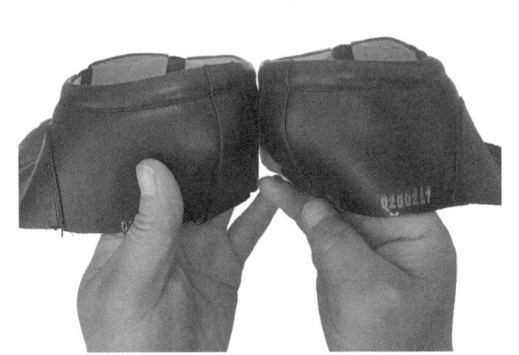

图10-11　查看后帮高低及后条皮宽窄

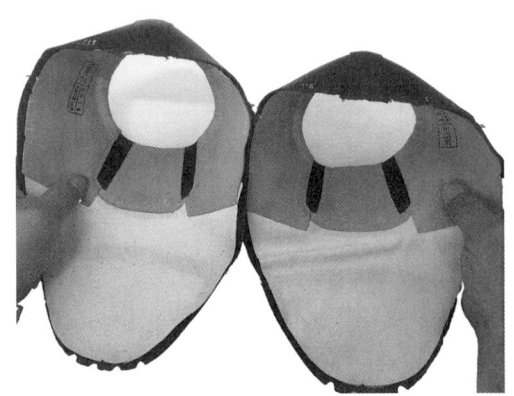

图10-12　查看后帮里及标志章

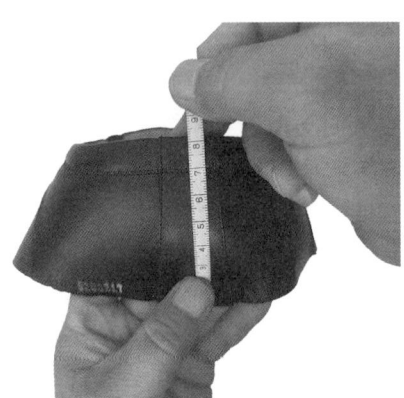

图10-13　测量后帮高度

2. 防护靴鞋帮检验

防护靴鞋帮检验如图10-14～图10-23所示。

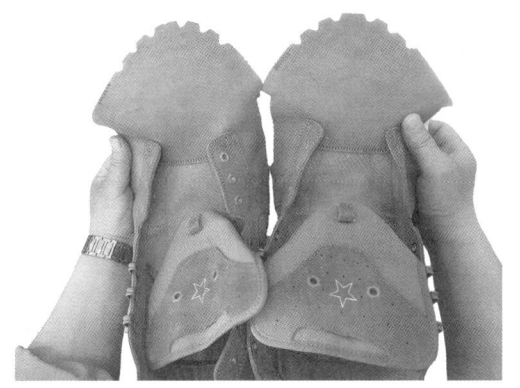

图10-14 查看前帮

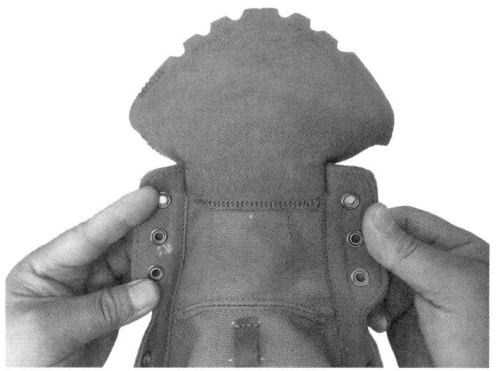

图10-15 查看护耳、鞋舌

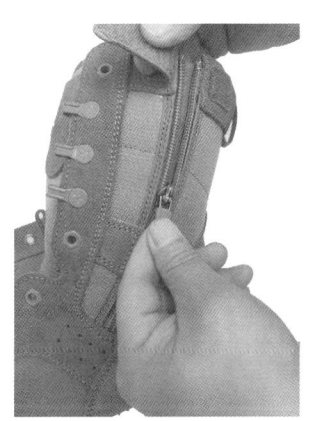

图10-16 查看拉链

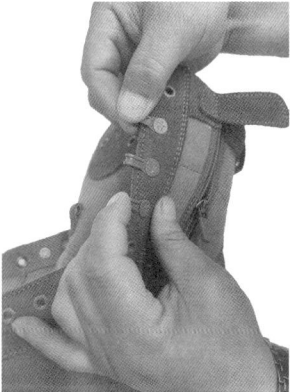

图10-17 查看速拉环

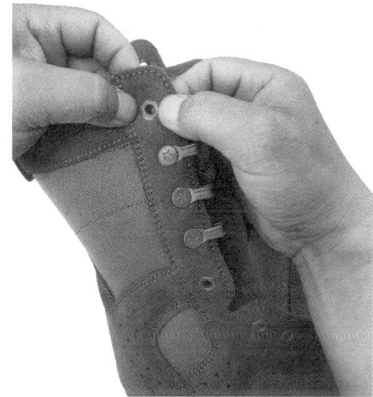

图10-18 查看鞋眼

图10-19 查看后帮高低

图10-20 查看后帮外观

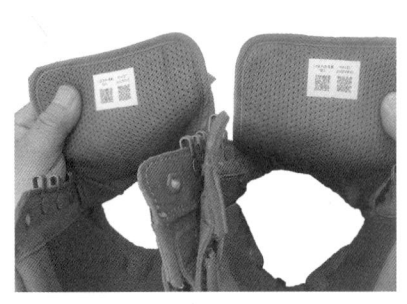
图10-21 查看标志贴及内里
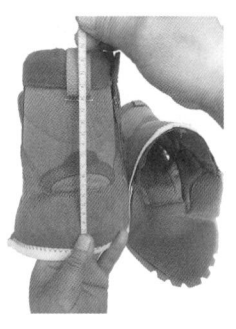
图10-22 测量后帮高
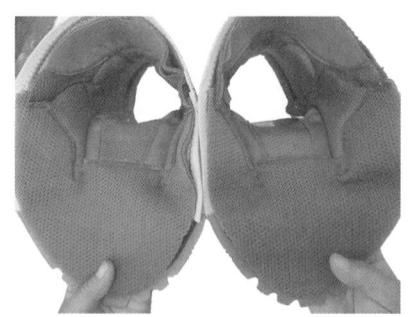
图10-23 查看前帮里

第三节 成品检验

一、成品检验的基本方法

成品鞋检验方法有两种：感官检验和物理性能检验。感官检验须对成品鞋进行逐双检验。物理力学性能检验是对一些重要性指标进行定期或不定期抽验，如胶粘工艺的剥离强度、胶底的抗张强度、耐曲挠和耐磨性等。

（一）感官检验

感官检验主要依靠人体的感觉器官，如视觉、嗅觉、听觉、触觉以及长期积累的实践经验来检验产品的品质。按照产品质量检验标准，检验人员通过目测、手摸、推敲、弯折和尺寸测量等手段，来判断、辨别成品鞋质量的优劣；并且结合成品鞋的结构制定出不同的检验程序和方法，来检验其外观和内在质量的状况。感官检验要求对成品鞋进行逐双检验。

（二）物理性能检验

物理性能检验是借助仪器设备进行的定量测试，用来检验成品鞋内在质量的优劣。一般采用定期抽样检验法。如对原辅材料进行抗张强度、伸长率、耐曲挠等性能的试验，底部件的硬度、耐磨性能的测试，以及成品鞋的耐磨、耐折和剥离强度的试验，以测出的数据与物理性能指标的对比来确定产品的优劣和是否合格。

胶粘鞋、模压鞋、硫化鞋和注射鞋的检验规则规定，定期抽检，进行耐折、耐磨、剥离强度和硬度试验。缝制鞋定期抽检，进行耐折、耐磨和硬度试验。试验结果符合质量指标为合格。第一次试验如有不符合指标规定的，需要加倍抽样，对不合格项目进行复验。如复验结果仍不合格，则降级处理该批产品。

二、成品检验细则

（一）感官检验

1. 整体外观

采用手感目测法来检验成鞋是否端正对称、平整贴伏、清洁无污、色泽一致、标志清晰齐全；鞋帮、鞋里、鞋底、鞋跟有无缺陷。

（1）外底　查看外底的颜色与花纹。成鞋外底的颜色，必须同双或同批次一致。鞋底花纹的组合、形状，花纹、厚度、颜色都必须对称和一致，无缺损和紊乱现象。

（2）子口　检查胶浆污染与黄变情况。成鞋外底与帮面粘合处，不得有胶粘剂和溶剂对鞋帮的污染现象。

（3）前跷　检查成鞋的前跷高度。将同双成鞋的前尖相对平稳放置在桌面上，观察鞋底的前端，以前跷高度一致为合格。

2. 成鞋内腔

（1）检查内底

①检查内底有无遗钉。直接用手在鞋腔内触摸内底检查有无遗钉，仔细触摸。发现遗钉应立即剔除。

②检查内底后身的硬度。可与鞋跟安装情况的检查同时进行，以按压成鞋内底后身不产生大的变形为合格。通过检查内底后身的硬度，也可以验证内底勾心的合格性。

（2）检查鞋内腔

①检查并清除鞋腔内遗有的粉尘。结合内底摸钉一起检查，对遗存在鞋腔和鞋里上的粉剂进行检查并及时清刷干净。

②检查鞋里的平整性。检查鞋里平整性采用手摸与观察相结合的方法进行。检查有无鞋里不平、褶皱，空壳脱绷及鞋里内翻等问题。

③检查鞋里的褪色情况。鞋里材料主要是纺织材料和皮革，通常都使用本色或浅色，对于具有高染度和浓郁色彩的鞋里，如红、蓝、棕及黑色的鞋里材料，需要进行防褪色检验。

④检查鞋垫的安装。观察鞋垫的安装位置是否端正，用手摸鞋垫，感觉细腻、松软有

弹性，并以手不能随便揭起为合格。

(二) 原辅材料检验

1. 帮面检验

帮面检验包括面革厚度、色泽、粒面和绒面粗细、材质与部位搭配是否合理以及伤残使用情况。另外，还应着重检验有无松面、管皱、裂面、裂浆和脱色等问题。具体检验操作方法如下。

(1) 松面、管皱　将食指和中指伸进鞋腔内前部紧贴帮里，两指相距10~15mm，另一只手拇指在两指间距内轻按帮面，使其向内弯曲，若出现粗大的皱纹则判定为松面或管皱。

(2) 裂面、裂浆　将手伸进鞋腔内，用食指和中指轻顶帮面，若粒面出现断裂层即为裂面，若涂饰层裂开即为裂浆。该检验项目一般与松面、管皱检验相结合，不同点在于一为按压、一为顶紧。

(3) 脱色　脱色检验应该在未擦鞋油前进行，可用白色软纱布包裹在食指上，用力适中在鞋面上往复干擦5次，如纱布上粘有色泽，即为脱色。

2. 鞋底部件

检验鞋底、鞋跟、鞋跟面皮、装跟牢度、前掌厚度、底色、花纹等外观质量；检验沿条、盘条的规格性能，主跟、内包头、内底材质性能、勾心强度、安装位置及线绳的张力等。

3. 操作质量

操作质量的检验主要是检验鞋帮缝纫质量和帮底结合质量，它是重点检验项目。应根据不同品种制定相应的检验规程。

(1) 缝帮质量　检验项目有缝合线道如缝线越轨、并线重针等；缝线质量如跳线、断线、开线、浮线等；部件结合处和面里结合是否平整等。当帮面用刻、凿、穿、编、镶等工艺手段进行美化时，还应予以逐项检验。如花眼、花边的位置是否准确，排列是否得当；嵌线皮外露部分的宽度是否一致；装饰配件、鞋钎、鞋眼的牢度等。

(2) 帮底结合质量　检验项目有绷帮质量是否满足"三点共线"；主跟、内包头的位置和硬度是否合乎要求；帮底结合是否紧密规整；沿条鞋缝底线路、线码质量是否合格；鞋跟安装牢度等；砂磨修饰的光洁度、平整度等。

4. 成鞋对称性

总体结构检验包括部件对称端正度检验和规格尺寸检验等项目。

成鞋对称性检验包含基本尺寸对称、部件位置对称以及形体轮廓曲线对称性等三个方面。

（1）基本尺寸 成鞋的尺寸主要是指同双鞋的后缝高度、鞋盖前端高度、前帮口门的宽度和鞋的总长度等保持对称性。

（2）部件位置 主要是指同双鞋的内包头位置、口门位置、锁口线位置、前后帮接帮位置、外包跟位置和保险皮、拉链、松紧布，以及其他装饰部件的安装位置保持对称性。

（3）形体轮廓 当检验同双鞋的对应部位时，需针对成鞋形体的外轮廓，查看它的弯直程度，并要求左右鞋形体轮廓线对称和相似。

5. 歪正检验

主要检验部件的形体是否对称一致，结构是否端正。如鞋帮后合缝线是否歪斜；鞋跟中心线是否与楦体中心线重合；同双鞋对应部件所在位置是否对应一致；耳式鞋两鞋耳连线是否垂直于楦体轴线等。

6. 规格尺寸

检验成鞋的外在及内在尺寸。可用鞋用带尺、游标卡尺、钢直尺、高度游标卡尺和玻璃板等工具来完成。如检验前帮长度、后帮高度、外底长度、宽度及厚度、前跷高度、鞋跟高度、外怀帮高、鞋耳长度、口门位置等，确定其是否合乎标准；检验缝帮及缝底针码密度等是否合乎标准，检验同双鞋特征部位的尺寸差异。

此外，还需检验内底长度是否合理，检验时需剪断鞋帮进行测量。厂内抽检时可以用被检产品同品种同型号的内底替代。

7. 包装检验

包装检验的主要项目有：包装方法、包装材料的选用是否合理；防霉防尘方法是否得当；鞋号、型号与内外包装是否一致等。

8. 成品鞋外观检验实例

以常服皮鞋、防护靴为例进行详细介绍成品检验要点。

（1）常服皮鞋 常服皮鞋成品的外观检验如图10-24～图10-31所示。

图10-24 查看前帮外观

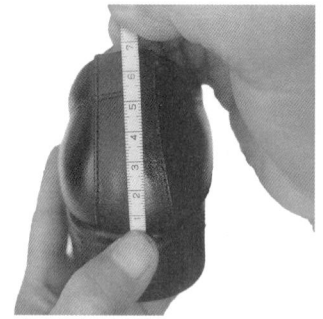
图10-25 测量后帮高

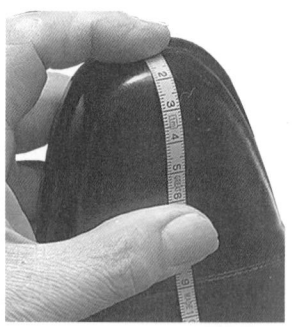
图10-26 测量前帮长度

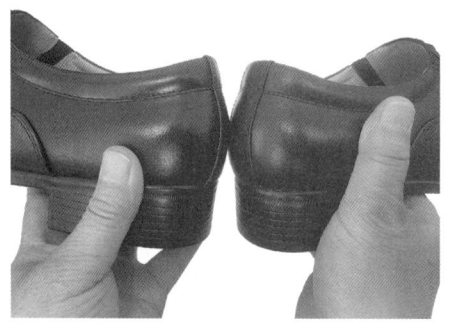
图10-27 查看后帮及后帮高

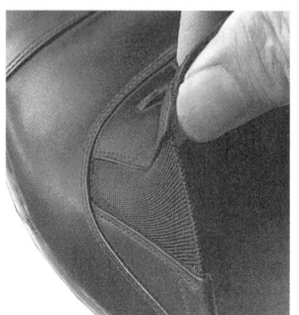
图10-28 查看口门及橡筋

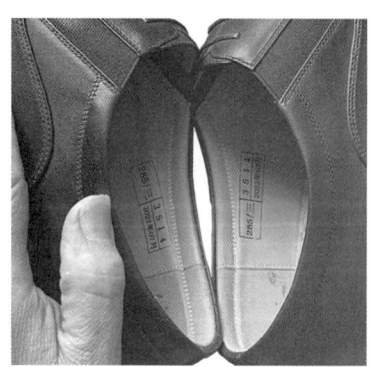
图10-29 查看鞋内腔后帮里及鞋号

图10-30 手摸鞋内腔是否平展,有无钉子

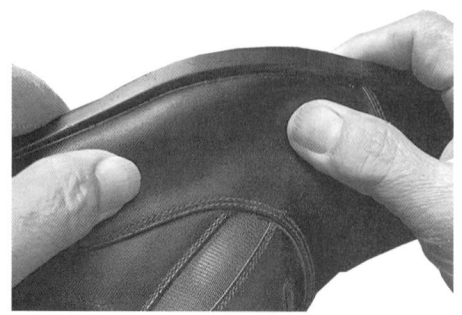
图10-31 查看子口有无开胶

（2）防护靴类　防护靴类成品的外观检验如图10-32～图10-40所示。

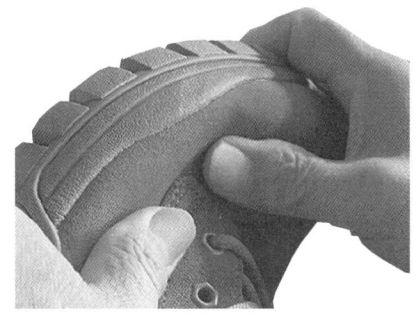

图10-32　查看子口及有无开胶

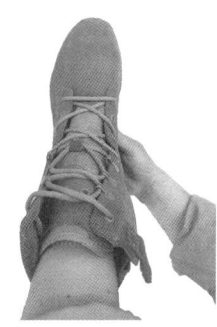

图10-33　手摸鞋内腔是否平展、有无钉子

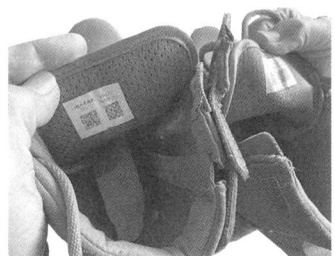

图10-34　查看标志贴及鞋内腔

图10-35　查看速拉环及鞋眼

图10-36　查看前帮

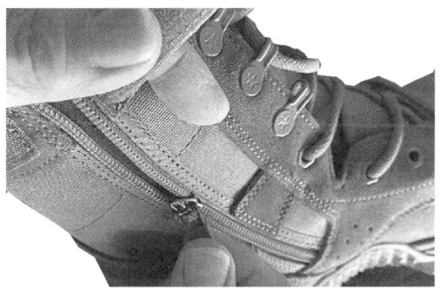

图10-37　查看拉链

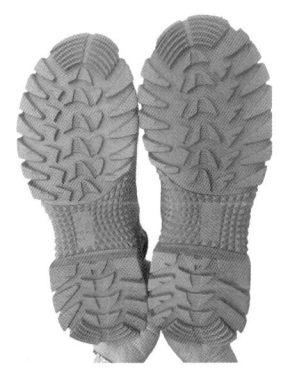

图10-38　查看外底及标志

图10-39　查看后帮及靴筒高低

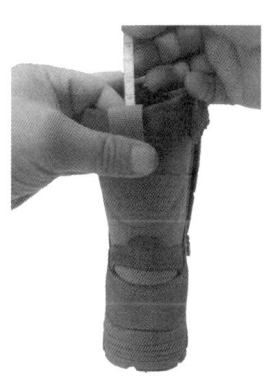

图10-40　测量靴筒高度

（三）物理检验

1. 耐磨试验

耐磨试验用于检验成鞋鞋底和成型底（片）的耐磨性能。

耐磨试验是在磨耗试验机上，按照GB/T 3903.2—2017耐磨试验方法进行试验。将试验外底紧固在试验机天平左端，调整好试验机，以一定负荷、一定速度、一定时间对试样进行磨耗试验，最后用游标卡尺测量，以磨痕边缘长度表示试验结果，单位为mm，结果保留至小数点后一位。

2. 耐折试验

耐折试验用于检验成鞋和鞋底（片）的常温耐折性能。

耐折试验是在耐折试验机上，按照GB/T 3903.1—2017耐折试验方法进行。对成鞋鞋底或围条进行常温耐折性能试验。根据产品标准的要求决定是否割口，如割口，可在鞋底跖趾关节曲挠中心部位割5mm长的透口，然后装在试验机的可折楦上，调整好试验机后以一定角度、一定频率进行曲挠试验，经过一定曲挠次数后，测量新产生的裂纹的长度，还需测量鞋底割口扩展后的长度，单位为mm，结果保留至小数点后一位。

3. 剥离强度试验

剥离强度试验用于检验成鞋鞋底与鞋帮之间的粘合强度。通常用剥离试验仪。

剥离试验是在剥离试验仪上，按照GB/T 3903.3—2011剥离强度试验方法进行。将成鞋装上鞋楦夹持在剥离试验仪上，用剥离刀将鞋头处的外底与鞋帮从结合处剥开，测得剥开时所需的力值为剥离力，根据剥离力和剥离刀口宽度计算剥离强度。试验结果用剥离强度表示，计算方法如下：

$$\sigma = F/b$$

式中　σ——剥离强度，N/cm；

　　　F——剥离力，N；

　　　b——刀口宽度，cm。

每只试样的试验结果分别表示。表值和剥离强度值的有效数字至个位。

4. 硬度测试

硬度试验用于测试鞋底（包括成鞋和成型鞋底）的硬度。

硬度试验是按照GB/T 3903.4—2017用手持式硬度计进行试验。测试整鞋时要装楦，试验时用手将硬度计压针匀速压在成鞋外底或成型底表面上，压紧3s后读数，硬度计指针的指示值即为硬度值。每组试样为一双成鞋或成型底，对于每个试样，应在3个或更多的点上进行测量,每个测量点只能测一次,点与点之间的距离不小于6mm。每只鞋(底)测3点,仲裁检验时测5点,取算术平均值。单位以"度"表示。硬度分为邵氏A型、D型、C型。邵氏A型硬度计适用于橡胶或软的塑料材料,邵氏D型硬度计适用于硬质的塑料材料。邵氏C型硬度计适用于微孔或发泡材料。

5. 其他专项测试

对于某些行业特殊用鞋靴,要根据实际需要进行专项测试。如对高压绝缘胶鞋需进行电气绝缘性能测试;对防火鞋进行阻燃、防水、隔热性能测试;对耐酸碱皮鞋进行化学腐蚀检验等;对于某些运动鞋的外底还需进行拉伸强度、扯断伸长率、磨耗量、密度的测试,围条与鞋帮间的粘附强度的测试等。

制式鞋靴除正常生产产品的常规检验外,对于新产品定型前还要做试穿检验。并要作出试穿结果报告。

第四节 主要检测仪器

在制鞋质量检验中,为了控制材料和成品的理化性能,须根据制式鞋靴标准、规范要求使用专用试验机和试验仪器。

耐折试验机适用于检验成品鞋的常温耐折性能。其原理是将成鞋或鞋底安装在试验机上,以一定角度、一定频度、规定次数进行曲挠试验,试验完毕后,测量鞋底裂口的新增长度,并观察鞋底是否有新增裂纹及鞋帮面材料的变化。可在控制面板上设定曲挠次数和实际检测曲挠次数,达到设定值后,自动停机。如图10-41所示。

DIN磨耗试验机适用于测试聚氨酯底、成鞋鞋底、橡胶材料等的耐磨性能试验,通过测试在规定的接触压力下,试样与一定粒度级别的砂纸进行摩擦而产生的磨耗量,评定其耐磨性。如图10-42所示。

磨痕长度试验机适用于测试成鞋鞋底、胶片、成

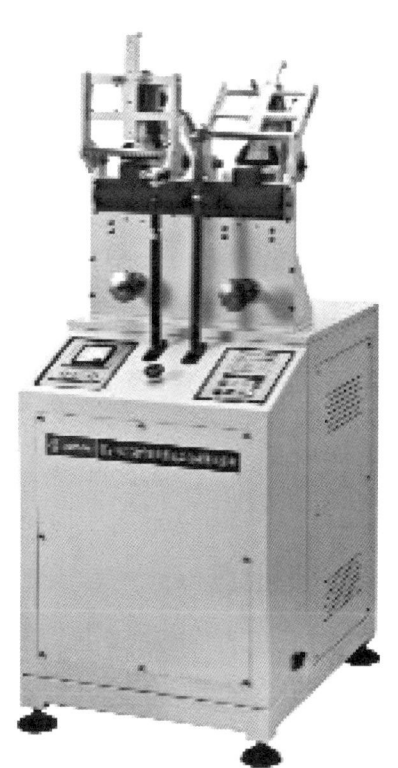

图10-41 耐折试验机

型胶底的耐磨性能。旋转的磨轮垂直压在试样上，以一定负荷、一定速度、一定时间对试样进行磨耗试验，根据测量试样试验后的磨痕长度，评定其耐磨性，单位为mm。如图10-43所示。

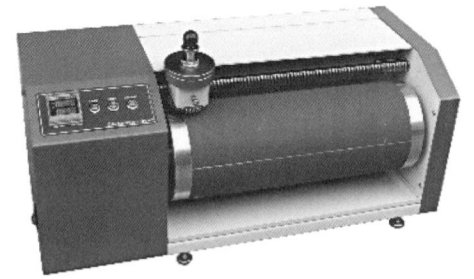

图10-42　DIN磨耗试验机

鞋眼鞋带耐磨试验机适用于鞋带和鞋眼的耐磨性能试验。鞋带通过鞋眼弯折一定角度，在标准负荷下反复拉动，以检测鞋带和鞋眼的耐磨性。如图10-44所示。

涂层耐磨试验机适用于皮革及纺织材料的色牢度试验。用规定的棉布对试样的一个表面进行往复试验的摩擦测试，测试规定的次数，用灰色样卡对皮革表面、试样表面的颜色进行比较，确定试样变褪色及皮革染色等级，以评估该试样的色牢度。如图10-45所示。

图10-43　磨痕长度试验机

硬度计用于测试橡胶、发泡橡胶、成型鞋底的硬度，常见的有邵氏A、邵氏D、邵氏C。测试时将压头垂直压于试样表面，指针所指的刻度即为试样的硬度。单位为度。如图10-46所示。

动态防水试验机适用于皮革类材料动态防水性能测试。在外围有水的条件下，给试样施以曲挠动作，以测试材料耐渗透性能。如图10-47所示。

皮革柔软度试验机适用于皮革的柔软度测试，按要求将试样裁成一定直径的圆形，置于测试底座上，按规定按压手柄，读取数值，然后用10减去测试数值，结果即为最后测试结果。如图10-48所示。

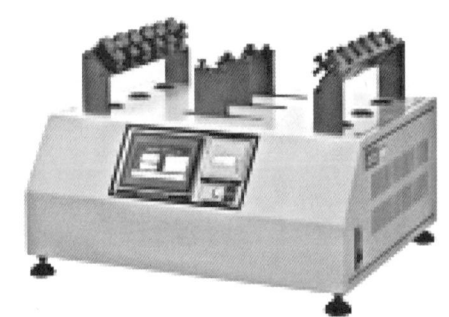

图10-44　鞋眼鞋带耐磨试验机

低温耐寒试验机适用于皮革、橡胶、合成革、皮革、成型胶底、成品鞋等，在特定温度环境下的曲挠性能测试。如图10-49所示。

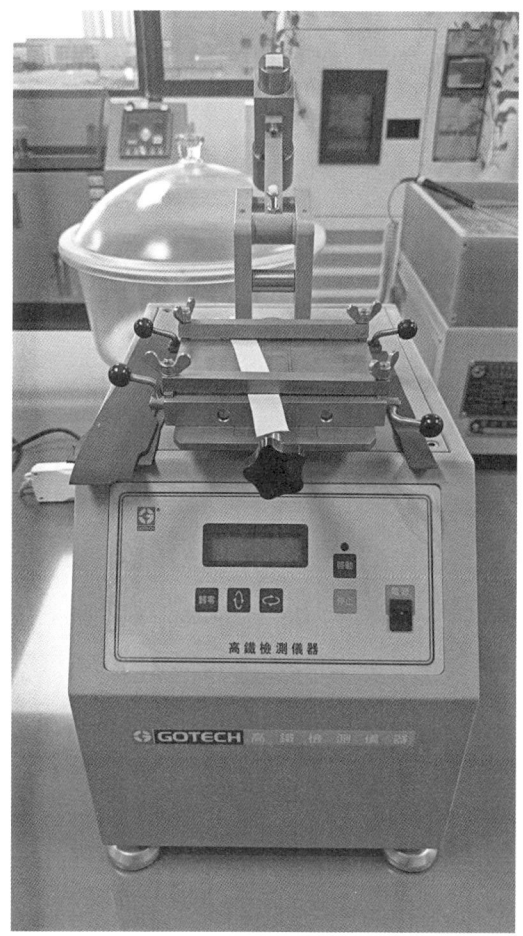

图10-45　涂层耐磨试验机

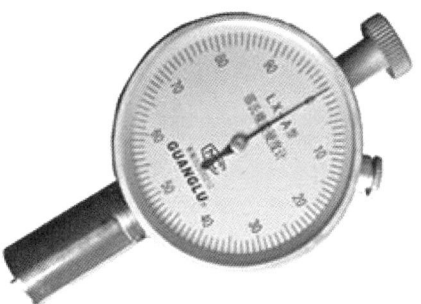

图10-46　邵氏硬度计

图10-47　动态防水试验机

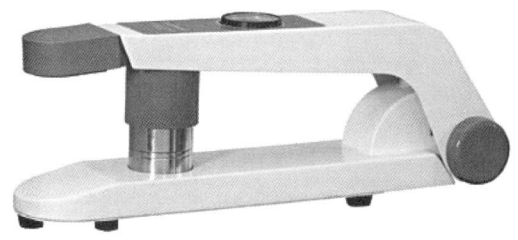

图10-48　皮革柔软度试验机

图10-49　低温耐寒试验机

高低温湿试验箱适用于在一定湿度、一定温度时，检测橡胶鞋底喷霜的情况及成品鞋、鞋面材料的耐水解性能。如图10-50所示。

绝缘电阻测试仪适用于测试成品鞋、材料的电阻值。以了解其抗静电性能。如图10-51所示。

漏电起痕测试仪适用于测试成品鞋的绝缘性能，通过对试样鞋（靴）施加规定的电压，获取在一定电压下泄漏电流值及耐电压值。如图10-52所示。

拉力试验机适用于测试皮革撕裂性能、抗张强度、定负荷伸长率，纺织材料的撕破性能、断裂性能等，以及成品鞋的抗穿刺性能。如图10-53所示。

冲击试验机适用于测试成品鞋、钢包头抗冲击能力。利用电磁铁释放冲击头以一定高度冲击试样鞋钢包头部位，检查其下陷程度，以了解其安全性能。如图10-54所示。

全自动透气性能测试仪适用于测试纺织材料的透气性。如图10-55所示。

耐磨性测试仪适用于测试纺织材料表面的耐磨性。如图10-56所示。

剥离强度试验机适用于测试成品鞋的剥离性能，在一定速度下，用一定宽度的刀口对成品鞋子口处进行剥离测试。如图10-57所示。

皮革崩裂强度测试仪适用于测试皮革材料的崩裂性能。如图10-58所示。

安全鞋抗压、防穿刺试验机适用于测试成品鞋钢包头抗静压和抗穿刺能力。如图10-59所示。

图10-50　高低温湿试验箱

图10-51　绝缘电阻测试仪

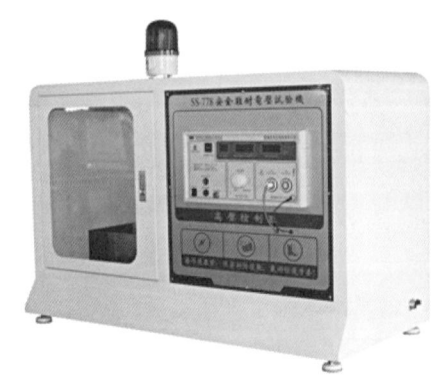

图10-52　漏电起痕测试仪

图10-53 拉力试验机

图10-54 冲击试验机

图10-55 全自动透气性能测试仪

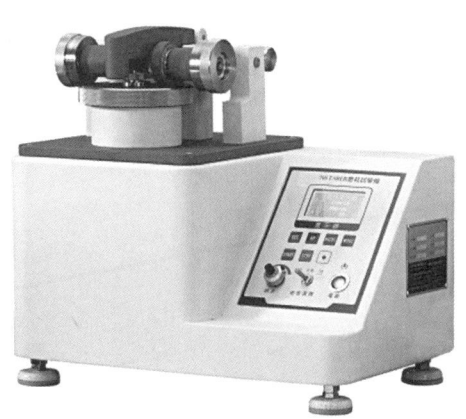
图10-56 耐磨性测试仪

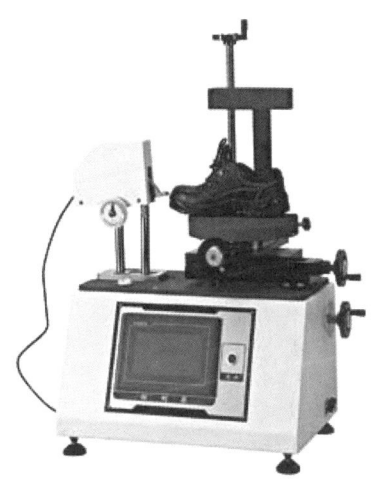
图10-57 剥离强度试验机

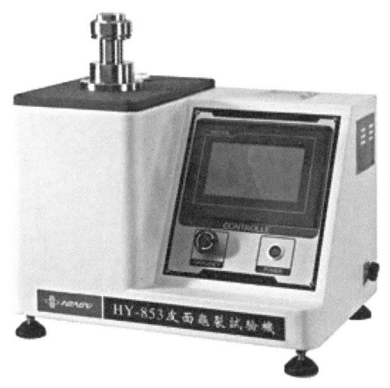
图10-58 皮革崩裂强度测试仪

图10-59 抗压、防穿刺试验机

参考文献

[1] 轻工业部制鞋工业科学研究所. 中国鞋号及鞋楦设计[M]. 2版. 北京：中国轻工业出版社，1993.

[2] 中国轻工皮革行业国家职业技能鉴定培训教程编审委员会. 国家职业资格培训教程：制鞋工（技师）[M]. 北京：中国轻工业出版社，2010.

[3] 于百计，高士刚. 皮鞋结构设计[M]. 2版. 北京：高等教育出版社，2002.

[4] 李运河. 皮鞋设计学[M]. 北京：中国轻工业出版社，2012.

[5] 周福民，徐伟波. 鞋样设计实用教程[M]. 北京：中国轻工业出版社，2008.

[6] 高士刚，刘玉祥. 运动鞋的设计与打板[M]. 北京：中国轻工业出版社，2021.

[7] 施凯，崔同占. 鞋类结构设计[M]. 北京：高等教育出版社，2018.

[8] 于百计. 皮鞋帮样比楦设计法[M]. 2版. 北京：中国轻工业出版社，2005.

[9] 高士刚，李维. 鞋类设计专业应用型本科教材：鞋底设计[M]. 北京：中国轻工业出版社，2013.

[10] 邢德海. 中国鞋业大全（上）：材料·标准·信息[M]. 北京：化学工业出版社，1998.

[11] 杨清芝. 实用橡胶工艺学[M]. 2版. 北京：化学工业出版社，2011.

[12] 张玉龙，任滨. 塑料制品配方与制备手册[M]. 北京：机械工业出版社，2015.

[13] 游长江. 橡胶改性及应用[M]. 北京：化学工业出版社，2018.

[14] 王文博. 鞋靴设计与制作丛书[M]. 北京：化学工业出版社，2014.

[15] 丁绍兰，马飞. 革制品材料学[M]. 2版. 北京：中国轻工业出版社，2019.

[16] 弓太生，万蓬勃. 皮鞋工艺学[M]. 2版. 北京：中国轻工业出版社，2019.

[17] 郑秀康，周福民. 现代胶粘皮鞋工艺[M]. 北京：中国轻工业出版社，2006.

[18] 全岳. 机器制鞋工艺学[M]. 北京：中国轻工业出版社，2006.

[19] 高士刚. 现代制鞋工艺[M]. 北京：中国轻工业出版社，2008.